高职高专土建类立体化系列教材

建筑力学与结构

主　编　方甫兵
副主编　朱敏敏　张望彬
参　编　章庆军　宋　平　张　尹　沈　毅　徐　建
主　审　张　英

机械工业出版社

本书由建筑力学、建筑结构及结构施工图识读三部分组成。建筑力学部分由静力学基础、力的平衡、物体平衡时的内力、应力与强度、压杆稳定组成。建筑结构部分由建筑结构概述、建筑结构设计基本原则、建筑结构抗震、混凝土结构材料、钢筋混凝土受压和受拉构件、钢筋混凝土受扭构件、钢筋混凝土受弯构件、钢筋混凝土梁板结构、多层及高层钢筋混凝土结构、砌体结构组成。结构施工图识读部分依据《混凝土结构施工图平面整体表示方法制图规则和构造详图》（G101 系列）编写。

本书是针对工程造价专业人才培养特点专门编制的教材，依据工程造价专业要求学生掌握建筑力学与结构的知识面广等特征而编写。

图书在版编目（CIP）数据

建筑力学与结构/方甫兵主编. —北京：机械工业出版社，2024.1
（2025.6 重印）
高职高专土建类立体化系列教材
ISBN 978-7-111-74558-7

Ⅰ.①建… Ⅱ.①方… Ⅲ.①建筑科学-力学-高等职业教育-教材②建筑结构-高等职业教育-教材 Ⅳ.①TU3

中国国家版本馆 CIP 数据核字（2024）第 015353 号

机械工业出版社（北京市百万庄大街 22 号　邮政编码 100037）
策划编辑：张荣荣　　　　　责任编辑：张荣荣　关正美
责任校对：王小童　陈　越　封面设计：张　静
责任印制：刘　媛
北京中科印刷有限公司印刷
2025 年 6 月第 1 版第 2 次印刷
184mm×260mm・13.25 印张・324 千字
标准书号：ISBN 978-7-111-74558-7
定价：42.00 元

电话服务　　　　　　　　　网络服务
客服电话：010-88361066　　机　工　官　网：www.cmpbook.com
　　　　　010-88379833　　机　工　官　博：weibo.com/cmp1952
　　　　　010-68326294　　金　书　网：www.golden-book.com
封底无防伪标均为盗版　　　机工教育服务网：www.cmpedu.com

前 言

本书是针对工程造价专业人才培养特点专门编制的教材，依据工程造价专业要求学生掌握建筑力学与结构的知识面广等特征而编写。

"建筑力学与结构"课程是大学期间非常重要的一门课程，难度较高，是工程造价专业理实一体化、模块化课程。通过学习，培养学生具有分析和解决实际工程中一般问题的能力，培养国家注册造价工程师所需的力学与结构基础知识，培养工程造价专业学生通用技能及造价工程师职业基本素养，本书特点概况如下：

（1）模块化，按需进行教学与学习。将建筑力学与建筑结构等知识模块化，分为以下三类：★为重点知识，适用于工程造价专业需掌握重要基础知识的同学，计划从事造价工程师职业的同学；△为难点知识，适用于高中学过物理或力学或结构相关的同学，计划从事造价工程师、建造工程师等职业的同学；○为拓展知识，适用于学有余力需拓展知识，计划从事造价工程师、建造工程师、咨询工程师、监理工程师等职业的同学。

（2）紧跟行业和技术发展。近年来，我国建筑业发展迅速，建筑结构新类型、新技术、新知识不断涌现，教材内容根据建筑结构行业技术发展和学生职业能力要求以及教学特点进行编写，与建筑行业的岗位相对应，并采用活页式，采用现行的国家标准和技术规范。内容与造价工程师等职业要求相一致，为学生从事注册造价工程师职业，打下坚实基础。

（3）专业群，适应用于工程造价专业学生。教材编写中注重实用性，内容精练翔实，文字叙述简练，图文并茂，充分体现了工程造价专业职业的发展趋势。本书在编写时尽量做到内容通俗易懂、理论概述简洁明了、案例清晰实用。

本书由浙江建设职业技术学院方甫兵、朱敏敏、张望彬等编写，由张英主审其中方甫兵编写第1章绪论、第6章压杆稳定、第13章钢筋混凝土受弯构件、第17章钢筋混凝土结构施工图识读，朱敏敏编写第12章钢筋混凝土受扭构件、第15章多层及高层钢筋混凝土结构，张望彬编写第5章应力与强度、第10章混凝土结构材料，章庆军编写第2章静力学基础、第3章力学的平衡，宋平编写第4章物体平衡时的内力，张尹编写第7章建筑结构概述、第8章建筑结构设计基本原则，沈毅编写第9章建筑结构抗震、第11章钢筋混凝土受压和受拉构件，徐建编写第14章钢筋混凝土梁板结构、第16章砌体结构。书中三维仿真视频等课程得到了广联达软件股份有限公司的大力支持，本书还有其他编写老师和作者及合作者，在此对参与本书编写的全体老师和作者及合作者表示衷心的感谢！

由于编者水平有限和时间紧迫，书中难免有错误和不妥之处，望广大读者批评指正。为了更好地支持读者和教学，建立良好的沟通和交流，特提供本书主编邮箱：791626316@qq.com。

编 者

目录

前言
第1章 绪论 ………………………………… 1
1.1 本课程的主要内容、学习目标、课程特点及学习方法 ……………………… 1
1.2 建筑力学与结构的研究对象 ………… 2
1.3 △建筑力学与结构的主要研究方法 …… 2

第2章 静力学基础 …………………………… 4
2.1 ★力与力偶 …………………………… 4
2.2 ★受力分析基础 ……………………… 11
习题 …………………………………… 20

第3章 力学的平衡 …………………………… 24
3.1 ★平面力系的简化 …………………… 24
3.2 ★平面力系的平衡 …………………… 27
习题 …………………………………… 30

第4章 物体平衡时的内力 …………………… 33
4.1 ★内力计算基础 ……………………… 33
4.2 ★轴向拉（压）杆的内力 …………… 35
4.3 △圆轴扭转的内力 …………………… 36
4.4 ★单跨静定梁的内力 ………………… 38
习题 …………………………………… 46

第5章 应力与强度 …………………………… 49
5.1 ★拉（压）杆的应力和强度 ………… 49
5.2 ★拉（压）杆的变形 ………………… 51
5.3 ★材料拉压时的力学性能 …………… 52
5.4 △平面图形的几何性质 ……………… 55
5.5 ○梁平面弯曲时的正应力与强度条件 …………………………………… 58
习题 …………………………………… 60

第6章 压杆稳定 ……………………………… 63
6.1 ★压杆稳定概述 ……………………… 63
6.2 △欧拉公式 …………………………… 64
6.3 ○提高压杆稳定的措施 ……………… 65
习题 …………………………………… 66

第7章 建筑结构概述 ………………………… 68
7.1 ★建筑结构的发展简况 ……………… 68
7.2 ★建筑结构的概念、分类及其应用 …………………………………… 71
习题 …………………………………… 76

第8章 建筑结构设计基本原则 ……………… 78
8.1 ★结构的功能要求和极限状态 ……… 78
8.2 ○结构的安全等级和作用效应 ……… 80
8.3 ★荷载分类及荷载的代表值 ………… 81
习题 …………………………………… 84

第9章 建筑结构抗震 ………………………… 87
9.1 △地震基本知识 ……………………… 87
9.2 ○建筑结构抗震设防 ………………… 93
习题 …………………………………… 96

第10章 混凝土结构材料 ……………………… 99
10.1 ★钢筋 ………………………………… 99
10.2 ★混凝土 ……………………………… 105
10.3 △钢筋的锚固与连接 ………………… 108
习题 …………………………………… 112

第11章 钢筋混凝土受压和受拉构件 ………… 114
11.1 ★轴心受压构件承载力计算 ………… 114
11.2 ★受压构件构造要求 ………………… 117
11.3 ○偏心受压构件承载力计算 ………… 119
11.4 ★轴心受拉构件正截面承载力计算 …………………………………… 120
习题 …………………………………… 121

第 12 章　钢筋混凝土受扭构件 ……… 125
- 12.1 △钢筋混凝土受扭构件的受力特点 ……… 125
- 12.2 ○钢筋混凝土受扭构件的破坏形态 ……… 126
- 12.3 ★钢筋混凝土受扭构件的构造要求 ……… 127
- 习题 ……… 127

第 13 章　钢筋混凝土受弯构件 ……… 129
- 13.1 ★受弯构件正截面承载力计算 ……… 129
- 13.2 △受弯构件斜截面受力性能 ……… 137
- 13.3 ★受弯构件构造要求 ……… 139
- 13.4 ○受弯构件的裂缝 ……… 144
- 13.5 ○受弯构件的变形 ……… 146
- 习题 ……… 146

第 14 章　钢筋混凝土梁板结构 ……… 149
- 14.1 ★钢筋混凝土梁板结构的分类 ……… 149
- 14.2 ★钢筋混凝土楼板 ……… 149
- 14.3 ★钢筋混凝土楼梯 ……… 152
- 习题 ……… 155

第 15 章　多层及高层钢筋混凝土结构 ……… 156
- 15.1 ○多层及高层钢筋混凝土房屋结构体系 ……… 156
- 15.2 ○多层及高层钢筋混凝土结构发展趋势 ……… 161

第 16 章　砌体结构 ……… 163
- 16.1 ★砌体材料及力学性能 ……… 163
- 16.2 ★构造柱、圈梁、过梁和挑梁 ……… 167
- 16.3 ★防止或减轻墙体开裂的主要措施 ……… 170
- 16.4 ○框架填充墙 ……… 173
- 习题 ……… 174

第 17 章　钢筋混凝土结构施工图识读 ……… 176
- 17.1 概述 ……… 176
- 17.2 ★结构设计总说明的识读 ……… 180
- 17.3 ★柱平法施工图的识读 ……… 181
- 17.4 △剪力墙平法施工图的识读 ……… 185
- 17.5 ★梁平法施工图的识读 ……… 192
- 习题 ……… 201

参考文献 ……… 205

第1章 绪 论

1.1 本课程的主要内容、学习目标、课程特点及学习方法

1.1.1 主要内容与学习目标

本课程包括建筑力学与建筑结构两部分，主要内容有建筑静力学基础、力学的平衡、物体平衡、应力与强度、建筑结构基本计算原则、常用建筑结构材料、钢筋混凝土结构、砌体结构、结构施工图识读等。主要介绍建筑力学基础知识和常见构件的承载力计算方法；重点介绍静力学基础知识和建筑结构及构件的受力特点与构造要求，结合国家建筑标准设计图集《混凝土结构施工图平面整体表示方法制图规则和构造详图》（G 101）系列，介绍结构施工图的识读方法与技巧。

通过学习，应理解并掌握静力学计算、理解力学的平衡和物体平衡、了解建筑结构的计算原则；了解基本构件承载力计算方法；熟悉建筑结构的常用材料力学性能和选用要求；熟悉并理解建筑结构及其构件的受力特点；理解并掌握建筑结构及其构件的构造措施；正确领会结构施工图的设计意图，能基本进行结构施工图的识读。

1.1.2 课程特点及学习方法

建筑力学与建筑结构是一门综合性很强的课程，不仅要求有较好的数学、物理学、建筑力学、建筑构造与识图，还与建筑材料基础知识、建筑施工等课程有密切关系，具有很强的工程背景，学习的目的也在于工程应用。本课程具有以下特点，在学习中应特别注意：

1) 建筑力学与建筑结构融会贯通，建筑力学是建筑结构的基础知识，建筑力学与高中物理学等课程有密切联系，学习时要注意物理学与建筑力学及建筑结构课程之间的联系，通过平衡条件、物理条件和几何条件建立基本方程手段是相同的，学会运用已学过的基础知识，抽象出符合实际的力学模型，用力学知识去解决结构问题。

2) 建筑结构是一项综合性很强的学科，往往需要综合考虑功能适用、材料供应方便、造价经济合理、施工方便、规范符合要求等多种因素。同一工程有多种结构方案，不同设计人员会有不同的选择，因此结构问题的答案往往不是唯一的。这就要求平时学习中要注意自

己综合分析问题能力的培养，才能做出一个比较合理的选择。

3）本课程的实践性很强，根据建筑力学分析和受力性能试验，研究其破坏机理和受力性能，建立理想化力学模型，因此学习时注意基础知识、应用范围等，建筑结构和构件的设计也是大量工程实践的经验总结。因此，本课程学习时应理论联系实际，通过实习、参观等手段，走访现场，观察周边建筑，增加感性知识，了解结构细部构造，加强平时练习和训练，才能掌握建筑力学和建筑结构的基础知识和构造要求。

1.2 建筑力学与结构的研究对象

建筑是根据人们物质生活和精神生活的要求，为满足各种不同的社会过程的需要而建造的有组织的内部和外部空间环境。建筑一般包括建筑物和构筑物，满足功能要求并提供活动空间和场所的建筑称为建筑物，是供人们生活、学习、工作、居住以及从事生产和文化活动的房屋，如工厂、住宅、学校、影剧院等；仅满足功能要求的建筑称为构筑物，如水塔、纪念碑、烟囱、栈桥、堤坝、蓄水池等。

建筑力学与结构作为一门基础的自然学科，是人类认识世界、改造世界的锐利武器。其形成了一套朴素的辩证唯物的严谨思想体系，是人类文明中一颗璀璨的明珠。因此，学习力学与结构对形成辩证唯物世界观是非常有利的，对学习者的思维训练也是极有益的。

建筑力学与结构是研究土木建筑工程的受力分析、承载能力、结构类型等基本原理和方法的科学。它是土木工程技术人员从事结构设计和造价及施工管理等所必须具备的理论基础。工程中各种各样的建筑物都是由若干构件按照一定的规律组合而成的，称为结构。结构和构件就是建筑力学与结构课程的研究对象。

在高等专业学校和高等职业学校土建类各专业文化基础课与专业课教学中，起着承上启下的关键作用。大量的实践证明，只有学好了本部分内容才可能具备良好的工程素质，才能在工作现场用理性的思维解决千变万化的工程实际问题。

[例 1-1] 与建筑物相比，构筑物的主要特征为（　　）。
A. 供生产使用　　　　　　　　B. 供非生产性使用
C. 满足功能要求　　　　　　　D. 占地面积小

[例 1-2] 建筑物与构筑物的主要区别在于（　　）。
A. 占地面积　　　　　　　　　B. 体量大小
C. 满足功能要求　　　　　　　D. 提供活动空间

1.3 △建筑力学与结构的主要研究方法

在当今信息时代，知识获取方便快捷且准确，要在掌握基本知识基础上，更加注重研究方式，才能对事物的本质进行认识，才会使学习到的知识更好应用和发挥更大的价值。

理论分析、试验分析和计算分析是建筑力学与结构中三种主要的研究方法。理论分析是以基本概念和定理为基础，经过数学推演，得到问题的解答。它是广泛使用的一种方法。建筑力学与结构的基本概念和定理都是以试验为基础的，构件的失效是与所选材料的力学性能有关。材料的力学性能是材料在力的作用下，抵抗变形和破坏等表现出来的性能，它必须通过材料试验才能测定。另外，对于现有理论还不能解决的某些复杂的建筑力学与结构问题，有时要依靠试验方法加以解决。试验分析方法在建筑力学与结构中既是理论分析的基础，同时又与理论分析互为补充。因此，试验分析方法在建筑力学与结构中占有重要的地位。随着计算机技术的飞速发展，建筑力学与结构的计算手段发生了根本性变化，使计算得到简化，例如几十层的高层建筑的结构计算，现在仅用几个小时便得到全部结果。不仅如此，在理论分析中，可以利用计算机得到难于导出的公式或不便于用公式进行的计算；在试验分析中，计算机可以整理数据、绘制试验曲线，选用最优参数，甚至可以模拟试验，得出试验结果，包括在实验室无法进行的试验等。计算分析已成为一种独特的研究方法，其地位将越来越重要。

应该指出，上述建筑力学与结构的三种研究方法是相辅相成、互为补充、互相促进的。在学习时首先应掌握好传统的理论分析与试验分析方法，因为它是进一步学习建筑力学其他内容以及掌握计算分析方法的基础。

建筑力学与结构并不是高深莫测的，在我们生活的方方面面都有许多力学问题，在自觉或不自觉地运用力学规律。在学习建筑结构时，必须理论联系实际，遇到实际问题尽量用学到的理论加以定性或定量的分析。常常利用力学中分析和解决问题的思维方式去帮助解决生活、工作中的难题，养成用科学态度办事的良好习惯。学习建筑力学与结构应重视运算能力的提高，任何工程最终是要用数据来表达，因而运算能力是造价管理和工程技术人员应具备的重要素质之一。

第 2 章

静力学基础

　　静力学是研究物体在力作用下的平衡规律的科学。平衡是物体机械运动的特殊形式,对于一般工程问题,平衡状态是以地球为参照系确定的。例如,相对于地球静止不动的建筑物和塔式起重机沿直线匀速起吊重物,如图 2-1 所示,都处于平衡状态。

图 2-1　生活中的平衡

　　静力学是人们在长期的生产和生活实践中,逐步认识和总结出来的力的普遍规律,阐述了力的基本性质。

2.1 ★力与力偶

2.1.1 力

1. 力的概念

　　力是物体之间的相互机械作用,这种作用使物体的运动状态发生变化(运动效应),或者使物体的形状发生改变(变形效应)。

　　力是矢量,有大小,有方向。所以,用一段带箭头的线段来表示力。线段的长度表示力的大小；线段与某直线的夹角表示力的方位，箭头表示力的指向；线段的起点或终点表示力的作用点。

实践证明，力对物体的作用效果取决于三个要素：力的大小、力的方向和力的作用点，如图2-2所示。

力的方向是指静止物体在该力作用下可能产生的运动(或运动趋势)方向。沿该方向画出的直线称为力的作用线

手拉弹簧的拉力为30N

10N   F=30N

力的作用点是指物体间机械作用的位置

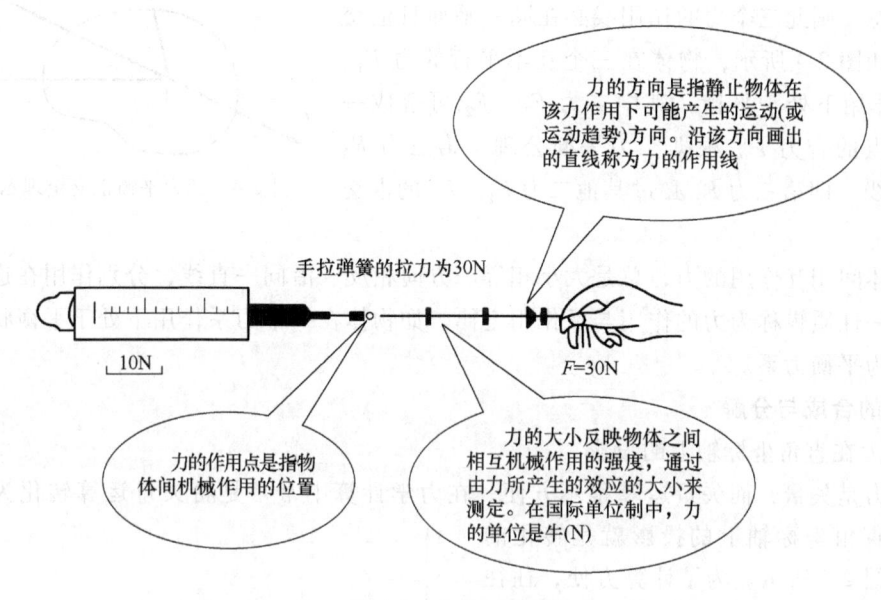

力的大小反映物体之间相互机械作用的强度，通过由力所产生的效应的大小来测定。在国际单位制中，力的单位是牛(N)

图2-2　力的三要素

通常一个物体所受的力不止一个而是若干个。我们把作用于物体上的一群力称为力系。力系是工程力学研究的对象，因为所有的工程构件都处于平衡状态，且由于一个力不可能使物体处于平衡状态，因此可以知道，工程构件都是受到力系作用的。

按照力系中各力作用线分布的不同，力系可分为以下几种：

1）汇交力系——力系中各力作用线汇交于一点。

2）平行力系——力系中各力的作用线相互平行。

3）一般力系——力系中各力的作用线既不完全交于一点，也不完全相互平行。本书主要研究的是平面力系，如平面汇交力系、平面平行力系和平面一般力系。

在日常生活中，力的作用也同样处处存在。在研究物体的受力问题时，必须分清哪个是施力物体，哪个是受力物体。

2. 力的性质

（1）力的平行四边形法则

作用于物体上同一点的两个力可以合成为一个合力，合力也作用于该点，合力的大小、方向由这两个力为邻边所构成的平行四边形的对角线来确定，如图2-3所示。

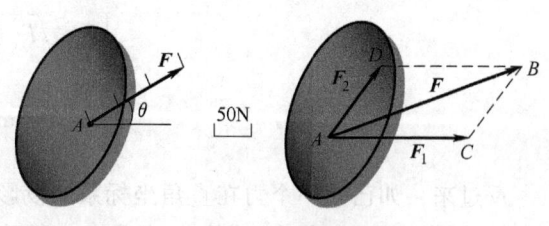

图2-3　力的性质

两个交于一点力的合力，等于这两个力的矢量和。

物体上同一点的 n 个力组成的力系，采用两两合成的方法，最终可合成为一个合力 F_R。

$F_R = F_1 + F_2 + \cdots + F_n = \sum F$。n 个交于一点的力所组成的力系，可以合成为一个合力，合力的大小、方向等于原力系中各力的矢量和，其作用线通过原力系的交点。

(2) 三力平衡汇交定理

若物体（刚体）在三个互不平行的力的作用下处于平衡状态，则此三个力的作用线必在同一平面且汇交于一点。如图 2-4 所示，物体在三个互不平行的力 F_1、F_2 和 F_3 作用下处于平衡，其中二力 F_1、F_2 可合成一作用于 A 点的合力 F。根据二力平衡公理，第三力 F_3 与 F 必共线，即第三力 F_3 必过其他二力 F_1、F_2 的汇交点 A。

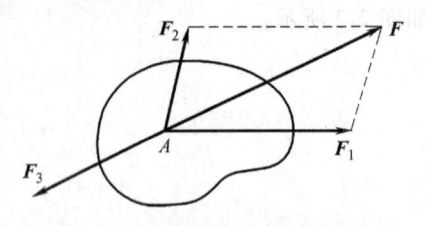

图 2-4 三力平衡汇交定理示意图

两物体间相互作用的力，总是大小相等、方向相反、沿同一直线，分别作用在这两个物体上，这一性质也称为力的作用与反作用定律。如物体在一个力系作用下处于平衡状态，称这个力系为平衡力系。

3. 力的合成与分解

(1) 力在直角坐标轴上的投影

由于力是矢量，而矢量运算很不方便，在力学计算中常常是将矢量运算转化为代数运算，力在直角坐标轴上的投影就是转化的基础，如图 2-5 所示。为了计算方便，往往先根据力与某轴所夹的锐角来计算力在该轴上投影的绝对值，再通过观察来确定投影的正负号。

如图 2-5 所示，投影的正负号规定如下：若从 A' 到 B' 的方向与轴正向一致，投影取正号；反之取负号，力在坐标轴上的投影是代数量。

$F_x = \pm A'B' = F\cos\alpha$
$F_y = \pm A''B'' = F\sin\alpha$

图 2-5 力在直角坐标轴上的投影

F_1、F_2 是力 F 沿直角坐标轴方向的两个分力，是矢量。它们的大小和力 F 在轴上投影的绝对值相等，而投影的正（负）号代表了分力的指向和坐标轴的指向一致（或相反），这样投影就将分力大小和方向表示出来了，从而将矢量运算转化成代数运算。

$$\begin{cases} F = \sqrt{F_x^2 + F_y^2} \\ \alpha = \arctan\dfrac{|F_y|}{|F_x|} \end{cases} \tag{2-1}$$

反过来，如已知一个力在直角坐标系的投影，可以求出这个力的大小和方向。具体力的指向可通过投影的正负值来判定，如图 2-6 所示。

[例 2-1] 试分别求出图 2-7 中各力在 x 轴和 y 轴上投影。已知 $F_1 = 100N$，$F_2 = 150N$，$F_3 = F_4 = 200N$，各力方向如图 2-7 所示。

[解] 由已知条件可得出各力在 x、y 轴上的投影：

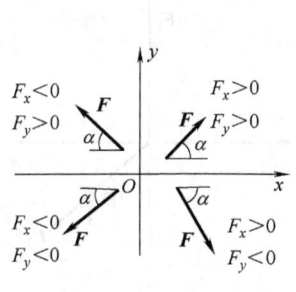

图 2-6 力的正负值判定

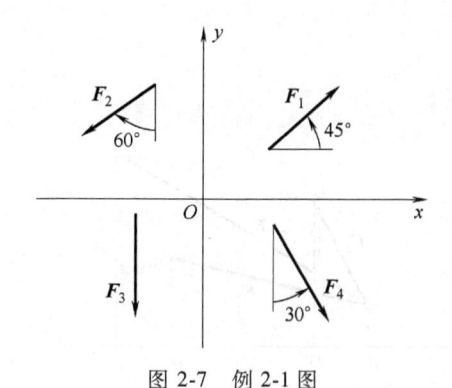

图 2-7 例 2-1 图

$F_{1x} = F_1\cos45° = 100×0.707\text{N} = 70.7\text{N}$

$F_{1y} = F_1\sin45° = 100×0.707\text{N} = 70.7\text{N}$

$F_{2x} = -F_2\cos30° = -150×0.866\text{N} = -129.9\text{N}$

$F_{2y} = -F_2\sin30° = -150×0.5\text{N} = -75\text{N}$

$F_{3x} = F_3\cos90° = 0$

$F_{3y} = -F_3\sin90° = -200×1\text{N} = -200\text{N}$

$F_{4x} = F_4\cos60° = 200×0.5\text{N} = 100\text{N}$

$F_{4y} = -F_4\sin60° = -200×0.866\text{N} = -173.2\text{N}$

（2）合力投影定理

由于力的投影是代数量，所以各力在同一轴的投影可以进行代数运算，由图 2-8 不难看出由 F_1 和 F_2 和组成力系的合力 F 在任一坐标轴（x 轴）上的投影。

$$F_x = A'C' = A'B' + B'C' = A'B' + A'D' = F_{1x} + F_{2x} \tag{2-2}$$

合力在坐标轴上的投影（F_{Rx}，F_{Ry}）等于各分力在同一轴上投影的代数和，$\sum F_x$ 是简化写法，以下类推：

$$\begin{cases} F_{Rx} = F_{1x} + F_{2x} + \cdots + F_{nx} = \sum F_x \\ F_{Ry} = F_{1y} + F_{2y} + \cdots + F_{ny} = \sum F_y \end{cases} \tag{2-3}$$

如果将各个分力沿坐标轴方向进行分解，再对平行于同一坐标轴的分力进行合成（方向相同的相加，方向相反的相减），可以得到合力在该坐标轴方向上的分力（F_{Rx}，F_{Ry}）。不难证明，合力在直角坐标系坐标轴上的投影和合力在该坐标轴方向上的分力大小相等，而投影的正（负）号代表了分力的指向和坐标轴的指向一致（相反）。

[例 2-2] 分别求出图 2-9 中各力的合力在 x 轴和 y 轴上投影。已知 $F_1 = 20\text{kN}$，$F_2 = 40\text{kN}$，$F_3 = 50\text{kN}$，各力方向如图 2-9 所示。

[解] 由已知条件可得出各力的合力在 x、y 轴上的投影为

$$F_{Rx} = \sum F_x = F_1\cos90° - F_2\cos0° + F_3 × \frac{3}{\sqrt{3^2+4^2}} = \left(0 - 40 + 50 × \frac{3}{5}\right)\text{kN} = -10\text{kN}$$

$$F_{Ry} = \sum F_y = F_1\sin90° + F_2\sin0° - F_3 × \frac{4}{\sqrt{3^2+4^2}} = \left(20 + 0 - 50 × \frac{4}{5}\right)\text{kN} = -20\text{kN}$$

图 2-8 合力的投影

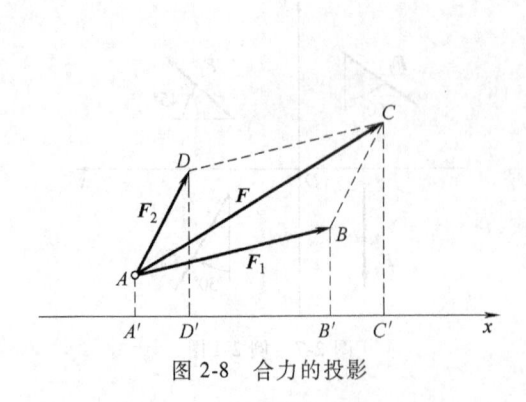

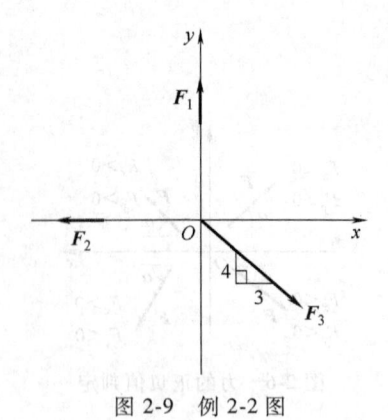

图 2-9 例 2-2 图

4. 力矩

从实践中可以知道，力对物体的作用效果除了能使物体移动外，还能使物体转动，力矩就是度量力使物体转动效应的物理量，如图 2-10 所示。

合力矩定理

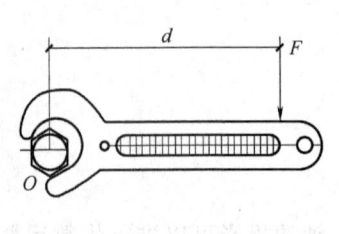

图 2-10 力使物体转动

用乘积 Fd 加上正号或负号作为度量力 F 使物体绕 O 点转动效应的物理量，该物理量称为力 F 对 O 点之矩，简称力矩，如图 2-11 所示。

其中，O 点称为矩心，矩心 O 到力的作用线的垂直距离 d 称为力臂。力 F 对 O 点之矩通常用符号 $M_O(F)$ 表示。下式中，若力使物体产生逆时针方向转动，取正号；反之，取负号。力对点的矩是代数量，即

$$M_O(F) = \pm Fd \tag{2-4}$$

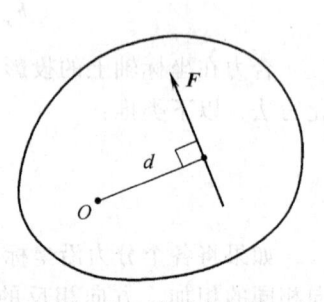

图 2-11 力对点之矩

力矩的单位是力与长度的单位的乘积。在国际单位制中，力矩的单位为牛顿米（N·m）或千牛顿米（kN·m）。

力矩在下列两种情况下等于零：力等于零或力的作用线通过矩心（即力臂等于零）。当力沿作用线移动时，不会改变它对矩心的力矩。这是由于力的大小、方向及力臂的大小均未改变的缘故。

[**例 2-3**] 如图 2-12 所示，当扳手分别受到力 F_1、F_2、F_3 作用时，求各力分别对螺母中心 O 点的力矩。已知 $F_1 = F_2 = F_3 = 100\text{N}$。

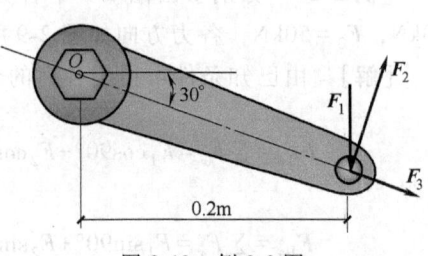

图 2-12 例 2-3 图

[解] 根据力矩的定义可知：
$M_O(F_1) = -F_1 d_1 = -100\text{N} \times 0.2\text{m} = -20\text{N} \cdot \text{m}$
$M_O(F_2) = F_2 d_2 = 100\text{N} \times 0.2\text{m}/\cos 30° = 23.1\text{N} \cdot \text{m}$
$M_O(F_3) = F_3 d_3 = 100\text{N} \times 0 = 0$

合力矩定理：在计算力对点的力矩时，往往是力臂不易求出，因而直接按定义求力矩难以计算。此时，通常采用的方法是将这个力分解为两个或两个以上便于求出力臂的分力，再由多个分力力矩的代数和求出合力的力矩。

这一有效方法的理论根据是合力矩定理，表示为

$$M_O(F_R) = M_O(F_1) + M_O(F_2) + \cdots + M_O(F_n) = \sum_{i=1}^{n} M_O(F_i) \tag{2-5}$$

该定理不仅适用于平面汇交力系，而且可以推广到任意力系。

[例 2-4] 如图 2-13 所示，每 1m 长挡土墙所受土压力的合力为 F_R，如 $F_R = 150\text{kN}$。求土压力使墙倾覆的力矩。

[解] 根据土压力 F_R 可使挡土墙绕 A 点倾覆，故求土压力 F_R 使墙倾覆的力矩，就是求 F_R 对 A 点的力矩。由已知尺寸求力臂 d 不方便，但如果将 F_R 分解为两分力 F_1 和 F_2，则两分力的力臂是已知的，故可得

$M_O(F_R) = M_O(F_1) + M_O(F_2) = F_1 h/3 - F_2 b$
$\quad\quad = 150\text{kN}\cos 30° \times 1.5\text{m} - 150\text{kN}\sin 30° \times 1.5\text{m}$
$\quad\quad = 82.4\text{kN} \cdot \text{m}$

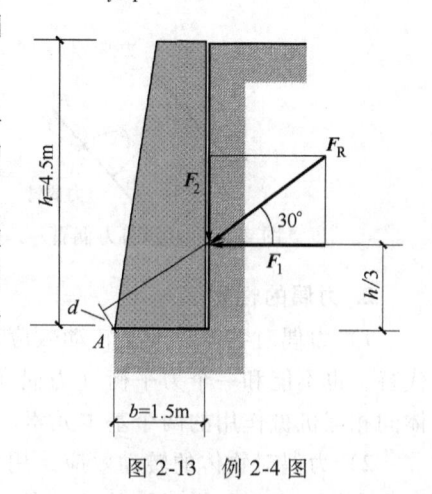

图 2-13 例 2-4 图

2.1.2 力偶

1. 力偶的概念

在力学中，由两个大小相等、方向相反、作用线平行而不重合的力 F 和 F' 组成的力系，称为力偶，并用符号 (F, F') 来表示。力偶的作用效果是使物体转动。

在日常生活中，我们可常见到如开水龙头、汽车驾驶员用双手转动方向盘和钳工用丝锥攻螺纹等都是力偶作用的案例，如图 2-14 所示。

图 2-14 生活中的力偶作用

组成力偶的两个力 F、F' 所在的平面称为力偶的作用面，力偶的两个力作用线间的垂直距离 d 称为力偶臂，如图 2-15 所示。

$$M_O(\boldsymbol{F})+M_O(\boldsymbol{F}') = -Fx+F'(x+d) = Fd \tag{2-6}$$

这一结果与 O 点的位置无关。因此，将力偶的力 F 与力偶臂 d 的乘积冠以适当的正负号，作为力偶对物体转动效应的度量，称为力偶矩，用 M 表示，即

$$M = \pm Fd \tag{2-7}$$

式中，正负号的规定是若力偶的转向是逆时针，取正号；反之取负号，如图 2-16 所示。在国际单位制中，力偶矩的单位为牛顿米（N·m）或千牛顿米（kN·m）。

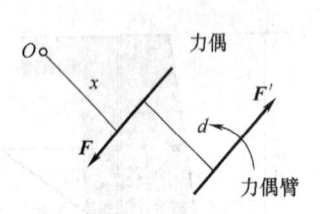

图 2-15 力偶与力偶臂

图 2-16 力偶的转向

2. 力偶的性质

1）力偶对物体只产生转动效应，而不产生移动效应。因此，一个力偶既不能用一个力代替，也不能和一个力平衡（力偶在任何一个坐标轴上的投影等于零）。力与力偶是表示物体间相互机械作用的两个基本元素。

2）力偶对物体的转动效应，用力偶矩度量而与矩心的位置无关。如果在同一平面内的两个力偶，它们的力偶矩彼此相等，那么它们对物体的效应完全相同，则两力偶互为等效力偶。

3）在保持力偶矩大小和力偶转向不变的情况下，力偶可在其作用面内任意搬移，或者可任意改变力偶中力的大小和力偶臂的长短，力偶对物体的转动效应不变。

根据这一性质，可在力偶作用面内用 $M\downarrow$ 或 $M\leftrightarrow$ 表示力偶，其中箭头表示力偶的转向，M 则表示力偶矩的大小。必须指出，力偶的搬移或用等效力偶替代，对物体的运动效应没有影响，但对物体的变形效应有影响。

3. 平面力偶系的合成

若有 n 个力偶作用于物体的某一平面内，这种力系称为平面力偶系。可合成为一合力偶，在同一个平面内的力偶可以进行代数运算，合力偶的力偶矩等于各分力偶矩的代数和，即

$$M = M_1 + M_2 + \cdots + M_n = \sum_{i=1}^{n} M_i \tag{2-8}$$

[例 2-5] 如图 2-17 所示，在物体的某平面内受到三个力偶的作用。设 $F_1 = 200\text{N}$，$F_2 = 600\text{N}$，$M = 100\text{N}\cdot\text{m}$，求其合力偶矩。

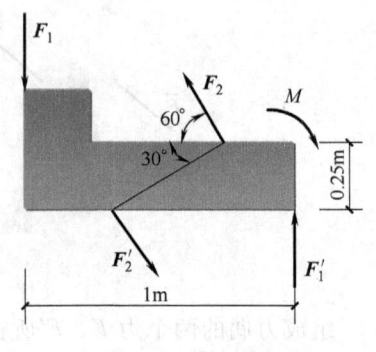

图 2-17 例 2-5 图

[解] 各分力偶矩为

$$M_1 = F_1 d_1 = 200\text{N} \times 1\text{m} = 200\text{N} \cdot \text{m}$$
$$M_2 = F_2 d_2 = 600\text{N} \times 0.25\text{m}/\sin 30° = 300\text{N} \cdot \text{m}$$
$$M_3 = -M = -100\text{N} \cdot \text{m}$$

可得合力偶矩为

$$M = M_1 + M_2 + M_3 = 200\text{N} \cdot \text{m} + 300\text{N} \cdot \text{m} - 100\text{N} \cdot \text{m} = 400\text{N} \cdot \text{m}$$

即合力偶矩的大小等于 400N·m，转向为逆时针方向，与原力偶系共面。

2.2 ★受力分析基础

分析实际结构，需要利用力学知识、结构知识和工程实践经验，并根据实际受力、变形规律等主要因素，忽略一些次要因素，对结构进行科学合理的简化，这是一个将结构理想化、抽象化的简化过程，这一过程称为力学建模。

2.2.1 荷载的简化与分类

1. 受力物体

物体在受力后都要发生形状、大小的改变，称为变形，但在大多数工程问题中这种变形相对结构尺寸而言是极其微小的。

（1）刚体

任何物体在力的作用下，都会发生大小和形状的改变，即发生变形。但在正常情况下，实际工程中许多物体的变形都是非常微小的，对研究物体的平衡问题影响很小，可以忽略不计，这样就可以将物体看成是不变形的。这种在受力时保持形状、大小不变的力学模型称为刚体。由于刚体受力作用后，只有运动效应而没有变形效应，因此作用在刚体上的力沿着作用线移动时，不改变其作用效应。

（2）变形体

当变形对于研究物体平衡或运动规律不能忽略时，该类物体称为变形体。

本课程只分析构件的小变形，所谓小变形是指构件的变形量远小于其原始尺寸。因此，在确定构件的平衡和运动时，可不计其变形量，仍按原始尺寸进行计算，从而简化计算过程。

2. 荷载的分类

（1）主动力（荷载）

物体受到的力可以分为两类：一类是使物体运动或产生运动趋势的力，称为主动力，例如重力、水压力、土压力等。工程上把主动力称为荷载；另一类是周围物体限制该物体运动的力，称为约束反力，简称反力。对于作为研究对象的受力物体，以上两类力通称为外力。

如果力集中作用于一点，这种力称为集中力或集中荷载。实际上，任何物体间的作用力都分布在有限的面积上或体积内，但如果力所作用的范围比受力作用的物体小得多时，以及作用在刚体上力的合力都可以看成是集中力。同样对于作用于极小范围的力偶，称为集中力偶。

（2）分布力（荷载）

对于作用范围不能忽视的力（荷载），称为分布力（荷载）。分布在物体的体积内的荷载（如重力等），称为体荷载。分布在物体的表面上，如楼板上的荷载、水坝上的水压力等，称为面荷载。如果力（荷载）分布在一个狭长范围内而且相互平行，则可以把它简化为沿狭长面的中心线分布的力（荷载），如分布在梁上的荷载，称为线分布力或线荷载。体荷载、面荷载、线荷载统称为分布荷载。

当分布荷载各处大小均相同时，称为均布荷载，如分布荷载各处大小不相同时，称为非均布荷载。如图 2-18a 所示，板的自重即为面均布荷载，它是以每单位面积的重量来计算的，单位面积上所受的力，称为面荷载，通常用 p 表示，单位为 N/m^2 或 kN/m^2。如图 2-18b 所示，梁的自重即为线均布荷载，它是以每单位长度的重量来计算的，单位长度上所受的力，称为线荷载，通常用 q 表示，单位为 N/m 或 kN/m。

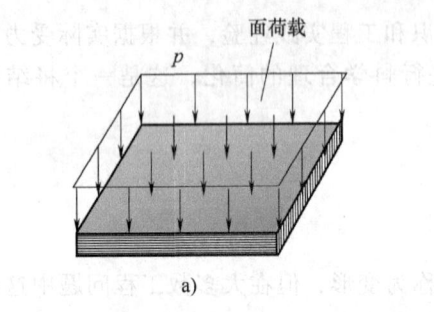

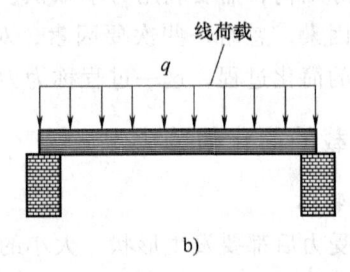

图 2-18　分布力

[例 2-6]　求图 2-19 中均布荷载对 A 点和 B 点的力矩。

[解]　(1) 求均布荷载的合力 F_R

$$F_R = ql$$

方向和作用点如图 2-19 所示。

(2) 用合力代替线荷载分别对 A、B 两点取力矩

$$M_A = M_A(F_R) = -F_R \times (a + l/2) = -ql(a + l/2)$$

$$M_B = M_B(F_R) = F_R \times l/2 = ql^2/2$$

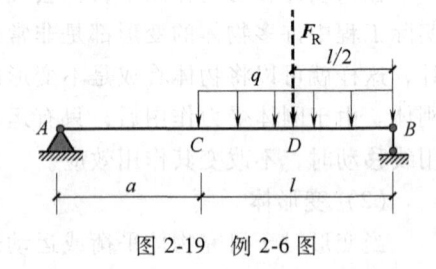

图 2-19　例 2-6 图

3. 约束与约束反力

在空间可以自由运动的物体称为自由体。例如在空中的飞机、火箭等。如果物体受到某种限制在某些方向不能运动，那么这样的物体称为非自由体。例如放在桌面上的物体受到桌面的限制不能向下运动。阻碍物体运动的限制物称为约束。

约束与约束反力

约束对物体必然作用一定的力以阻碍物体运动，这种力就是前面提到的约束反力或约束力，简称反力。约束反力总是作用在约束与物体的接触处，其方向总是与约束所能限制的运动方向相反。

(1) 柔体约束

绳索、皮带、链条等柔性物体构成柔体约束。这种约束只能限制物体沿着柔体伸长的方向运动，而不能限制其他方向的运动。因此，柔体约束反力的方向沿着它的中心线且背离研究物体，即为拉力，如图 2-20 所示。

(2) 光滑接触面约束

当两物体在接触面处的摩擦力很小而可略去不计时，就是光滑接触面约束。光滑接触面约束反力的方向垂直于接触面并通过接触点，指向研究物体，如图 2-21 所示。

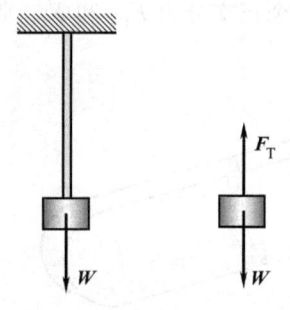

图 2-20　柔性约束及其反力

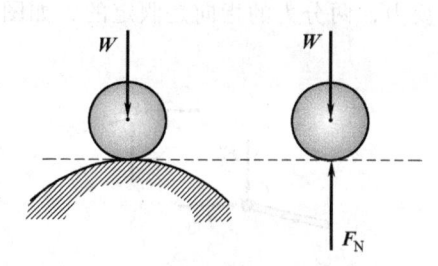

图 2-21　光滑接触面约束及其反力

这种约束不论接触面的形状如何，都不能限制物体沿光滑接触面方向的运动或离开光滑面，只能限制物体沿着接触面的公法线向光滑面内的运动，所以光滑接触面约束反力是通过接触点，沿着接触面的公法线指向被约束的物体，只能是压力，如图 2-22 所示的 F_N。

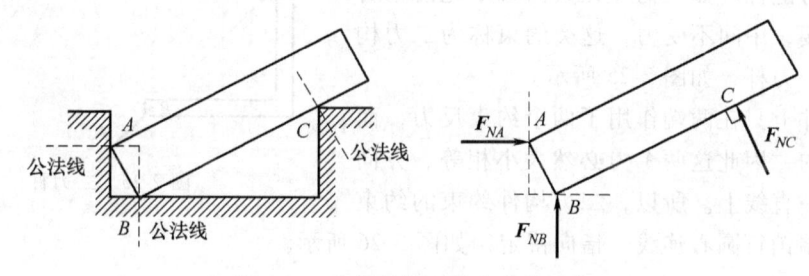

图 2-22　光滑接触面约束及其反力

（3）光滑圆柱铰链约束

在两个构件上各钻有同样大小的圆孔，并用圆柱形销钉 C 连接起来。如果销钉和圆孔是光滑的，那么销钉只限制两构件在垂直于销钉轴线的平面内相对移动，而不限制两构件绕销钉轴线的相对转动，这样的约束称为光滑圆柱铰链约束，简称铰链或铰约束，如图 2-23 所示。

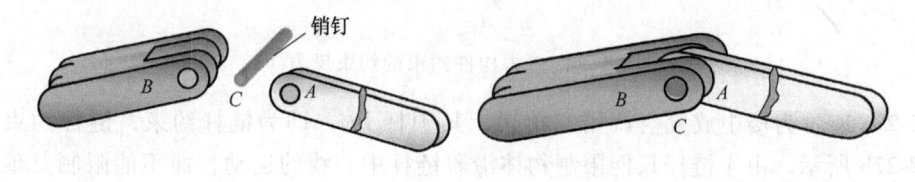

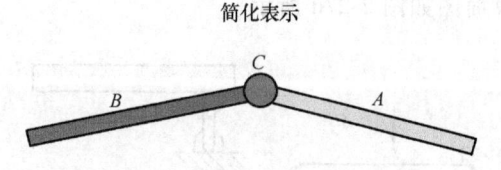

简化表示

图 2-23　光滑圆柱铰链约束及其反力

当两个构件有沿销钉径向相对移动的趋势时，销钉与构件以光滑圆铰面接触，因此销钉给构件的约束反力 F_{NC} 沿接触点 K 的公法线方向，指向构件且通过圆孔中心。由于接触点 K 一般不能预先确定，所以反力 F_{NC} 的方向也不能确定。因此，铰链约束反力作用在垂直于销钉轴线的平面内，通过圆孔中心，方向待定。通常用两个正交分力 F_{Cx} 和 F_{Cy} 来表示铰链约束反力，两分力的指向是假定的，如图 2-24 所示。

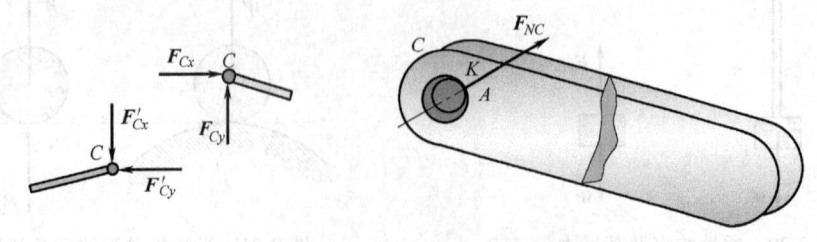

图 2-24　用两个正交分力表示铰链约束反力

（4）链杆约束

两端用光滑销钉与其他物体连接而中间不受力的直杆，称为链杆。如一构件在其两端用光滑销钉与物体相连接，中间不受力，这类约束称为二力构件，简称为二力杆，如图 2-25 所示。

由于构件上只在两端作用了两个约束反力，而构件是平衡的，因此这两个力必然大小相等、方向相反且在同一直线上。所以，二力构件约束的约束反力沿着两端销钉圆心连线，指向待定，如图 2-26 所示。

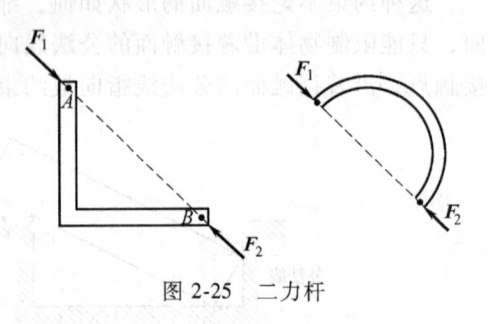

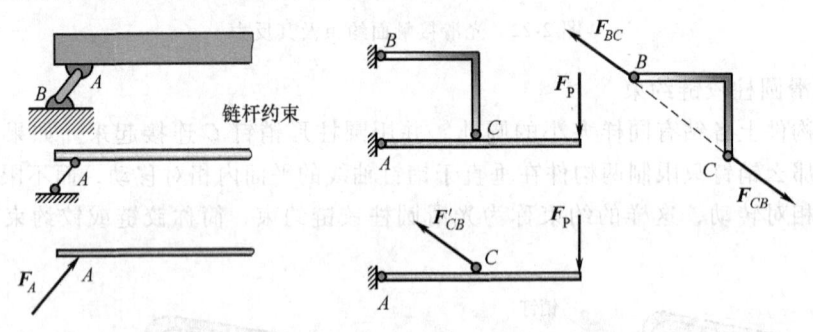

图 2-25　二力杆

图 2-26　二力构件约束的约束反力

图 2-27a 所示为楼中放置空调用三角架，其中杆 BC，即为链杆约束，链杆约束计算简图如图 2-27b 所示。由于链杆只能限制物体沿着链杆中心线的运动，而不能限制其他方向的运动，所以链杆的约束反力沿着链杆中心线，指向未定，如图 2-27c 所示，图中反力的指向是假设的。支座约束计算简图如图 2-27d 所示。

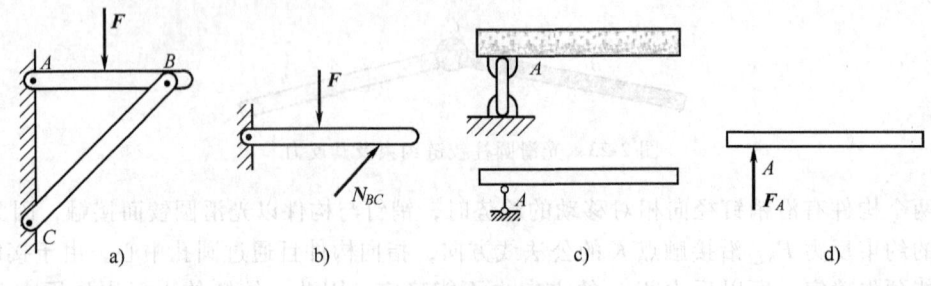

图 2-27　链杆约束

（5）支座约束

工程上将结构或构件连接在支承物上的装置，称为支座。在工程上常常通过支座将构件支承在基础或另一个静止的构件上。支座对构件就是一种约束。支座对它所支承的构件的约束反力也称支座反力。通过简化，建筑结构的支座通常分为固定铰支座、可动铰支座和固定端支座三类。

支座的简化和支座反力

1）固定铰支座。将构件用光滑的圆柱形销钉与固定支座连接，则该支座称为固定铰支座，如图 2-28a 所示。构件与支座用光滑的圆柱铰链连接，构件不能产生沿任何方向的移动，但可以绕销钉转动，可见固定铰支座的约束反力与圆柱铰链相同，即约束反力一定作用于接触点，垂直于销钉轴线，并通过销钉中心，而方向未定。固定铰支座的简图如图 2-28b~图 2-28e 所示。约束反力如图 2-28f 所示，用一个水平力 F_{Ax} 和垂直分力 F_{Ay} 来表示。工程实例如图 2-28g 所示。

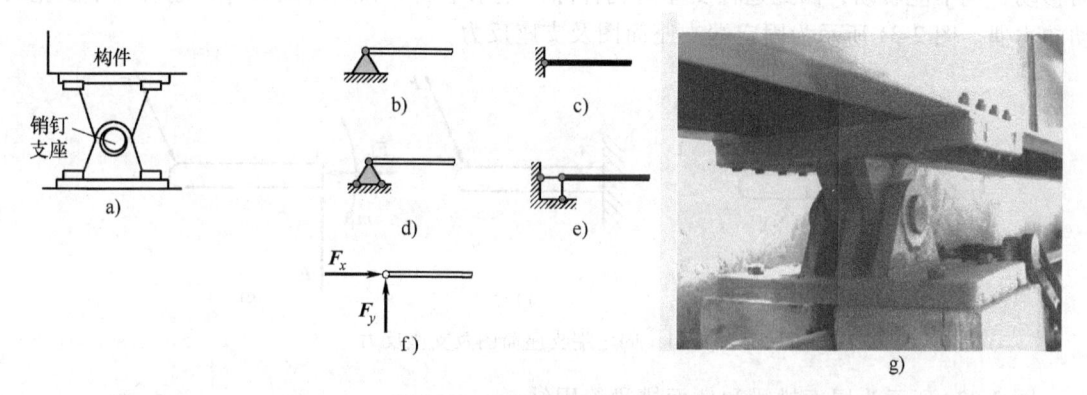

图 2-28 固定铰支座及其反力
a）固定铰支座 b）~e）支座简图 f）约束反力 g）工程实例

2）可动铰支座。如果在固定铰支座下面加上辊轴，则该支座称为可动铰支座，如图 2-29a 所示。可动铰支座的计算简图如图 2-29b~图 2-29d 所示。这种支座只能限制构件垂直于支承面方向的移动，而不能限制物体绕销钉轴线的转动，其支座反力通过销钉中心，垂直于支承面，指向未定。如图 2-29e 所示，反力 F_N 的指向未定。工程实例如图 2-29f 所示。

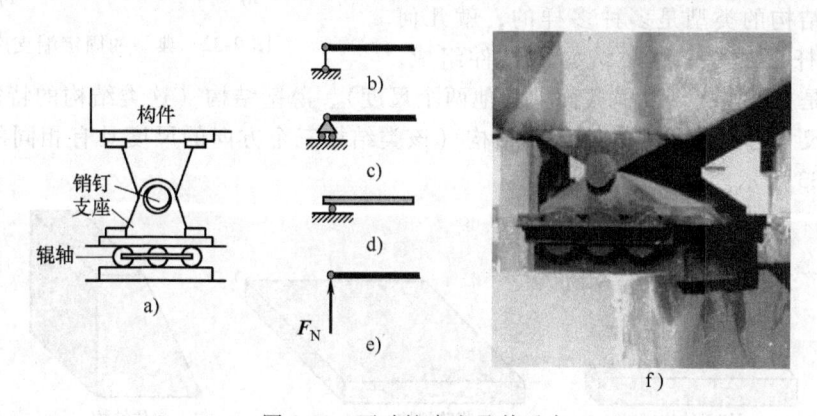

图 2-29 可动铰支座及其反力
a）可动铰支座 b）~d）支座简图 e）约束反力 f）工程实例

如图 2-30 所示，案例中的楼面梁 L_1 搁置在砖墙上，砖墙就是梁的支座，如略去梁与砖墙之间的摩擦力，则砖墙只能限制梁向下运动，而不能限制梁的转动与水平方向的移动。这样，就可以将砖墙简化为可动铰支座。

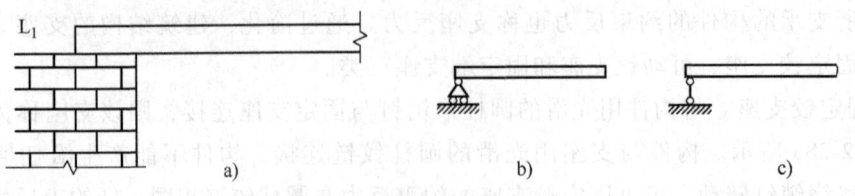

图 2-30 楼面梁 L_1 的支座简化
a) 支承在砖墙上的梁 L_1 b)、c) 支座简图

3) 固定端支座。固定端支座构件与支承物固定在一起，构件在固定端既不能沿任何方向移动，也不能转动，因此这种支座对构件除产生水平反力和竖向反力外，还有一个阻止转动的力偶。图 2-31 所示为固定端支座简图及支座反力。

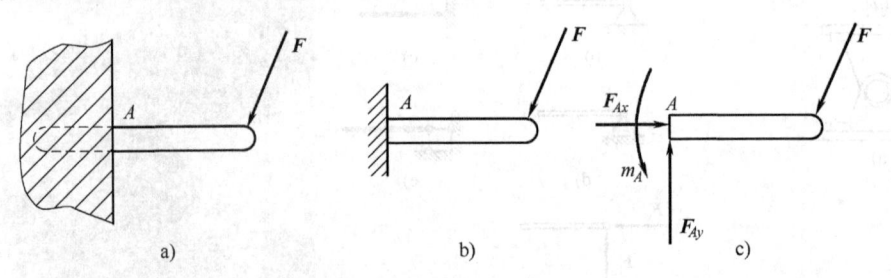

图 2-31 固定端支座简图及支座反力

图 2-32a 所示为屋面挑梁和楼面挑梁等固结于墙中。图 2-32b 所示为固结于独立基础的钢筋混凝土柱。它们的固结端就是典型的固定端支座。

2.2.2 力学计算简图

1. 结构的分类

工程中结构的类型是多种多样的，就几何观点可分为杆系结构（这类结构由杆件组成，杆件的特征是长度远大于其横截面上其他两个尺度）、薄壁结构（这类结构的特征是长、宽两个方向的尺寸远大于厚度）和实体结构（该类结构三个方向的尺度具有相同的量级）三类，如图 2-33 所示。

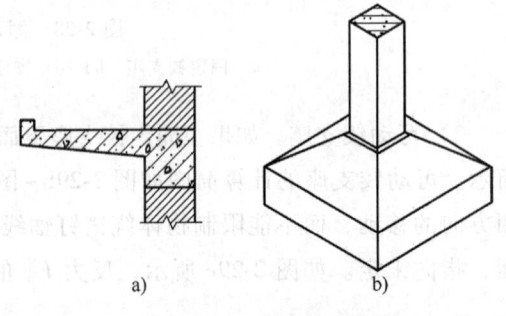

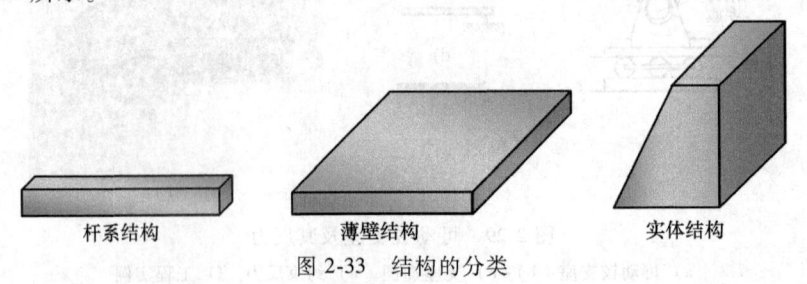

图 2-32 典型的固定端支座

图 2-33 结构的分类

其中，杆系结构又可分为平面结构（组成结构的所有杆件的轴线及外力都在同一平面内）和空间结构（组成结构的所有杆件的轴线及外力不在同一平面内）两类，本书主要研究平面结构中的杆系结构，如图2-34所示。

2. 计算简图

在实际结构中，结构的受力和变形情况非常复杂，影响因素也很多，完全按实际情况进行结构计算是不可能的，而且计算过分精确，在工程实际中也是不必要的。为此，

图2-34 杆系结构的分类

需要用一种力学模型来代替实际结构，它能反映实际结构的主要受力特征，同时又能使计算大大简化。这样的力学模型就是结构的计算简图。结构计算简图的选择原则如下：

1）反映结构实际情况。计算简图能正确反映结构的实际受力情况，使计算结果尽可能准确。

2）分清主次因素。计算简图可以略去次要因素，使计算简化。

一般工程结构是由杆件、结点和支座三部分组成的。要想得出结构的计算简图，就必须对结构的各组成部分进行简化。

（1）结构、杆件的简化

一般的实际结构均为空间结构，而空间结构常常可分解为几个平面结构来计算，结构构件均可用其杆轴线来代替。

（2）结点的简化

杆系结构的结点，通常可分为铰结点和刚结点。

1）铰结点。用圆柱铰链将杆件连接在一起，各杆件可围绕其进行相对转动但不能移动的结点，如图2-35所示。

2）刚结点。杆件在连接处是刚性连接的，即各杆件在此点不能相对转动（保持夹角不变），也不能移动的结点，如图2-36所示。

图2-35 铰结点

图2-36 刚结点

铰结点的简化原则：铰结点上各杆间的夹角可以改变，各杆的铰结端点既不承受也不传递弯矩，但能承受轴力和剪力，如图 2-37a 所示。

刚结点的简化原则：刚结点上各杆间的夹角保持不变，各杆的刚结端点在结构变形时转动同一角度，各杆的刚结端点既能承受并传递弯矩，又能承受轴力和剪力，如图 2-37b 所示。

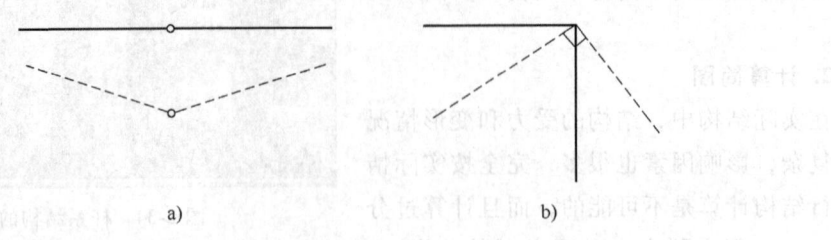

图 2-37 结点简化示意图
a) 铰结点 b) 刚结点

(3) 支座的简化

平面杆系结构的支座，常用的有以下三种（图 2-38）：

1）可动铰支座。杆端 A 沿水平方向可以移动，绕 A 点可以转动，但沿支座杆轴方向不能移动。

2）固定铰支座。杆端 A 绕 A 点可以自由转动，但沿任何方向不能移动。

3）固定端支座。A 端支座为固定端支座，A 端既不能移动，也不能转动。

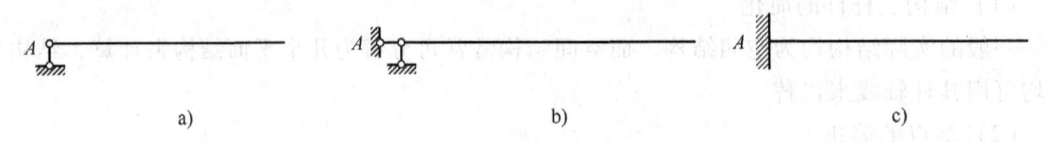

图 2-38 支座简化示意图
a) 可动铰支座 b) 固定铰支座 c) 固定端支座

2.2.3 受力分析与受力图

在实际工程中，建筑结构通常是由多个物体或构件相互联系组合在一起的，如板支承在梁上、梁支承在墙上、墙支承在基础上。因此，进行受力分析前，必须首先明确要对哪一种物体或构件进行受力分析，为此需要将研究对象从它周围的物体中分离出来。被分离出来的研究对象称为脱离体。在脱离体上画出周围物体对它的全部已知力和约束反力，这样的图形称为受力图。

单跨梁受力图绘制

在画物体受力图之前，先要明确对象，然后画出研究对象的简图，再将已知的力画在简图上，然后根据约束性质在各相互作用点上画出对应的约束反力。绘制受力图的方法及步骤：第一步，取隔离体；第二步，画主动力；第三步，画约束反力。画受力图时应注意以下几点：

1）在画研究对象的受力图时，只能画出外部物体对研究对象的作用力即外力。

2）对结构中的二力构件要能首先判断出来。

3）画约束反力，应先从画只有一个反力的约束开始。

4）在画结构内两相互作用物体各自的受力图时，必须满足作用与反作用定律。
下面举例说明受力图的画法。

[例2-7]　如图2-39所示，小车重W，由绞车通过钢丝绳牵引静止在斜面上。不计车轮与斜面间的摩擦力，试画出小车的受力图。

[解]　将小车从钢丝绳和斜面的约束中分离出来，单独画出，如图2-40所示。

作用于小车上的主动力为W，其作用点为重心C，铅直向下。作用于小车上的约束反力有钢丝绳的约束反力F_T，方向沿钢丝绳的中心线且背离小车；斜面的约束反力F_A、F_B，作用在车轮与斜面的接触点，垂直于斜面且指向小车。

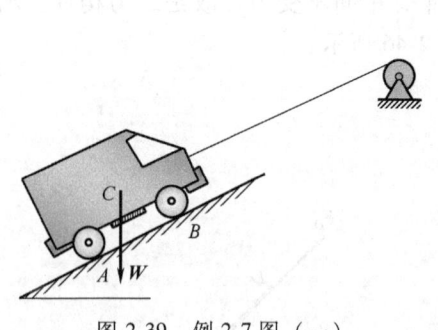

图2-39　例2-7图（一）　　　　图2-40　例2-7图（二）

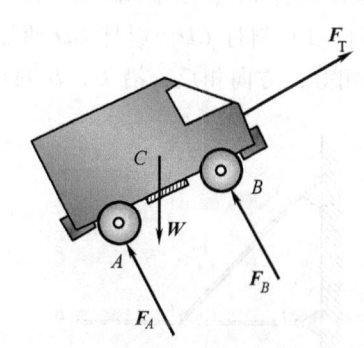

[例2-8]　如图2-41所示，由角钢AB和CD在D处用连接钢板焊接牢固。在A、C两处用混凝土浇筑埋入墙内，制成搁置管道的三角支架。现在三角支架上搁置了两个管道，大管重W_1，小管重W_2，试画出三角支架的力学计算简图。

[解]　1）构件的简化，简化为二力杆件AB和CD。
2）支座的简化，简化为固定铰支座A和C。
3）荷载的简化，大管简化为重力W_1，小管简化为重力W_2。
三角支架的力学计算简图如图2-42所示。

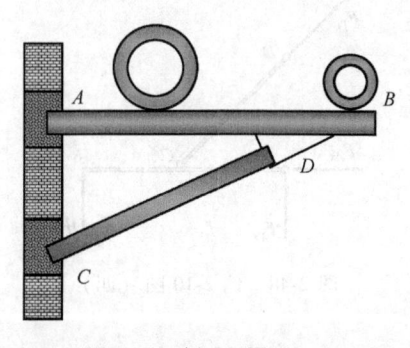

图2-41　例2-8图（一）　　　　图2-42　例2-8图（二）

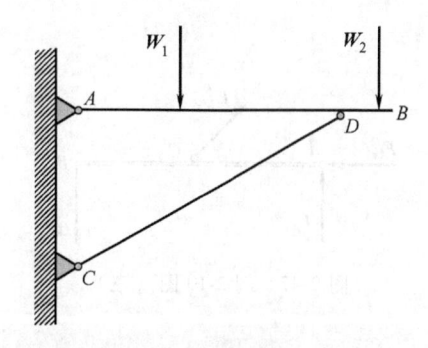

[例2-9]　水平梁AB受集中荷载F_P和均布荷载q作用，A端为固定铰支座，B端为可动铰支座，如图2-43所示，试画出梁的受力图。梁的自重不计。

[解]　取梁为研究对象，并将其单独画出。再将作用在梁上的全部载荷画上，在B端可动铰支座的反力为F_B，在A端固定铰支座的反力为F_{Ax}和F_{Ay}，如图2-44所示。

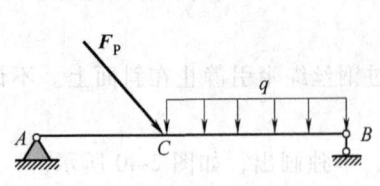

图 2-43 例 2-9 图 (一)

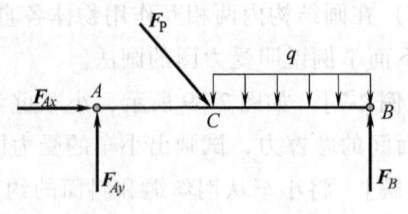

图 2-44 例 2-9 图 (二)

[例 2-10] 如图 2-45 所示支架中，悬挂的重物重 W，横梁 AB 和斜杆 CD 的自重不计。试分别画出斜杆 CD、横梁 AB 及整体的受力图。

[解] 1) 斜杆 CD。斜杆 CD 两端均为铰链约束，中间不受力，故是二力构件。F_C 与 F_D 大小相等，方向相反，沿 C、D 两点连线，如图 2-46 所示。

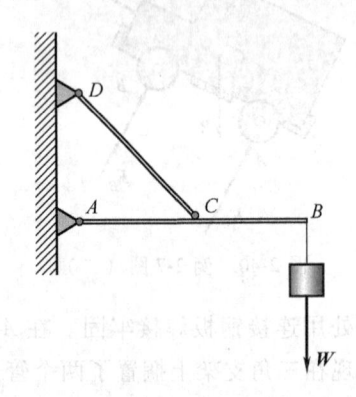

图 2-45 例 2-10 图 (一)

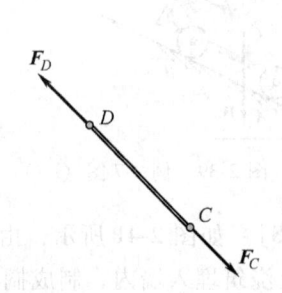

图 2-46 例 2-10 图 (二)

2) 横梁 AB。横梁 AB 的 B 处受到载荷 W 的作用，C 处受到斜杆 CD 的作用力 F'_C，F'_C 与 F_C 互为作用力与反作用力，A 处固定铰支座的反力为 F_{Ax} 和 F_{Ay}，如图 2-47 所示。

3) 整体。作用于整体上的力有主动力 W，约束反力 F_D 及 F_{Ax} 和 F_{Ay}，如图 2-48 所示。

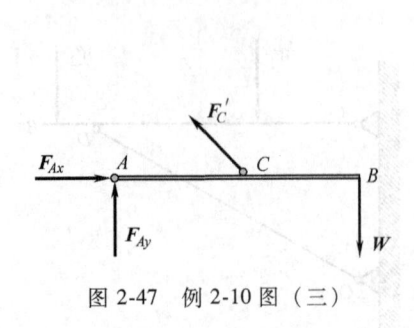

图 2-47 例 2-10 图 (三)

图 2-48 例 2-10 图 (四)

习　题

一、选择题

1. 静力学研究的对象主要是（　　）。

A. 受力物体　　　　B. 施力物体　　　　C. 运动物体　　　　D. 平衡物体

2. 物体系中的作用力和反作用力应是（　　）。
   A. 等值、反向、共线
   B. 等值、反向、共线、同体
   C. 等值、反向、共线、异体
   D. 等值、同向、共线、异体

3. 下列几种构件的受力情况，属于分布力作用的是（　　）。
   A. 自行车轮胎对地面的压力
   B. 楼板对房梁的作用力
   C. 车削工件时，车刀对工件的作用力
   D. 桥墩对主梁的支持力

4. F_1、F_2 两力对某一刚体作用效应相同的充要条件是（　　）。
   A. F_1、F_2 两力大小相等
   B. F_1、F_2 两力大小相等，方向相同，作用在同一条直线上
   C. F_1、F_2 两力大小相等，方向相同，且必须作用于同一点上
   D. 力矢 F_1 与力矢 F_2 相等

5. 作用力与反作用力定律的适用范围是（　　）。
   A. 只适用于刚体
   B. 只适用于变形体
   C. 只适用于物体处于平衡态
   D. 对任何物体均适用

6. 改变力的三要素中的一个，力对物体作用效果（　　）。
   A. 保持不变　　B. 不一定改变　　C. 有一定改变　　D. 随之改变

7. 力使物体绕定点转动的效果用（　　）来度量。
   A. 力矩　　B. 力偶矩　　C. 力的大小和方向　　D. 力对轴之矩

8. 根据三力平衡汇交条件，只要知道平衡刚体上作用线不平行的两个力，即可确定第三个力的（　　）。
   A. 大小　　B. 方向　　C. 大小和方向　　D. 作用点

9. 已知 $F_1 = 30\text{kN}$，$F_2 = 50\text{kN}$，$F_3 = 100\text{kN}$，各力方向如下图所示，求各力的合力在 x 轴投影 F_{Rx} 是（　　）kN。
   A. 30　　B. 50　　C. 10　　D. 20

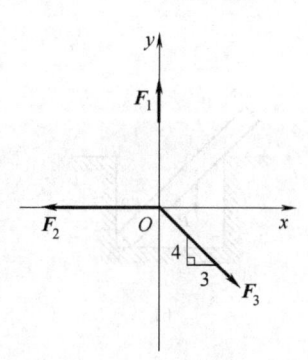

10. 每 1m 长挡土墙所受土压力的合力为 F_R，如 F_R = 200kN，方向如下图所示，土压力使墙倾覆的力矩是（　　）kN。

A. 10　　　　　　B. 110　　　　　　C. 210　　　　　　D. 410

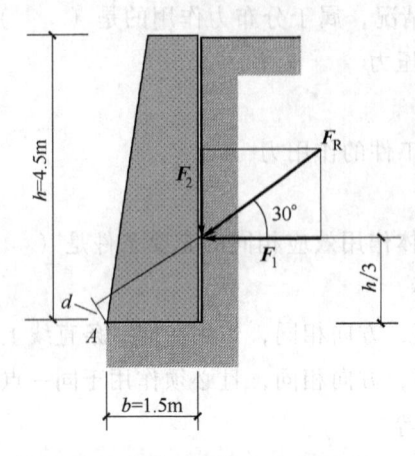

11. 下列不属于平面杆系结构的简化支座是（　　）。

A. 可动铰支座　　B. 固定铰支座　　C. 可动端支座　　D. 固定端支座

12. 在物体的某平面内受到三个力偶的作用，如下图设 F_1 = 100N，F_2 = 300N，M = 50N·m，则合力偶矩是（　　）N·m。

A. 50　　　　　　B. 100　　　　　　C. 150　　　　　　D. 200

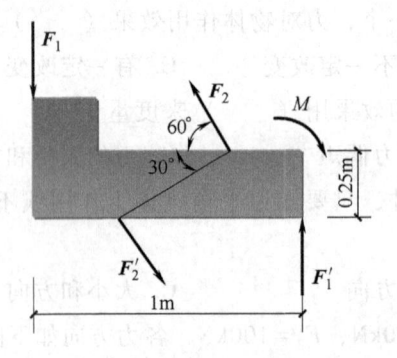

二、作图题

1. 画出下列各图中物体 A 和杆件 AB 的受力图，未标重力的物体重量不计，所有接触处均为光滑接触。

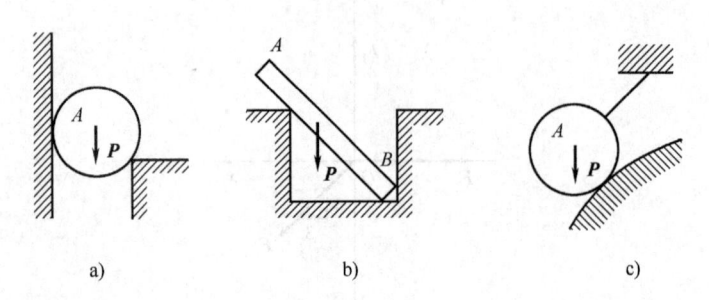

2. 画出下图所示杆 AB 的受力图，假定所有接触面都是光滑。

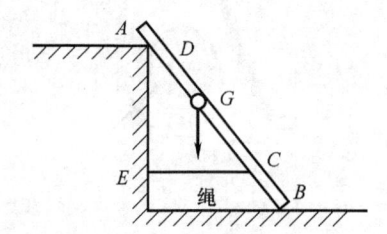

3. 悬挂的重物重 F，横梁 AB 和斜杆 BC 的自重不计。试分别画出下图斜杆 BC、横梁 AB 及整体的受力图。

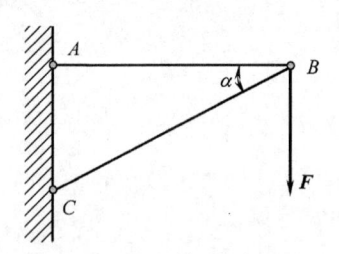

第 3 章

力学的平衡

3.1 ★ 平面力系的简化

如果在一个力系中，各力的作用线均匀分布在同一平面内，但它们既不完全平行，又不汇交于同一点，那么将这种力系称为平面一般力系，简称平面力系。

平面力系的研究与讨论，不仅在理论上，而且在工程实际中都有着重要的意义。首先，平面力系概括了平面内各种特殊力系，同时又是研究空间力系的基础。其次，平面力系是工程中最常见的一种力系，如在很多实际工程中的结构（或构件）和受力都具有同一对称面，此时作用力就可简化为作用在对称面内的平面力系。

如果平面力系中各力的作用线均汇交于一点，则此力系称为平面汇交力系。

如果平面力系中各力的作用线均相互平行，则此力系称为平面平行力系。

如果平面力系仅由力偶组成，则此力系称为平面力偶系。

在作用效果等效的前提下，用最简单的力系来代替原力系对刚体的作用，称为力系的简化。为了便于研究任意力系对刚体的作用效应，常需进行力系的简化。

3.1.1 力的平移定理

对刚体而言，根据力的可传性原理，力的三要素为力的大小、方向、作用点。无论改变力的三要素中任意一个，力的作用效应都将发生变化。如果保持力的大小、方向不变，而将力的作用线平行移动到同一刚体的任意一点，则力对刚体的作用效应必定要发生变化；若要保持力对刚体的作用效应不变，则必须要有附加条件。

作用在刚体上的力可以平移到刚体上任意一个指定位置，但必须在该力和指定点所决定的平面内附加一个力偶，附加力偶的矩等于原力对指定点之矩，这个结论称为力的平移定理，表示如下（图 3-1）：

$$M = Fd = M_B(F) \tag{3-1}$$

根据力向一点平移的逆过程，总可以将同平面内的一个力 F 和力偶矩为 M 的力偶简化为一个力 F'，此力 F' 与原力 F 大小相等、方向相同、作用线间的距离为 $d = M/F$，至于 F' 在 F 的哪一侧，则视 F 的方向和 M 的转向而定。

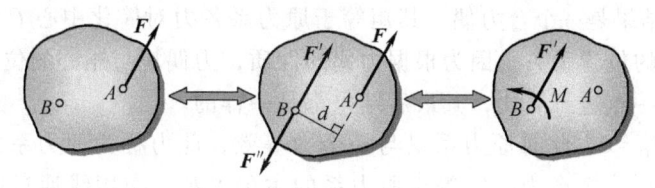

图 3-1 结构所处状态示意图

[**例 3-1**] 钢柱受到 10kN 的力作用，如图 3-2 所示。若将此力由钢柱中心线平移，$d=8\text{cm}$，求附加力矩 M。

[**解**] 根据力的平移定理，力的大小和方向不变。附加力偶矩 M 等于力对钢柱中心线的力矩，即

$$M = M_O(\boldsymbol{F}) = F \times d = 10 \times 10^3 \text{kN} \times 8 \times 10^{-2} \text{m} = 800 \text{N} \cdot \text{m}$$

3.1.2 平面力系向一点的简化

O 为简化中心，平面力系向 O 点简化如图 3-3 所示。

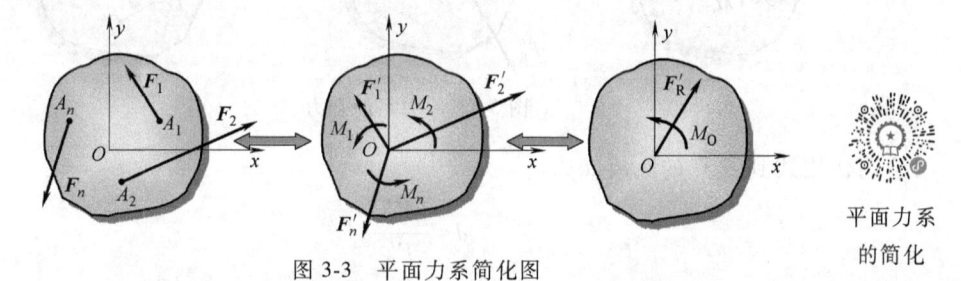

图 3-2 例 3-1 图

图 3-3 平面力系简化图

平面力系的简化

$$\text{主矢}: \boldsymbol{F}_R' = \boldsymbol{F}_1' + \boldsymbol{F}_2' + \cdots + \boldsymbol{F}_n' = \boldsymbol{F}_1 + \boldsymbol{F}_2 + \cdots + \boldsymbol{F}_n = \sum \boldsymbol{F}_i \tag{3-2}$$

从式（3-2）中可知，由于原力中各力的大小和方向都是一定的，它们的矢量和也是一定的，即对一个已知力系来说，主矢与简化中心位置无关。

$$\text{主矩}: M_O = M_1 + M_2 + \cdots + M_n = M_O(\boldsymbol{F}_1) + M_O(\boldsymbol{F}_2) + \cdots + M_O(\boldsymbol{F}_n)$$

$$M_O = \sum M_O(\boldsymbol{F}_i) \tag{3-3}$$

从式（3-3）中可知，力系中各力对不同的简化中心的矩是不同的，力系的主矩一般与简化中心的位置有关，符号中的下标 O 就是表示简化中心为 O。

$$\begin{cases} F_{Rx} = F_{1x}' + F_{2x}' + \cdots + F_{nx}' = F_{1x} + F_{2x} + \cdots + F_{nx} = \sum F_x \\ F_{Ry} = F_{1y}' + F_{2y}' + \cdots + F_{ny}' = F_{1y} + F_{2y} + \cdots + F_{ny} = \sum F_y \end{cases}$$

$$M_O = \sum M_O(\boldsymbol{F}_i) \tag{3-4}$$

平面一般力系向作用面内任意一点简化的结果，一般是一个力和一个力偶。这个力的作用线通过简化中心，其大小和方向决定于原力系中各力的矢量和，即等于原力系的主矢，与简化中心的具体位置无关；这个力偶的矩等于原力系中各力对简化中心之矩的代数和，即等于原力系对简化中心的主矩，它一般随简化中心位置的变化而变化。

平面力系向一点简化所得到的主矢和主矩，并不是该力系简化的最终结果，因此有必要根据力系的主矢和主矩这两个量可能出现的几种情况作进一步的讨论。

1) $\boldsymbol{F}_R' = 0$，$M_O \neq 0$，此时原力系只与一个力偶等效，此力偶称为原力系的合力偶。所以

原力系简化的最后结果是一个合力偶，其矩等于原力系各力对简化中心 O 的主矩 $\sum M_O(F_i)$，此主矩与简化中心的位置无关。因为根据力偶的性质，力偶矩与矩心的位置无关，也就是说原力系无论是对哪一点进行简化，其最后结果都是一样的。

2) $F'_R \neq 0$，$M_O = 0$，此时原力系只与一个力等效，此力称为原力系的合力。所以原力系简化的最后结果是一个合力，它等于原力系的主矢 $\sum F_i$，作用线通过简化中心。如果用 F_R 表示合力，则有

$$F_R = F'_R = \sum F_i \tag{3-5}$$

3) $F'_R \neq 0$，$M_O \neq 0$，此时可根据力的平移定理的逆过程，将作用线通过 O 点的力 F'_R 及矩为 M_O 的力偶合成为一个作用线通过 A 点的力，此力称为原力系的合力，如图 3-4 所示，且有

$$F_R = F'_R = \sum F_i \tag{3-6}$$

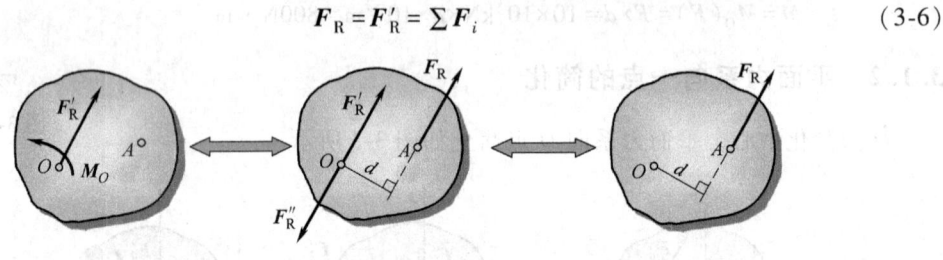

图 3-4 原力系的合力

合力作用线到 O 点的距离 d 为

$$d = \frac{|M'_O|}{F'_R} \tag{3-7}$$

合力 F_R 在主矢 F'_R 的哪一侧，则要根据主矩的正负号来确定。

从 2) 和 3) 可知，只要力系向某一点简化所得的主矢 F'_R 不等于零，则无论主矩 M_O 是否为零，最终均能简化为一个合力 F_R。

4) $F'_R = 0$，$M_O = 0$，此时原力系是一个平衡力系。

[例 3-2] 将如图 3-5 所示平面任意力系向 O 点简化，求其所得的主矢、主矩，以及力系合力的大小、方向及主矩 M_O，并在图上画出合力之作用线。图 3-5 中方格每格边长为 5mm，$F_1 = 5N$，$F_2 = 25N$，$F_3 = 25N$，$F_4 = 20N$，$F_5 = 10N$，$F_6 = 25N$。

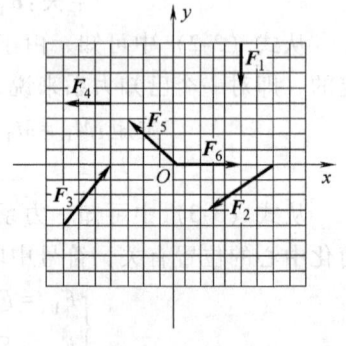

图 3-5 例 3-2 图

[解] 向 O 点简化

$$\sum F_x = F_{1x} + F_{2x} + \cdots + F_{6x}$$
$$= 0N - 25N \times \frac{4}{5} + 25N \times \frac{3}{5} - 20N - 10\sqrt{2}N \times \frac{\sqrt{2}}{2} + 25N = -10N$$

$$\sum F_y = F_{1y} + F_{2y} + \cdots + F_{6y}$$
$$= -5N - 25N \times \frac{3}{5} + 25N \times \frac{4}{5} + 0N + 10\sqrt{2}N \times \frac{\sqrt{2}}{2} + 0N = 10N$$

$$F'_R = \sqrt{(\sum F_x)^2 + (\sum F_y)^2} = \sqrt{(-10N)^2 + (10N)^2} = 10\sqrt{2}N = 14.14N$$

$$\tan\alpha = \left|\frac{\sum F_y}{\sum F_x}\right| = 1, \text{主矢与 } x \text{ 轴的夹角 } \alpha = 45°$$

$$\begin{aligned}M_O &= \sum M_O(F) \\ &= -5\text{N} \times 20\text{mm} - 15\text{N} \times 30\text{mm} - 20\text{N} \times 20\text{mm} + 20\text{N} \times 20\text{mm} \\ &= -550\text{N} \cdot \text{mm}\end{aligned}$$

3.2 ★ 平面力系的平衡

3.2.1 平衡条件

平面力系平衡的必要和充分条件是力系的主矢和对任意一点 O 的主矩均为零，即

$$\begin{cases} F'_R = 0 \\ M_O = 0 \end{cases} \tag{3-8}$$

3.2.2 平衡方程

平面力系平衡，主矢和对任意一点 O 的主矩均为零，即

基本形式 $\begin{cases} \sum F_x = 0 \\ \sum F_y = 0 \quad \text{投影方程} \\ \sum M_O(F) = 0 \quad \text{力矩方程} \end{cases}$ (3-9)

平面力系平衡，力系中各力在任意两个相交坐标轴上投影的代数和等于零，且各力对任意一点之矩的代数和也等于零，即

二力矩形式 $\begin{cases} \sum F_x = 0 \\ \sum M_A(F) = 0 \\ \sum M_B(F) = 0 \end{cases}$ (3-10)

平面力系平衡，力系中三点（其中 A、B、C 三点不共线），各力对任意一点之矩的代数和也等于零，即

三力矩形式 $\begin{cases} \sum M_A(F) = 0 \\ \sum M_B(F) = 0 \\ \sum M_C(F) = 0 \end{cases}$ (3-11)

平面力系的平衡方程虽然有上述的三种不同形式，但必须强调的是，一个在平面力系作用下而处于平衡状态的刚体，只能有三个独立的平衡方程式，任何第四个平衡方程都只能是前三个方程的组合，而不是独立的。

在实际工程中应用平衡方程进行分析问题时，应根据具体情况，恰当选取矩心和投影轴，尽可能使一个方程中只包含一个未知量，避免解联立方程。另外，利用平衡方程求解平衡问题时，受力图中未知力的指向可以任意假设，若计算结果为正值，表示假设的指向就是实际的指向；若计算结果为负值，表示假设的指向与实际指向相反。

[例 3-3] 在如图 3-6 所示结构中，雨篷受力模型横梁 AC 为刚性杆，A 端为铰支，C 端

用一钢索 BC 固定。已知 AC 梁上所受的均布荷载集度 $q=30\text{kN/m}$，试求横梁 AC 所受的约束力。

[解] （1）取梁 AC 为研究对象

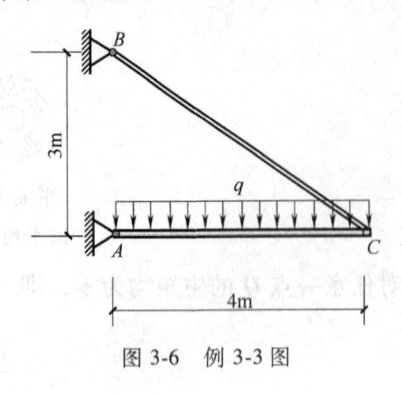

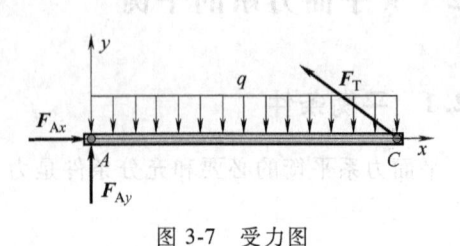

（2）画如图 3-7 所示受力图

图 3-6　例 3-3 图

图 3-7　受力图

（3）建立坐标系

（4）列平衡方程并求解

$$\sum M_A(F)=0$$

$$F_T\times 0.6\times 4\text{m}-30\text{kN/m}\times 4\text{m}\times 2\text{m}=0$$

$$F_T=100\text{kN}$$

$$\sum F_y=0 \qquad 100\text{kN}\times 0.6-30\text{kN/m}\times 4\text{m}+F_{Ay}=0$$

$$F_{Ay}=60\text{kN}(\uparrow)$$

$$\sum F_x=0 \qquad -100\text{kN}\times 0.8+F_{Ax}=0$$

$$F_{Ax}=80\text{kN}(\rightarrow)$$

3.2.3　平面力系的几种特殊情况

1. 平面汇交力系

在平面力系中，各力作用线交于一点的力系，称为平面汇交力系，如图 3-8 所示。

平面汇交力系

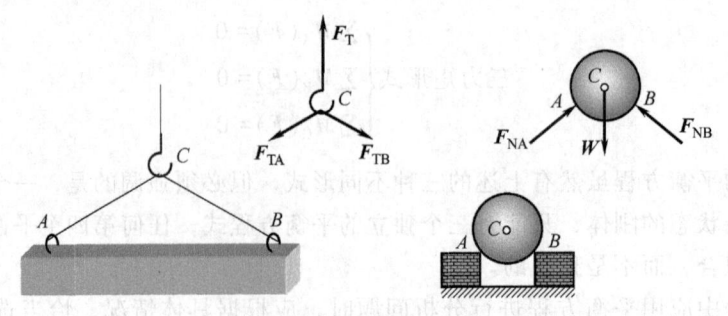

图 3-8　平面汇交力系

根据力系简化结果可知，汇交力系与一个力（力系的合力）等效。由平面力系平衡条件的基本形式可知，平面汇交力系平衡的充分和必要条件是：力系的合力等于零，或力系的主矢等于零，一个平面汇交力系只有两个独立的平衡方程，只能求解两个未知数。

$$\begin{cases} \sum F_x = 0 \\ \sum F_y = 0 \end{cases} \tag{3-12}$$

[例 3-4] 缆绳 AC 悬挂一吊有重物的动滑轮 B，如图 3-9 所示。已知重物的重量 W 及 l、h，并忽略摩擦力和滑轮的大小。试求：（1）平衡重量 W 所需的力 **F**。（2）若 l = 3m，W = 4.8kN，且缆绳的最大允许张力为 20kN，求 h 的最小允许值。

[解] 取滑轮 B 为研究对象，画受力图，如图 3-10 所示。

因不计滑轮的大小，故可认为滑轮所受的力均汇交于一点。根据缆绳的约束性质，滑轮 B 两侧的张力应相等，其值为 F，即

$$F_{AB} = F_{BC} = F \qquad \sin\alpha = \frac{h}{\sqrt{h^2 + l^2}}$$

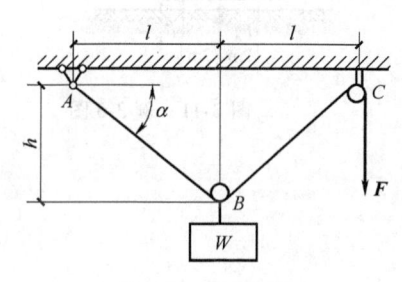

图 3-9　例 3-4 图 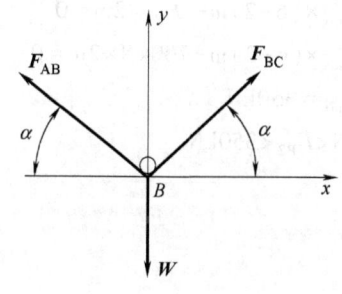　　　　　图 3-10　受力图

（1）求 F

$$\sum F_y = 0 \qquad F_{AB}\sin\alpha + F_{BC}\sin\alpha - W = 0$$

$$F = F_{AB} = F_{BC} = \frac{W}{2\sin\alpha}$$

$$F = \frac{W}{2h}\sqrt{h^2 + l^2} = \frac{W}{2}\sqrt{1 + \left(\frac{l}{h}\right)^2}$$

（2）求 h 的最小允许值

$$F_{max} = \frac{W}{2}\sqrt{1 + \left(\frac{l}{h_{min}}\right)^2} = \frac{4.8\text{kN}}{2}\sqrt{1 + \left(\frac{3\text{m}}{h_{min}}\right)^2} = 20\text{kN}$$

$$h_{min} = 0.36\text{m}$$

2. 平面平行力系

如果平面力系中各力的作用线均相互平行，则此力系称为平面平行力系。若取 x 轴和平面平行力系中各力垂直，则力系中各力在 x 轴上的投影都等于零，即投影方程 $\sum F_x = 0$ 自动满足。平面平行力系的平衡方程为

$$\begin{cases} \sum F_y = 0 \\ \sum M_O(F) = 0 \end{cases} \qquad \begin{cases} \sum M_A(F) = 0 \\ \sum M_B(F) = 0 \end{cases} \tag{3-13}$$

其中，A、B 两点的连线不能与各力平行。一个平面平行力系只有两个独立的平衡方程，只能求解两个未知数。

[例 3-5] 塔式起重机如图 3-11 所示，机身总重量 $F_{P1} = 700\text{kN}$，作用线通过塔架的中心，最大起重量 W = 200kN，要使起重机在满载（即 W = 200kN）和空载（即 W = 0）时都不

翻倒，平衡块的重量 F_{P2} 应为多少？

[解]（1）取起重机为研究对象

（2）画受力图

1）满载时 $F_A=0$：

$\sum M_B(F) = 0$

$F_{P1} \times 2 + F_{P2min} \times (6+2)m - W \times (12-2)m = 0$

$700kN \times 2m + F_{P2min} \times (6+2)m - 200kN \times (12-2)m = 0$

$F_{P2min} = 75kN$

2）空载时 $F_B=0$：

$\sum M_A(F) = 0$

$F_{P2max} \times (6-2)m - F_{P1} \times 2m = 0$

$F_{P2max} \times (6-2)m - 700kN \times 2m = 0$

$F_{P2max} = 350kN$

$75kN < F_{P2} < 350kN$

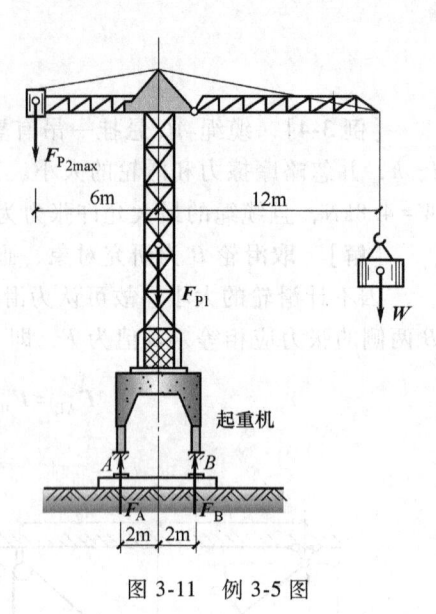

图 3-11 例 3-5 图

习 题

一、选择题

1. 某刚体连续加上（或减去）若干个平衡力系，对该刚体的作用效应（　　）。

A. 不变　　　　B. 不一定改变　　　　C. 改变　　　　D. 可能改变

2. 平面汇交力系最多可列出的独立平衡方程数为（　　）个。

A. 2　　　　B. 3　　　　C. 4　　　　D. 6

3. 同一刚体上，一个力向新作用点平移后，则新作用点上有（　　）。

A. 一个力　　　B. 一个力偶　　　C. 力矩　　　D. 一个力和一个力偶

4. 一个力作平行移动后，新作用点上的附加力偶一定（　　）。

A. 存在且与平移距离有关　　　　B. 存在且与平移距离无关

C. 不存在　　　　D. 等于零

5. 钢柱受到10kN的力作用（下图），若将此力向钢柱中心线平移，得到一个力和一个力偶。已知力偶矩为 $800N \cdot m$，则原作用力至中心线的距离 d 是（　　）cm。

A. 800　　　　B. 80　　　　C. 8　　　　D. 10

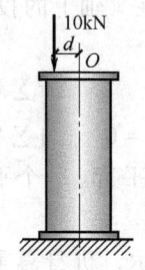

6. 如下图所示，横梁 AC 为刚性杆，A 端为铰支，C 端用一钢索 BC 固定。已知 AC 梁上

所受的均布荷载集度为 $q=30$kN/m，试求钢索 BC 所受的拉力是（　　）kN。

  A．100　　　　　B．60　　　　　　C．120　　　　　D．80

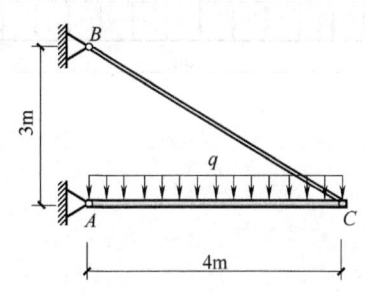

7．如下图所示，梁 AB 和 BC 在 B 处用光滑铰链连接。已知 q，$F=ql$，$M=ql^2$，梁的重力不计，则 E 处支座反力约束力 F_E 是（　　）。

  A．$\dfrac{3ql}{2}$（↑）　　B．$\dfrac{5ql}{2}$（↑）　　C．$2ql$（↑）　　D．$\dfrac{ql}{2}$（↑）

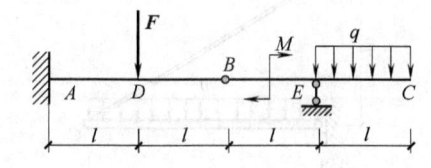

二、判断题

1．力的作用效果，即力可以使物体的运动状态发生变化，也可以使物体反生变形。（　　）
2．作用于刚体上的平衡力系，如果移到变形体上，该变形体也一定平衡。（　　）
3．一个刚体受三个力作用，且三个力汇交于一点，此刚体一定平衡。（　　）

三、计算题

1．求下图所示简支梁的约束力。

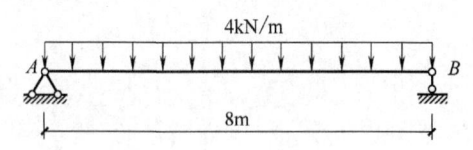

2．求下图所示简支梁的约束力。

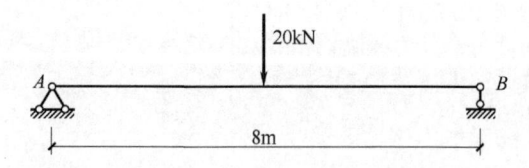

3. 求下图所示悬排梁的约束力。

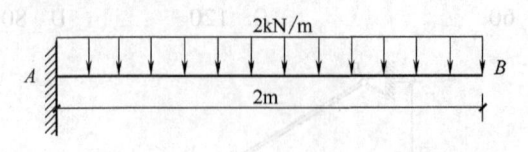

4. 如下图所示，横梁 AC 为刚性杆，A 端为铰支，C 端用一钢索 BC 固定。已知 AC 梁上所受的均布荷载集度 $q=50\text{kN/m}$，试求横梁 AC 所受的约束力。

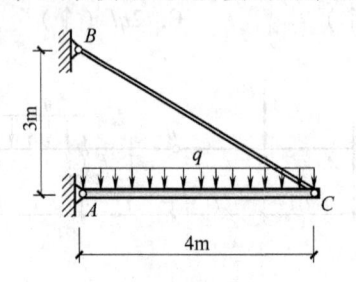

第 4 章

物体平衡时的内力

4.1 ★内力计算基础

4.1.1 变形固体的基本假设

固体具有可变形的物理性能，通常将其称为变形固体。变形固体在外力作用下发生的变形可分为弹性变形和塑性变形。弹性变形是指变形固体在去掉外力后能完全恢复它原来的形状和尺寸的变形。塑性变形是指变形固体在去掉外力后变形不能全部消失，而残留的部分，称为残余变形。本书仅研究弹性变形，即把结构看成完全弹性体。

工程中大多数结构在荷载作用下产生的变形与结构本身尺寸相比是很微小的，故称为小变形。本书研究的内容将限制在小变形范围内，即在研究结构的平衡等问题时，可用结构变形之前的原始尺寸进行计算，变形的高次方项可以忽略不计。

为了研究结构在荷载作用下的内力、应力、变形、应变等，在进行理论分析时，对材料的性质作如下的基本假设。

1. 连续性假设

认为在材料体积内充满了物质，毫无间隙。在此假设下，物体内的一些物理量能用坐标的连续函数表示它的变化规律。实际上，可变形固体内部存在着间隙，只不过其尺寸与结构尺寸相比极为微小，可以忽略不计。

2. 均匀性假设

认为材料内部各部分的力学性能是完全相同的。所以，在研究结构时，可取构件内部任意的微小部分作为研究对象。

3. 各向同性假设

认为材料沿不同方向具有相同的力学性能。这使研究的对象局限于各向同性材料，如钢材、铸铁、玻璃、混凝土等。若材料沿不同方向具有不同的力学性质，则称为各向异性材料，如木材、复合材料等。本书着重研究各向同性材料。

由于采用了上述假设，大大方便了理论研究和计算方法的推导。尽管由此得出的计算方法只具备近似的准确性，但它的精度完全可以满足工程需要。

总之，本书研究的变形固体被视作连续、均匀、各向同性的，而且变形被限制在弹性范围的小变形问题。

4.1.2 内力

为了研究结构或构件的强度与刚度问题，必须了解构件在外力作用下引起的截面上的内力。所谓内力，是指由于构件受外力作用以后，其内部各部分间相对位置改变而引起的相互作用力。常见的内力有轴力、剪力、弯矩及扭矩。

必须指出的是，构件的内力是由外力的作用引起的，因此，又称为"附加内力"。

4.1.3 构件的基本变形

建筑力学在研究构件及结构各部分的强度、刚度和稳定性问题时，首先要了解杆件的几何特性及其变形形式。

1. 杆件的几何特性

在工程中，通常把纵向尺寸远大于横向尺寸的构件称为杆件。杆件有两个常用元素：横截面和轴线。横截面是指沿垂直杆长度方向的截面。轴线是指各横截面的形心的连线。两者具有相互垂直的关系。

杆件按截面和轴线的形状不同可分为等截面杆、变截面杆、直杆、曲杆与折杆等。等截面杆件如图 4-1 所示。

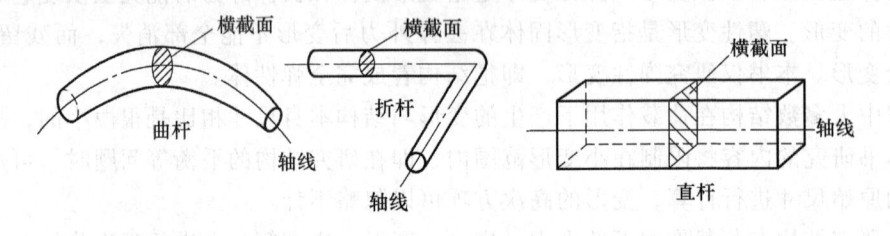

图 4-1　等截面杆件

2. 杆件的基本变形

杆件在外力作用下，实际杆件的变形有时是非常复杂的，但是复杂的变形总可以分解成几种基本的变形形式。杆件的基本变形形式有以下四种：

（1）轴向拉伸或轴向压缩

在一对大小相等、方向相反、作用线与杆轴线重合的外力作用下，使杆件发生长度的改变（伸长或缩短），如图 4-2 所示。

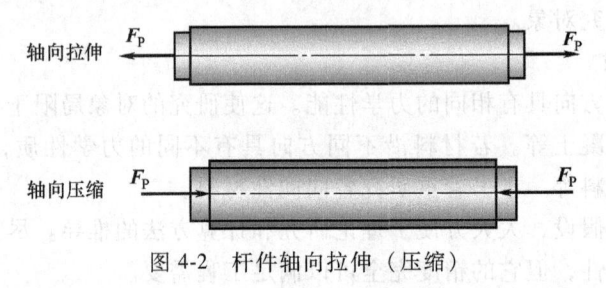

图 4-2　杆件轴向拉伸（压缩）

(2) 剪切

在一对大小相等、方向相反、作用线相距很近的横向力作用下，杆件的横截面将沿力作用线方向发生错动，如图4-3所示。

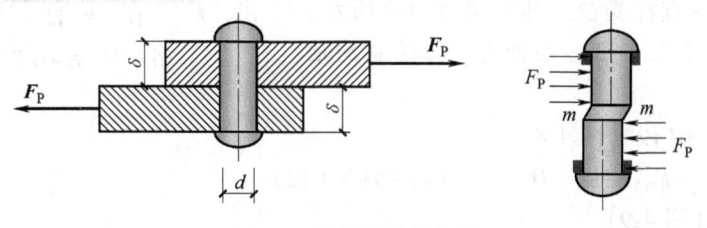

图 4-3　杆件横截面剪切

(3) 扭转

在一对转向相反、位于垂直杆轴线的两平面内的力偶作用下，杆任意两横截面发生相对转动，而轴线仍维持直线，如图4-4所示。

(4) 弯曲

在一对大小相等、转向相反、位于杆的纵向平面内的力偶作用下，或者在杆的纵向对称面内受到与轴线垂直的横向外力作用，使杆件任意两横截面发生相对倾斜，且杆件轴线变为曲线，如图4-5所示。

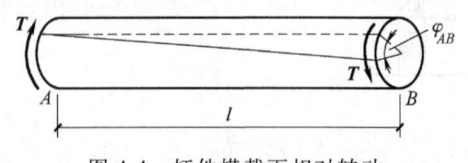

图 4-4　杆件横截面相对转动

图 4-5　杆件弯曲变形

4.2 ★轴向拉（压）杆的内力

轴力图绘制　　截面法求截面内力

1. 轴力

为了对拉、压杆进行失效计算，首先必须要分析其内力。截面法是求杆件内力的基本方法。下面通过求解如图4-6所示拉杆 $m-m$ 横截面上的内力来具体介绍截面法。

第一步：沿需要求内力的横截面，假想地把杆件截成两部分。

第二步：取任意一段作为研究对象，标上内力。由于内力与外力平衡，所以横截面上分布内力的合力 F_N 的作用线也一定与杆的轴线重合。这种内力的合力称为轴力。

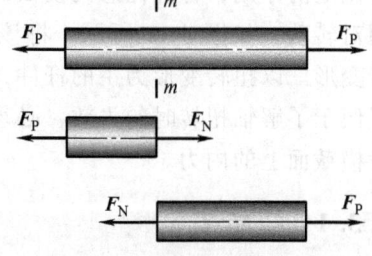

图 4-6　截面法求轴力

第三步：平衡方程，求出未知内力，即轴力。由 $F_N - F_P = 0$，得 $F_N = F_P$。

轴力正负号的规定：拉力为正，压力为负。

2. 轴力图

应用截面法可求得杆上所有横截面上的轴力。如果以与杆件轴线平行的横坐标 x 表示杆的横截面位置，以纵坐标表示相应的轴力值，且轴力的正负值画在横坐标轴的不同侧，那么如此绘制出的轴力与横截面位置关系图，称为轴力图。

[例 4-1] 一直杆受拉（压）如图 4-7 所示，试求横截面 1-1、2-2、3-3 上的轴力，并绘制出轴力图。

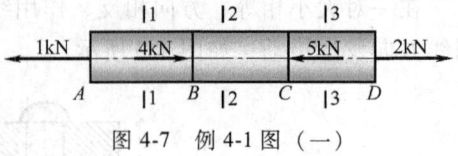

图 4-7 例 4-1 图（一）

[解]（1）AB 段（图 4-8）

$\sum F_x = 0$　　　$F_{N1} - 1kN = 0$　　　$F_{N1} = 1kN$（拉）

（2）BC 段（图 4-9）

$\sum F_x = 0$　　　$F_{N2} - 1kN + 4kN = 0$　　　$F_{N2} = -3kN$（压）

（3）CD 段（图 4-10）

$\sum F_x = 0$　　　$-F_{N3} + 2kN = 0$　　　$F_{N3} = 2kN$（拉）

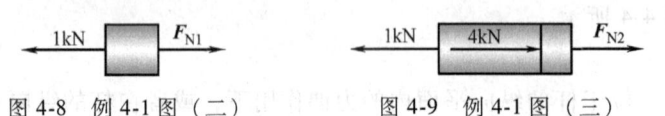

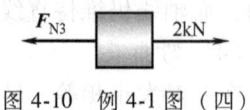

图 4-8 例 4-1 图（二）　　图 4-9 例 4-1 图（三）　　图 4-10 例 4-1 图（四）

（4）绘制轴力图（图 4-11）

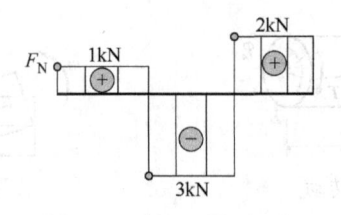

图 4-11 例 4-1 图（五）

4.3 △圆轴扭转的内力

扭转的概念

工程中往往有这样一类杆件，在垂直于杆轴线平面内受到一对大小相等、转向相反的外力偶矩的作用，杆件任意两横截面绕杆的轴线发生相对转动，如图 4-12 所示，将该种变形定义为扭转变形。以扭转变形为主的杆件，通常称为轴。为了便于了解轴扭转时的失效，必须要计算轴在扭转时横截面上的内力。

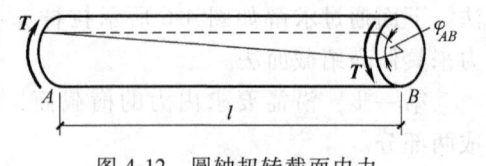

图 4-12 圆轴扭转截面内力

4.3.1 扭矩 T

工程中作用于轴上的外力偶矩往往不是直接给出的，而是给出轴的传递功率及轴的转速，需要把它换算成外力偶矩。它们之间的关系为

$$M_e = \frac{9549P}{n} \text{（N·m）} \tag{4-1}$$

式中　P——轴的传递功率（kW）；

n——轴的转速（r/min）；

M_e——轴扭转外力偶矩（N·m）。

传动轴的外力偶矩 M_e 计算出来后，便可通过截面法求得传动轴上的内力——扭矩。设有一圆截面轴，如图 4-13 所示，已知作用在轴上的外力偶矩 M_e，轴在 M_e 作用下处于转动平衡。现仍用截面法求任意截面上 m-m 的内力。

图 4-13　圆截面轴受扭

第一步：将轴沿 m-m 处假想地截开，取其中任意一段作为研究对象。

第二步：分析可知，由于左端有外力偶作用，为了使其保持转动平衡，则在截面 m-m 必然存在一内力偶矩，称为扭矩 T。它是截面上分布内力的合力偶矩。

第三步：由转动平衡方程 $T - M_e = 0$ 得

$$T = M_e \tag{4-2}$$

扭矩的正负号作如下规定：用右手大拇指与四指垂直四指沿扭矩转向，若大拇指指向与截面的外法线方向相同，则为正；反之，大拇指指向与截面的外法线方向相反，则为负。该方法称为右手螺旋法则，如图 4-14 所示。

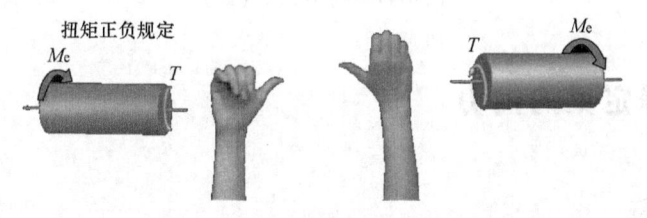

图 4-14　右手螺旋法则

4.3.2　扭矩图

若在轴上有多个外力偶矩作用时，显然轴上不同截面上的扭矩是不一样的。为了清晰地表达出轴上各截面的扭矩大小、正负，可以效仿拉压杆轴力图的方法，绘制出轴的扭矩图。

常用与轴线平行的 x 坐标表示横截面的位置，以与之垂直的坐标表示相应横截面的扭矩，把计算结果按比例绘在图上，正值扭矩画在 x 轴上方，负值扭矩画在 x 轴下方，这种图形称为扭矩图，如图 4-15 所示。

[例 4-2]　如图 4-16 所示传动轴，A 轮为主动轮，B、C、D 为从动轮，$M_{eA} = 318.3$ N·m，$M_{eB} = 143.2$ N·m，$M_{eC} = 114.4$ N·m，$M_{eD} = 63.7$ N·m。试求各段扭矩，并作扭矩图。

图 4-15　扭矩图

[解]　（1）分段计算扭矩，分别为

$T_1 = M_{eB} = 143.2$ N·m（图 4-17c）

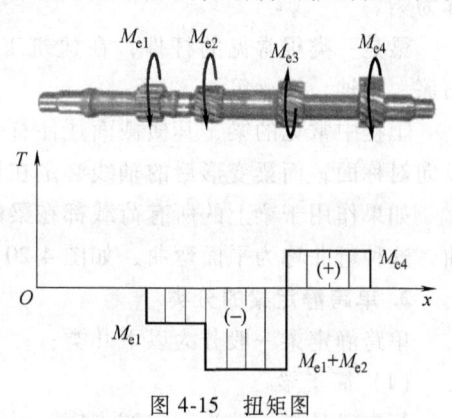

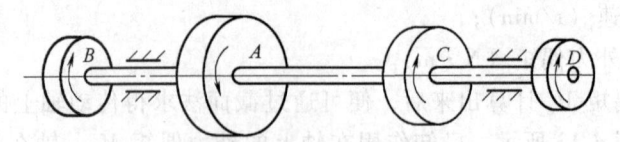

图 4-16 例 4-2 图（一）

$T_2 = M_{eB} - M_{eA} = 143.2\text{N·m} - 318.3\text{N·m} = -175\text{N·m}$（图 4-17d）

$T_3 = -M_{eD} = -63.7\text{N·m}$（图 4-17e）

(2) 作扭矩图 $|T|_{max} = 175\text{N·m}$

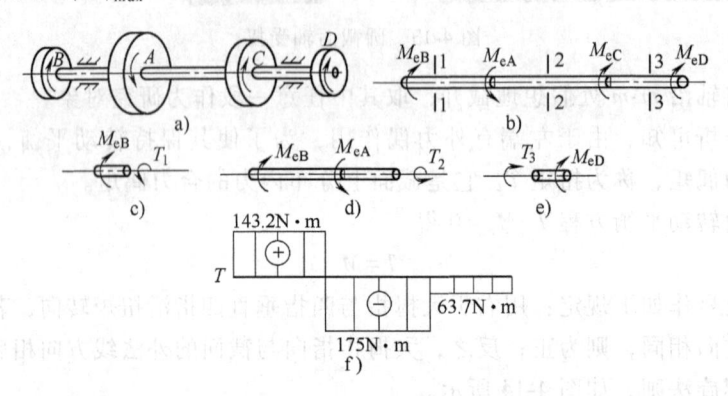

图 4-17 例 4-2 图（二）

4.4 ★单跨静定梁的内力

4.4.1 基本概念

1. 梁的平面弯曲

在工程中常常会遇到这样一类杆件，它们所承受的荷载是作用线垂直于杆轴线的横向力，或者是作用面在纵向平面内的外力偶矩。在这些荷载的作用下，杆件相邻横截面之间发生相对转动，杆的轴线弯成曲线，这类变形被定义为弯曲。凡以弯曲变形为主的杆件，通常称为梁。

梁是一类很常见的杆件，在建筑工程中占有重要的地位，例如图 4-18 所示的吊车梁、雨篷、轮轴、桥梁等。

工程中常见的梁，其横截面往往有一根对称轴，这根对称轴与梁轴所组成的平面，称为纵向对称面，而梁变形后的轴线必定在该纵向对称面内，如图 4-19 所示。

如果作用于梁上的所有荷载都在梁的纵向对称面内，则变形后梁的轴线将在此平面内弯曲，这种弯曲称为平面弯曲，如图 4-20 所示。

2. 单跨静定梁的分类

单跨静定梁一般分为以下几类：

(1) 简支梁

简支梁是指一端为固定铰支座，另一端为可动铰支座的梁，如图 4-21 所示。

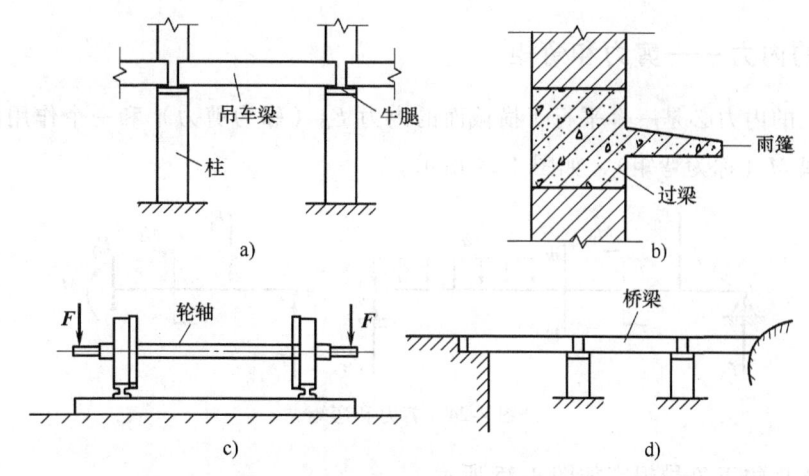

图 4-18 工程中各种常见梁

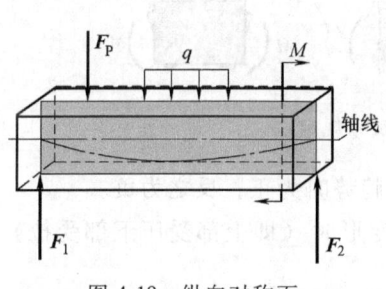

图 4-19 纵向对称面

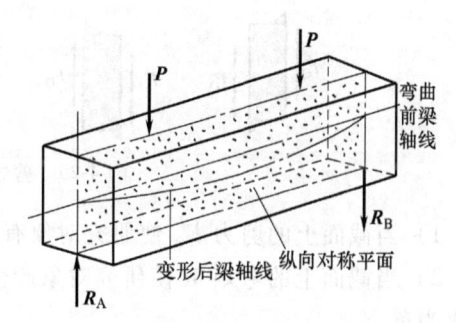

图 4-20 平面弯曲

（2）悬臂梁

悬臂梁是指一端为固定端，另一端为自由端的梁，如图 4-22 所示。

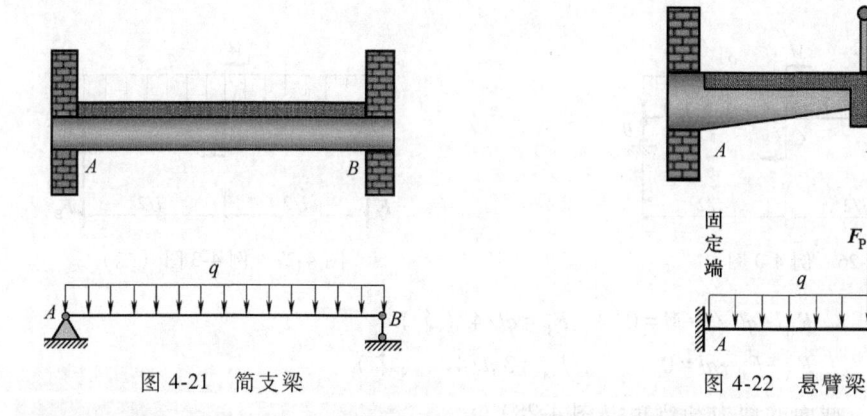

图 4-21 简支梁

图 4-22 悬臂梁

（3）外伸梁

外伸梁是指一端或两端向外伸出的简支梁，如图 4-23 所示。

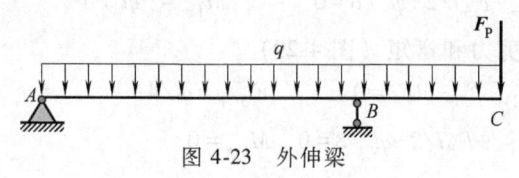

图 4-23 外伸梁

4.4.2 梁的内力——剪力和弯矩

梁截面上的内力必是一个平行于横截面的内力 F_Q（称为剪力）和一个作用面与横截面垂直的内力偶 M（称为弯矩），如图 4-24 所示。

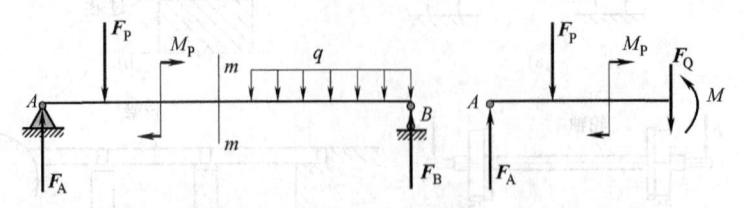

图 4-24 剪力和弯矩

剪力和弯矩的正负号规定如图 4-25 所示。

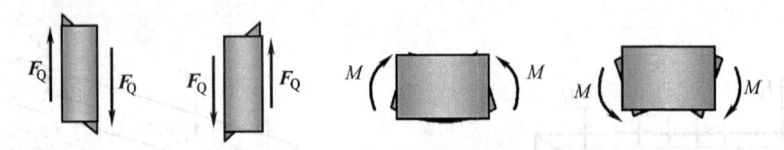

图 4-25 剪力和弯矩的正负号规定

1）当截面上的剪力 F_Q 使研究对象有顺时针转向趋势时为正，反之为负。

2）当截面上的弯矩 M 使研究对象产生向下凸的变形时（即上部受压下部受拉）为正，反之为负。

[例 4-3] 已知简支梁受均布荷载 q 和集中力偶 $M=ql^2/4$ 的作用，如图 4-26 所示。试求 C 点稍右截面 C^+ 和 C 点稍左截面 C^- 的剪力和弯矩。

[解]（1）求支座反力（图 4-27）

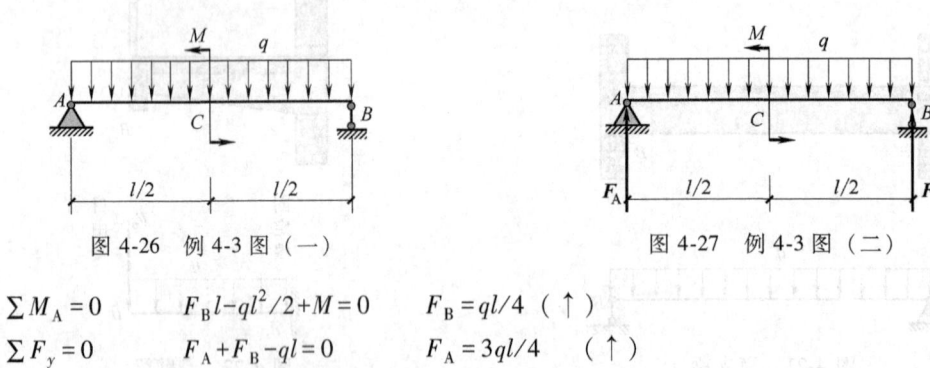

图 4-26 例 4-3 图（一）

图 4-27 例 4-3 图（二）

$\sum M_A = 0$ $F_B l - ql^2/2 + M = 0$ $F_B = ql/4$（↑）

$\sum F_y = 0$ $F_A + F_B - ql = 0$ $F_A = 3ql/4$（↑）

（2）计算 C^- 截面的剪力和弯矩（图 4-28）

$\sum F_y = 0$ $-F_{QC^-} + F_A - ql/2 = 0$ $F_{QC^-} = ql/4$

$\sum M_C = 0$ $M_{C^-} - F_A l/2 + ql^2/8 = 0$ $M_{C^-} = -ql^2/4$

（3）计算 C^+ 截面的剪力和弯矩（图 4-29）

$\sum F_y = 0$ $F_{QC^+} + F_B - ql/2 = 0$ $F_{QC^+} = ql/4$

$\sum M_C = 0$ $-M_{C^+} + F_B l/2 - ql^2/8 = 0$ $M_{C^+} = 0$

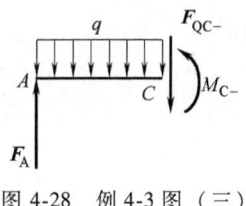

图 4-28　例 4-3 图（三） 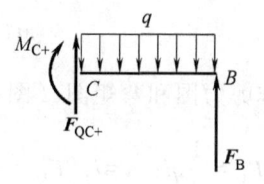　　　　　　图 4-29　例 4-3 图（四）

由例 4-3 可以看出，集中力偶作用处的截面两侧的剪力值相同，但弯矩值不同，其变化值正好是集中外力偶矩的数值。

从上面的例题计算，可以总结出如下规律：

1）任一截面上的剪力数值上等于截面左边（或右边）段梁上外力的代数和。截面左边梁上向上的外力或右边梁上向下的外力引起正值的剪力；反之，则引起负值的剪力。

2）梁任一截面上的弯矩，在数值上等于该截面左边（或右边）段梁所有外力对该截面形心的力矩的代数和。无论截面左段梁还是右段梁，向上的外力均引起正值弯矩；反之，则引起负值弯矩。

利用以上规律，可以直接根据截面左边或右边梁上的外力来求该截面上的剪力和弯矩，而不必列平衡方程。

4.4.3　剪力图和弯矩图

一般情况下，梁上不同的横截面其剪力和弯矩也是不同的，它们将随截面位置变化而变化。设横截面沿梁轴线的位置用坐标 x 表示，则梁各个横截面上的剪力和弯矩可表示成为 x 的函数

$$F_Q = F_Q(x)，M = M(x) \tag{4-3}$$

以上函数表达式称为剪力方程和弯矩方程。

为了更形象地表示剪力和弯矩随横截面的位置变化规律，从而找出最大剪力和最大弯矩所在的位置，可仿效轴力图或扭矩图的画法，绘制出剪力图和弯矩图。剪力图和弯矩图的基本做法如下：

1）由静力平衡方程求得支反力。

2）列出剪力方程和弯矩方程。

3）取横坐标 x 表示横截面的位置，纵坐标表示各横截面的剪力或弯矩，由剪力方程和弯矩方程作出剪力图和弯矩图。

下面举例说明剪力图和弯矩图的具体画法。

[例 4-4]　简支梁受均布荷载作用如图 4-30 所示，试绘出梁的剪力图和弯矩图。

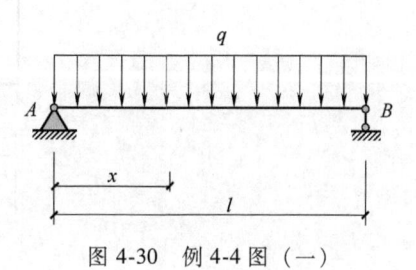

（1）求约束反力

$$F_A = F_B = \frac{1}{2}ql(\uparrow)$$

（2）列剪力方程和弯矩方程

$$F_Q(x) = F_A - qx = \frac{1}{2}ql - qx$$

图 4-30　例 4-4 图（一）

$$M(x) = F_A x - \frac{1}{2}qx^2 = \frac{1}{2}qlx - \frac{1}{2}qx^2$$

（3）作剪力图和弯矩图（图 4-31）

$x = 0$，$F_Q = \frac{1}{2}ql$；$x = l$，$F_Q = -\frac{1}{2}ql$

$x = 0$，$M = 0$；$x = l$，$M = 0$，$x = \frac{1}{2}l$，$M = \frac{1}{8}ql^2$

最大剪力发生在梁端，其值为 $F_{Q,\max} = \frac{1}{2}ql$

最大弯矩发生在跨中，其值为 $M_{\max} = \frac{1}{8}ql^2$

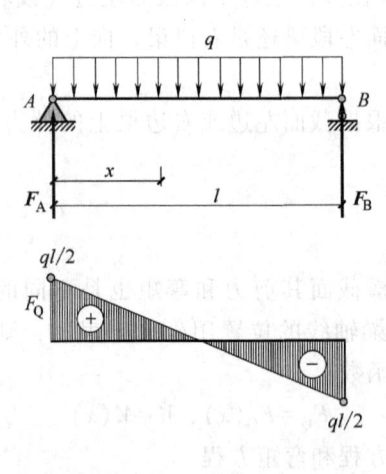

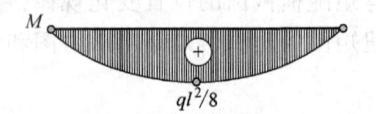

图 4-31　例 4-4 图（二）

[**例 4-5**]　悬臂梁在自由端受集中力 F 作用如图 4-32 所示，试绘出梁的剪力图和弯矩图。

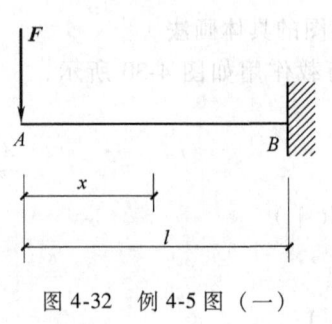

图 4-32　例 4-5 图（一）

[**解**]　（1）列剪力方程和弯矩方程

$$F_Q(x) = -F \quad (0<x<l)$$
$$M(x) = -Fx \quad (0 \leqslant x<l)$$

（2）作剪力图和弯矩图（图 4-33）

$x=0$ 时，$M=0$；

$x=l$ 时，$M=-Fl$

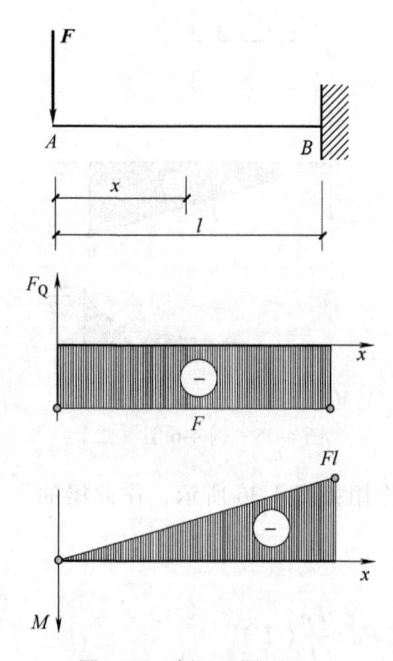

图 4-33　例 4-5 图（二）

[**例 4-6**]　悬臂梁受均布荷载作用如图 4-34 所示，试绘出梁的剪力图和弯矩图。

[**解**]　（1）坐标原点取梁左端，并取截面的左侧为研究对象

剪力方程：$F_Q = -qx \quad (0<x<l)$

弯矩方程：$M = -\dfrac{qx^2}{2} \quad (0 \leqslant x \leqslant l)$

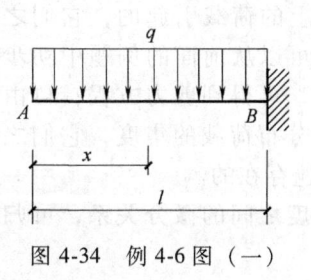

图 4-34　例 4-6 图（一）

（2）作剪力图和弯矩图（图 4-35）

当 $x=0$ 时，$F_Q=0$；当 $x=l$ 时，$F_Q=-ql$

当 $x=0$ 时，$M=0$；当 $x=l$ 时，$M=-\dfrac{ql^2}{2}$

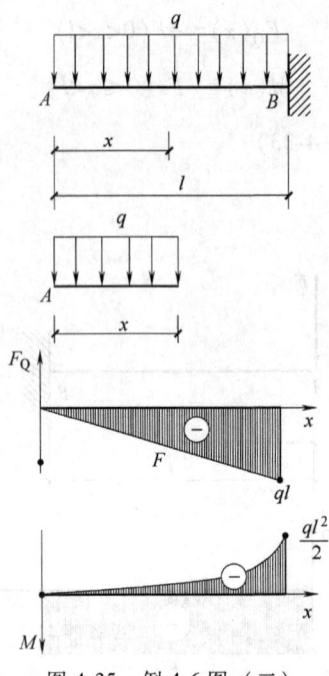

图 4-35 例 4-6 图（二）

[**例 4-7**] 简支梁受集中作用如图 4-36 所示，作此梁的剪力图和弯矩图。

[**解**] （1）求约束反力
$$F_A = \frac{Fb}{l}(\uparrow), \quad F_B = \frac{Fa}{l}(\uparrow)$$

（2）列剪力方程和弯矩方程

AC 段
$$F_Q(x) = F_A = Fb/l \quad (0 < x < a)$$
$$M(x) = F_A x = Fb/l \cdot x \quad (0 \leq x \leq a)$$

CB 段
$$F_Q(x) = F_{Ay} - F = Fb/l - F = -Fa/l \quad (a < x < l)$$
$$M(x) = F_{Ay}x - F(x-a) = Fa/l(l-x) \quad (a \leq x \leq l)$$

（3）作剪力图和弯矩图（图 4-37）

由于梁的内力是由作用在梁上的荷载引起的，它们之间必然会存在一定关系。这种关系可以从前面的例题中初步得出。将弯矩方程对 x 求一阶导数，可得到剪力方程；再由剪力方程对 x 求一阶导数，可求得分布荷载的集度，它们之间存在着导数关系，这一关系是普遍存在的。

由弯矩、剪力和分布荷载集度之间的微分关系，可归纳出以下规律：

1）梁上无分布荷载时，即 $q(x) = 0$，由 $\dfrac{dF_Q(x)}{dx} = q(x) = 0$ 可知，此时剪力 $F_Q(x) = $ 常数，即剪力图的斜率为零，剪力图必为一条水平直线。再由 $\dfrac{dM(x)}{dx} = F_Q(x) = $ 常数可知，

图 4-36 例 4-7 图（一）

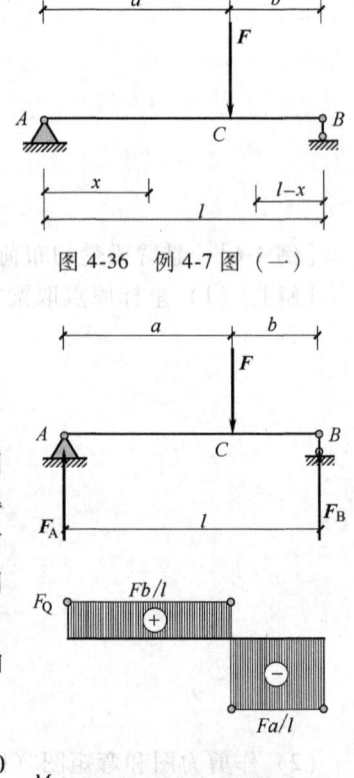

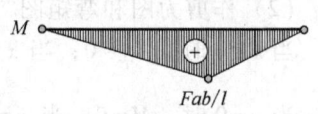

图 4-37 例 4-7 图（二）

$M(x)$ 是 x 的一次函数，即弯矩图为斜直线。

2）梁上有均布荷载时，即 $q(x)=q$，则由 $\dfrac{\mathrm{d}F_Q(x)}{\mathrm{d}x}=q(x)=0$ 可知，剪力图的斜率为常数，或者是 x 的一次函数，剪力图为一条斜直线。弯矩图是 x 的二次函数，即弯矩图是一条二次抛物线。当 q 向上时，剪力图为上斜直线，弯矩图为上凸曲线；当 q 向下时，剪力图为下斜直线，弯矩图为下凸曲线。

3）若梁上某一截面的剪力为零时，根据 $\dfrac{\mathrm{d}M(x)}{\mathrm{d}x}=F_Q(x)=0$ 可知，该截面的弯矩为一极值，但就全梁来说，这个极值不一定就是全梁的最大值或最小值。

4）梁上集中力作用处，剪力图有突变。正值的集中力引起向上的突变，负值的集中力引起向下的突变，突变值等于该集中力的数值。剪力的变化引起弯矩图斜率的变化，故弯矩图有尖角。

5）梁上集中力偶作用处，剪力图没有变化，弯矩图有突变。根据对弯矩图设置的坐标，则顺时针转的集中力偶，引起其所在截面的弯矩向下突变，逆时针转的集中力偶，引起其所在截面的弯矩向上突变。突变值为该力偶矩的大小。

6）最大弯矩的绝对值，可能发生在 $F(x)=0$ 的截面上，也可能在集中力或集中力偶作用处（包含支座截面处）。

以上规律对指导绘制剪力图和弯矩图是很重要的，应该熟练地运用它。表 4-1 为常见荷载作用下的剪力图和弯矩图，可供参考。

表 4-1 常见荷载作用下的剪力图与弯矩图

梁上荷载情况	剪力图	弯矩图
无荷载分布 $q(x)=0$	$F_Q=0$；$F_Q>0$；$F_Q<0$	对应弯矩图
均布荷载向上	上斜直线	上凸曲线
均布荷载向下	下斜直线	下凸曲线

(续)

梁上荷载情况	剪力图	弯矩图
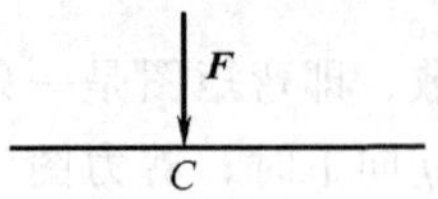 (F 向下作用于 C)	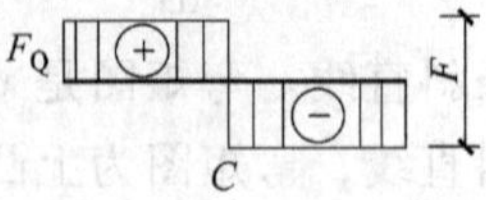 F_Q 图(左+,右−)	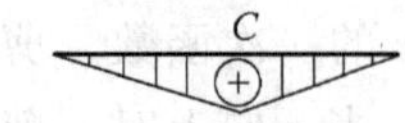 C 处弯矩(+)
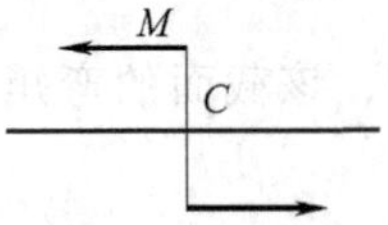 (M 力偶作用于 C)	C 截面剪力无变化	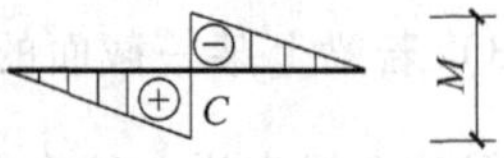 C 处弯矩图(左−,右+),大小 M

注：剪力为零的地方弯矩有极值。

习　题

一、选择题

1. 两个拉杆轴力相等、截面面积相等但截面形状不同，杆件材料不同，则以下结论正确的是（　　）。
   A. 变形相同，应力相同　　B. 变形相同，应力不同
   C. 变形不同，应力相同　　D. 变形不同，应力不同

2. 悬臂梁在均布荷载作用下，在梁支座处的剪力和弯矩为（　　）。
   A. 剪力为零、弯矩最大　　B. 剪力最大、弯矩为零
   C. 剪力为零、弯矩为零　　D. 剪力最大、弯矩最大

3. 悬臂梁在均布荷载作用下，在梁自由端处的剪力和弯矩为（　　）。
   A. 剪力为零、弯矩最大　　B. 剪力最大、弯矩为零
   C. 剪力为零、弯矩为零　　D. 剪力最大、弯矩最大

二、判断题

1. 轴力是轴向拉、压杆横截面上的唯一内力。（　　）
2. 轴力一定是垂直于杆件的横截面。（　　）
3. 轴向拉、压杆件的应力公式只能适用于等截面杆件。（　　）

三、作图题

1. 一直杆受拉（压）如下图所示，试求横截面的轴力，并绘制出轴力图。

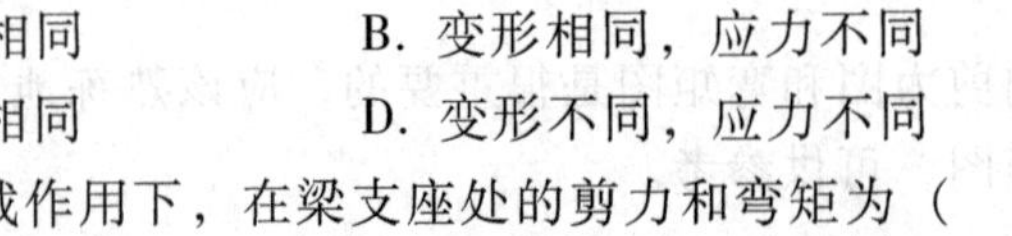

20kN　　30kN　　20kN　　30kN

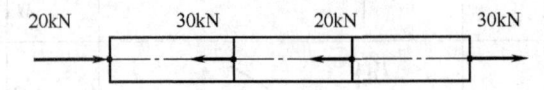

2. 一直杆受拉（压）如下图所示，试求横截面的轴力，并绘制出轴力图。

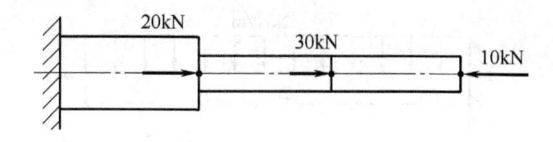

3. 如下图所示传动轴，A 轮为主动轮，B、C、D 为从动轮，$M_{eA} = 637$N·m，$M_{eB} = 286.4$N·m，$M_{eC} = 222.8$N·m，$M_{eD} = 127.4$N·m。试求各段扭矩，并作扭矩图。

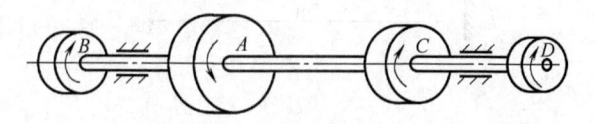

4. 绘制如下图所示简支梁的弯矩图与剪力图。

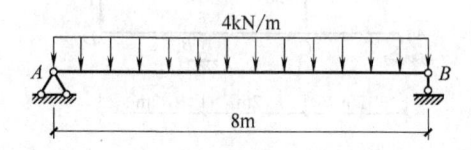

5. 绘制如下图所示简支梁的弯矩图与剪力图。

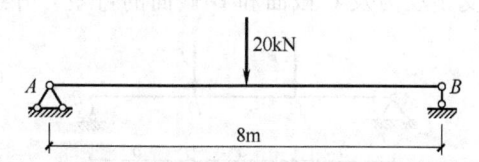

6. 绘制如下图所示悬臂梁的弯矩图与剪力图。

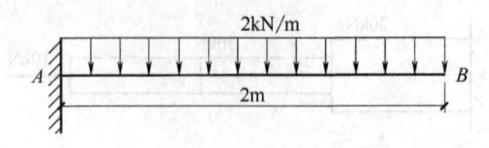

7. 绘制如下图所示悬臂梁的弯矩图与剪力图。

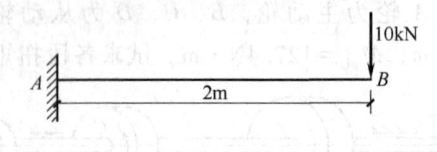

8. 求如下图所示梁的支座反力及 B 截面和 C 截面的弯矩，并绘制弯矩图与剪力图。

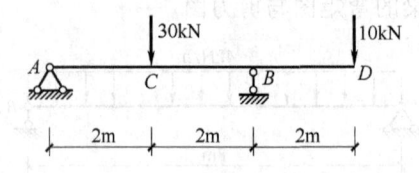

9. 求如下图所示梁的支座反力及 C 截面和 D 截面的弯矩，并绘制弯矩图与剪力图。

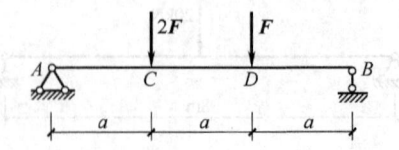

第 5 章

应力与强度

5.1 ★拉（压）杆的应力和强度

5.1.1 拉（压）杆的应力

1. 应力的概念

应用截面法确定了轴力后，单凭轴力并不能判断杆件的强度是否足够。例如，用同一材料制成粗细不等的两根直杆，在相同的拉力作用下，虽然两杆轴力相同，但随着拉力的增大，横截面小的杆件必然先被拉断。这说明杆件的强度不仅与轴力的大小有关，还与横截面面积的大小有关。为此，引入应力的概念。把单位面积上内力的大小称为应力，并以此作为衡量受力程度的尺度。

2. 横截面上的正应力

取一橡胶（或其他易于变形的材料）制成的等截面直杆，沿杆的轴线作用拉力（或压力）F，使杆件产生拉伸（压缩）变形，如图 5-1 所示。

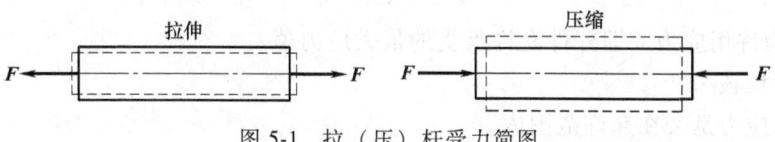

图 5-1 拉（压）杆受力简图

设想杆件由无数条纵向纤维所组成，根据平面假设，在任意两个横截面之间的各条纤维的伸长量相同，即变形相同。由材料的连续性、均匀性假设可以推断出内力在横截面上的分布是均匀的，即横截面上各点处的应力大小相等，其方向与横截面上轴力一致，垂直于横截面，故为正应力，如图 5-2 所示。

杆件横截面的面积为 A，轴力为 F_N，则根据上述假设可知，横截面上各点处的正应力均为

$$\sigma = \frac{F_N}{A}$$

(5-1)

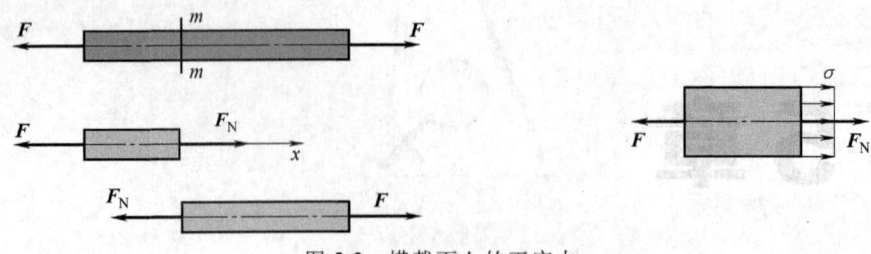

图 5-2 横截面上的正应力

式（5-1）已被试验所证实，适用于横截面任何形状的等截面直杆。当轴力为拉伸时，正应力是正号，称为拉应力；当轴力为压缩时，正应力是负号，称为压应力。

[例 5-1] 如图 5-3 所示三角托架，已知 $F=10\text{kN}$，夹角 $\alpha=30°$，杆 AB 为圆截面，其直径 $d=20\text{mm}$，杆 BC 为正方形截面，其边长 $a=100\text{mm}$。试求各杆的应力。

[解]（1）计算各杆轴力

$\sum F_y = 0, -F_{NBC}\sin\alpha - 10\text{kN} = 0, F_{NBC} = -10\text{kN}/\sin30° = -20\text{kN}（压）$

$\sum F_x = 0, -F_{NAB} - F_{NBC}\cos\alpha = 0, F_{NAB} = -F_{NBC}\cos30° = 17.32\text{kN}（拉）$

（2）求各杆应力值

$$\sigma_{AB} = \frac{F_{NAB}}{A} = \frac{F_{NAB}}{\pi d^2/4} = \frac{17.32\times10^3\text{N}\times4}{3.14\times(20\text{mm})^2} = 55.16\text{MPa}$$

$$\sigma_{BC} = \frac{F_{NBC}}{A} = \frac{F_{NBC}}{a^2} = \frac{-20\times10^3\text{N}}{(100\text{mm})^2} = -2\text{MPa}$$

图 5-3 例 5-1 图

5.1.2 拉（压）杆的强度

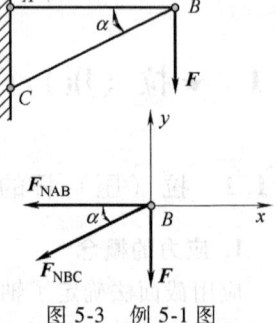

由前面章节关于截面内力的介绍可知，杆件轴向受拉（压）时横截面上的内力为轴力 F_N，下面讨论截面上任一点的应力。轴向拉压杆的强度条件为

$$\sigma_{\max} = \frac{F_N}{A} \leq [\sigma] \tag{5-2}$$

式中，$[\sigma]$ 为许用应力，即杆件允许承受的最大应力值。

（1）强度校核

判断工作应力是否在允许范围内。

$$\frac{F_N}{A} \leq [\sigma] \tag{5-3}$$

（2）确定截面尺寸

先确定满足强度条件所需的截面面积，再进而确定截面尺寸。

$$A \geq \frac{F_N}{[\sigma]} \tag{5-4}$$

（3）确定允许荷载

先确定强度条件所允许的最大内力值，再根据外力与内力的关系确定所允许的最大荷载值。

$$F_{N\max} \leqslant A[\sigma] \tag{5-5}$$

[例 5-2] 如图 5-4 所示变截面柱子，$F = 100\text{kN}$，柱段①的截面面积 $A_1 = 240\text{mm} \times 240\text{mm}$，柱段②的截面面积 $A_2 = 240\text{mm} \times 370\text{mm}$，许用应力 $[\sigma] = 4\text{MPa}$，试校核该柱子的强度。

[解] （1）计算各段轴力

$$F_{N1} = -F = -100\text{kN}(\text{压}); \quad F_{N2} = -3F = -300\text{kN}（压）$$

（2）求各段应力

$$\sigma_1 = \frac{F_{N1}}{A_1} = -\frac{100 \times 10^3 \text{N}}{240\text{mm} \times 240\text{mm}} = -1.74\text{MPa}$$

$$\sigma_2 = \frac{F_{N2}}{A_2} = -\frac{300 \times 10^3 \text{N}}{240\text{mm} \times 370\text{mm}} = -3.38\text{MPa}$$

（3）强度校核

$$\sigma_{\max} = |\sigma_2| = 3.38\text{MPa} < [\sigma] = 4\text{MPa}$$

该柱子满足强度条件。

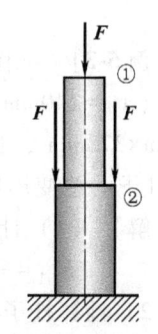

图 5-4 例 5-2 图

5.2 ★拉（压）杆的变形

5.2.1 胡克定律

试验表明，当拉杆沿其轴向伸长时，其横向将缩短，如图 5-5 所示。

长为 l 的等直杆，在轴向力作用下，伸长量：$\Delta l = l_1 - l$

轴向正应变：$\varepsilon = \dfrac{\Delta l}{l}$

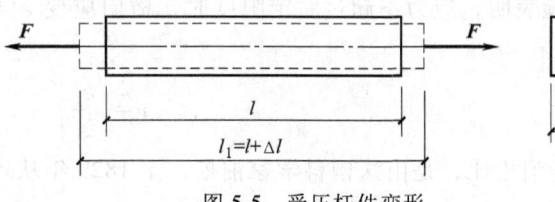

图 5-5 受压杆件变形

试验结果表明：如果所施加的荷载使杆件的变形处于弹性范围内，应力不超过材料的某一极限值，杆的轴向变形 Δl 与杆所承受的轴向荷载 F 杆的原长 l 成正比，而与其横截面面积 A 成反比，写成关系式：$\Delta l \propto \dfrac{Fl}{A}$

引入比例常数 E，则有：$\Delta l = \dfrac{Fl}{EA}$

由于 $F = F_N$，故上式可改写为：$\Delta l = \dfrac{F_N L}{EA}$

这一关系式称为胡克定律，是由英国科学家胡克于 1678 年首次用试验方法论证了这种线性关系后提出的，Δl 的正负与轴力 F 一致。

比例常数 E 称为杆材料的弹性模量，E 的数值与材料有关，是通过试验测定的，其量纲为 $ML^{-1}T^{-2}$，其单位为 Pa。

EA 称为杆的拉伸（压缩）刚度或抗拉刚度，对于长度相等且受力相同的杆件，其抗拉刚度越大，则杆件的变形越小，其值表征材料抵抗弹性变形的能力。

当拉（压）杆有两个以上的外力作用时，其轴力沿杆长变化，则杆件的总变形应按分段计算各段的变形，各段变形的代数和即为杆的总变形，即

$$\Delta l = \sum_i \frac{F_N l_i}{(EA)_i} \quad (5-6)$$

[例5-3] 如图5-6所示变截面混凝土柱子，$F=100\text{kN}$，柱段①的截面面积 $A_1=240\text{mm}\times240\text{mm}$，长度为4000mm；柱段②的截面面积 $A_2=240\text{mm}\times370\text{mm}$，长度为4000mm，混凝土柱子的弹性模量 $E=200\text{GPa}$，并求柱子的总变形量。

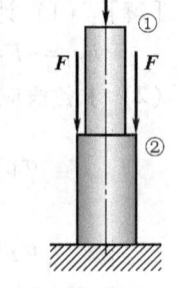

[解]（1）计算各段柱子横截面上的轴力

$F_{N1}=-F=-100\text{kN}(压)$；$F_{N2}=-3F=-300\text{kN}(压)$

（2）计算柱子的总变形

图5-6 例5-3图

$$\Delta l = \sum_i \frac{F_N l_i}{(EA)_i} = \frac{F_{N1} l_1}{E_1 A_1} + \frac{F_{N2} l_2}{E_2 A_2} = \frac{1}{200\times10^3}\left(\frac{100\times10^3\times4000}{240\times240} + \frac{300\times10^3\times4000}{240\times370}\right)\text{mm}$$

$= 0.102\text{mm}$

5.2.2 泊松比

受压杆件横向正应变为

$$\varepsilon' = -\frac{\Delta a}{a} \quad (5-7)$$

试验表明，应力不超过一定限度时，横向应变 ε' 与轴向应变 ε 之比的绝对值是一个常数，即

$$\nu = \left|\frac{\varepsilon'}{\varepsilon}\right| \quad (5-8)$$

ν 为泊松比，是由法国科学家泊松，于1829年从理论上推演得出的结果。

5.3 ★ 材料拉压时的力学性能

工程中使用的材料种类很多，通常根据试件在拉断时塑性变形的大小而分为塑性材料和脆性材料两类。塑性材料拉断时具有较大的塑性变形，如低碳钢、合金钢、铜等；脆性材料拉断时塑性变形很小，如铸铁、混凝土、石料等。这两类材料的力学性能具有显著的差异。低碳钢是典型的塑性材料，而铸铁是典型的脆性材料，因此它们的试验及其所反映出的力学性能对这两类材料具有代表性。

5.3.1 低碳钢在拉伸时的力学性能

为了便于比较不同材料的试验结果，必须将试验材料按照国家标准制成。对圆形截面，中部工作段的直径为 d_0，工作段的长度为 l_0（称为标距），且 $l_0=10d_0$ 或 $l_0=5d_0$。对矩形截面，中部工作段的截面面积 A，且 $l_0=11.3\sqrt{A_0}$ 或 $l_0=5.65\sqrt{A_0}$，如图5-7所示。

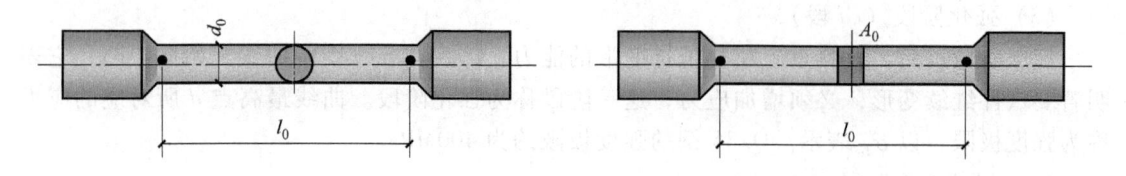

图 5-7　拉伸标准试样

1. 拉伸图与应力-应变图

将低碳钢的标准试件夹在万能试验机上，开动试验机后，试件受到由零开始缓慢增加的拉力 F 作用，同时试件逐渐伸长，直至拉断为止。以拉力 F 为纵坐标，以纵向伸长量 Δl 为横坐标，将 F 和 Δl 的关系按一定的比例绘制的曲线，称为拉伸图（或 F-Δl 图）。一般试验机上都有自动绘图装置，试件拉伸过程中能自动绘出拉伸图。

为了消除试件尺寸的影响，反映材料本身的性质，将纵坐标除以试件横截面的原始面积 A，得到应力 σ，$\sigma = F_N/A$；将横坐标 Δl 除以原标距 l_0，得到线应变 ε，$\varepsilon = \Delta l/l$，这样绘制的曲线称为应力-应变图（σ-ε 图）。

2. 拉伸过程的四个阶段

结构抗力是结构或构件承受作用效应的能力，如构件的承载力、刚度、抗裂度等，用 R 表示。结构抗力是结构内部固有的，其大小主要取决于材料性能、构件几何参数及计算模式等。低碳钢是工程中使用最广泛的材料之一，同时低碳钢试件在拉伸试验中所表现出来的变形与抗力之间的关系比较典型。由应力-应变（σ-ε）曲线图可知，低碳钢的应力-应变图反映出试验过程可分为四个阶段，各阶段有其不同的力学性能指标，如图 5-8 所示。

（1）弹性阶段（Oa' 段）

在弹性阶段内，初始 Oa 一段是直线，它表明应力与应变成正比，材料服从胡克定律。过 a 点后，应力-应变图开始微弯，表示应力与应变不再成正比。应力与应变成正比关系的最高点 a 所对应的应力值 σ_p 称为材料的比例极限。建筑中常用的 Q235 钢比例极限约为 200MPa。

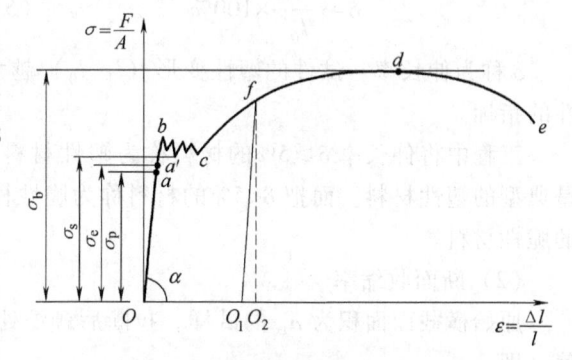

图 5-8　低碳钢拉伸的应力-应变图

（2）屈服阶段（bc 段）

当应力超过 b 点所对应的应力后，应变增加很快，应力仅在很小范围内波动，在 σ-ε 图上呈现出接近于水平的"锯齿"形。此阶段应力基本不变，应变显著增加，称为屈服阶段（也称流动阶段）。屈服阶段中的最低应力称为屈服强度，用 σ_s 表示。Q235 钢的屈服强度约为 240MPa。

材料到达屈服阶段时，如果试件表面光滑，则在试件表面上可以看到与试件轴线成一定角度的斜裂纹线，这种斜裂纹线称为滑移线。这是由于在面上存在最大切应力，造成材料内部晶粒之间相互滑移所致。

(3) 强化阶段（cd 段）

屈服阶段以后，材料重新获得抵抗变形的能力，体现在 σ-ε 图中曲线开始向上凸，它表明若要试件继续变形，必须增加应力，这一阶段称为强化阶段。曲线最高点 d 所对应的应力称为强度极限，以 σ_b 表示。Q235 钢的强度极限约为 400MPa。

(4) 局部变形阶段（de 段）

当应力到达强度极限之后，在试件薄弱处将发生急剧的局部收缩，出现"颈缩"现象。由于颈缩处截面面积迅速减小，试件继续变形所需的拉力 F 也相应减少，用原始截面面积 A 算出的应力值也随之下降，曲线出现了 de 段形状。至 e 点试件被拉断。

上述低碳钢拉伸的四个阶段中，有两个有关强度性质的指标，即屈服极限 σ_s 和强度极限 σ_b。其中，σ_s 是衡量材料强度的一个重要指标，当应力达到 σ_s 时，杆件产生显著的塑性变形，使得无法正常使用；σ_b 是衡量材料强度的另一个重要指标，当应力达到 σ_b 时，杆件出现颈缩并很快被拉断。

3. 塑性指标

表示材料塑性变形能力的两个指标：伸长率和断面收缩率。

(1) 伸长率（图 5-9）

试件被拉断后，由于弹性变形自动消失，只保留了塑性变形，试件标距长度由原来的 l_0 变为 l_1，用百分比表示比值，即

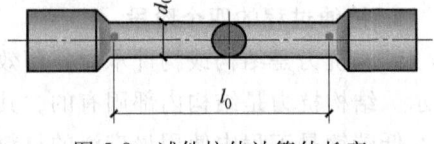

$$\delta = \frac{l_1 - l_0}{l_0} \times 100\% \qquad (5-9)$$

图 5-9 试件拉伸计算伸长率

δ 称为伸长率。试件的塑性变形（l_1-l_0）越大，δ 也越大。因此，伸长率是衡量材料塑性的指标。

工程中将伸长率 $\delta \geqslant 5\%$ 的材料称为塑性材料，如低碳钢 Q235 的伸长率 δ = 20%～30%，是典型的塑性材料。而把 $\delta<5\%$ 的材料称为脆性材料，如铸铁的 δ = 0.5%～0.6%，属于典型的脆性材料。

(2) 断面收缩率

原始横截面面积为 A_0 的试样，拉断后颈缩处的最小截面面积变为 A_1，用百分比表示比值，即

$$\Psi = \frac{A_0 - A_1}{A_0} \times 100\% \qquad (5-10)$$

Ψ 称为断面收缩率，低碳钢 Q235 断面收缩率 Ψ = 60%。Ψ 也是衡量材料塑性的指标之一。

5.3.2 铸铁在拉伸时的力学性能

灰铸铁是典型的脆性材料，灰铸铁拉伸时的 σ-ε 曲线如图 5-10 所示，它没有明显的直线部分。在拉应力较低时就被拉断，没有屈服和颈缩现象，拉断前应变很小，延伸率也很小。

铸铁拉断时的应力为强度极限。因为没有屈服现象，强度极限是衡量其强度的唯一指标。由于铸

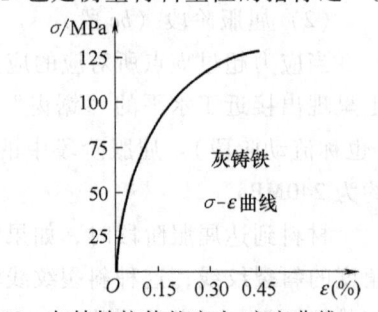

图 5-10 灰铸铁拉伸的应力-应变曲线

铁等脆性材料的抗拉强度很低，因此不宜用于制作受拉构件。

5.4 △平面图形的几何性质

平面图形的几何性质是指根据截面尺寸经过一系列运算所得的几何数据，例如面积。构件的承载能力与这些几何数据有着直接的关系，这从下面的例子可以得知，如图 5-11 所示。

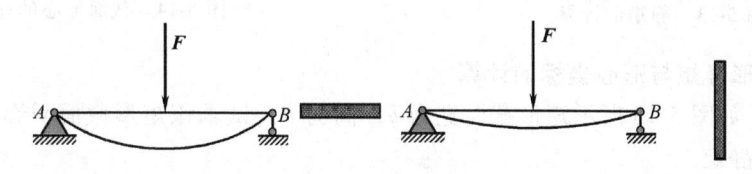

图 5-11　不同截面的弯曲变形

将一杆件分别平放于两个支点上和竖放于两个支点上，然后加上相同的力 F，显然前一种放置方式下所发生的弯曲变形要远大于后一种放置方式下所发生的弯曲变形。这差异仅是截面放置方式不同造成的，这就说明构件的承载能力与截面几何数据有着直接的关系。下面介绍平面图形的几何性质。

5.4.1 截面形心和静矩

1. 截面形心和静矩概述

（1）截面形心的定义

截面形心是指截面的几何中心。一般用字母 C 表示，其坐标分别记作 y_C、z_C。例如，圆截面的形心位于圆心，矩形截面的形心位于两对角线的交点处。通常，截面图形的形心与匀质物体的重心是一致的。

（2）截面静矩的定义

截面面积与它的形心到 $y(z)$ 轴的"距离"的乘积，称为该截面关于 y 轴（z 轴）的静矩，记作 $S_y(S_z)$，如图 5-12 所示。

（3）截面静矩的计算公式

对任意的截面图形，可将其分割计算，然后积分求和。如图 5-13 所示曲边截面图形，将其分割成 n 块（$n \to \infty$），取其中一微面积，记作 dA。dA 的形心到 y 轴的距离为 z，事实上因 dA 很微小，故可视为一点。

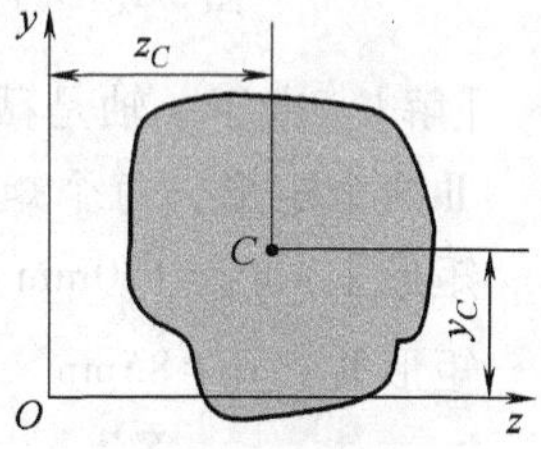

dA 与 z 的乘积称为该微面积对 y 轴的静矩，记作 dS_y，即 $dS_y = zdA$。

图 5-12　截面关于 y 轴的静矩

（4）截面形心的计算公式

如图 5-14 所示，截面图形的形心坐标为 y_C、z_C，面积为 A。注意到工程中的构件，其截面图形往往由几个简单图形组成，截面形心则由面积的静矩定义及公式得到，即

$$z_C = \frac{\sum z_i \Delta A_i}{A} \quad y_C = \frac{\sum y_i \Delta A_i}{A} \tag{5-11}$$

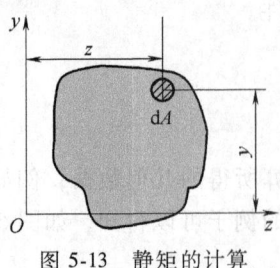

图 5-13 静矩的计算 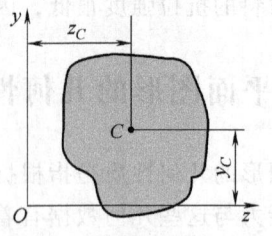　　　　　　　　图 5-14 截面形心的计算

2. 常用图形静矩与形心坐标的计算

[例 5-4]　如图 5-15 所示矩形截面宽为 b，高为 h，试求该矩形截面阴影部分所围面积关于 z、y 轴的静矩。

[解]　由于阴影部分面积 A_0 和形心坐标 y_{C1}、z_{C1} 可以直接计算得到，即

$$z_{C1}=0 \quad y_{C1}=\frac{3h}{8} \quad A_0=\frac{bh}{4}$$

$$S_y=A_0 z_{C1}=0 \quad (z_{C1}=0)$$

$$S_z=A_0 y_{C1}=\frac{bh}{4}\cdot\frac{3h}{8}=\frac{3}{32}bh^2$$

[例 5-5]　试计算如图 5-16 所示中 T 形截面的形心坐标。

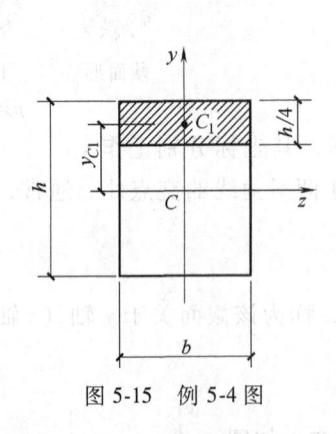

图 5-15　例 5-4 图 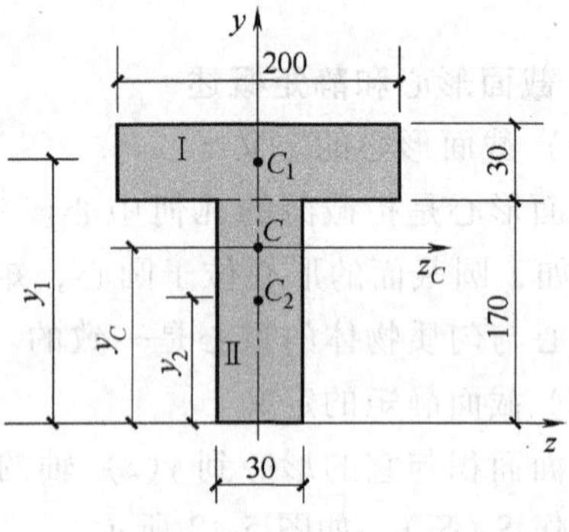　　　　　　　　图 5-16　例 5-5 图

[解]　由于 y 轴是截面的对称轴，形心 C 必在 y 轴上，即 $z_C=0$。将 T 形截面分割为 Ⅰ、Ⅱ 两个矩形，每个矩形的面积及其形心坐标分别为：

矩形 Ⅰ：$y_1=170\text{mm}+15\text{mm}=185\text{mm}$　　$A_1=200\text{mm}\times30\text{mm}=6000\text{mm}^2$

矩形 Ⅱ：$y_2=85\text{mm}$　　　　　　　　　　　　　　$A_2=170\text{mm}\times30\text{mm}=5100\text{mm}^2$

$$y_c=\frac{\sum A_i y_i}{A}=\frac{A_1 y_1+A_2 y_2}{A_1+A_2}=\frac{6000\text{mm}^2\times185\text{mm}+5100\text{mm}^2\times85\text{mm}}{6000\text{mm}^2+5100\text{mm}^2}=139\text{mm}$$

5.4.2 截面惯性矩

1. 截面惯性矩的定义

将如图 5-17 所示曲边截面图形分割成 n 块（$n\to\infty$），取其中一微面积，记作 dA。事实上因 dA 很微小，故可视为一点。dA 到 y 轴的距离为 z，则 dA 与到

截面惯性矩

y 轴的"距离"平方的乘积，称为该微面积关于 y 轴的惯性矩，记作 dI_y，即 $dI_y = z^2 dA$。

对上式两边关于整个图形积分，得到整个图形关于 y 轴的惯性矩，记作 I_y，即

$$I_y = \int_A dI_y = \int_A z^2 dA \tag{5-12}$$

整个图形关于 z 轴的惯性矩，记作 I_z，$I_z = \int_A dI_z = \int_A y^2 dA$

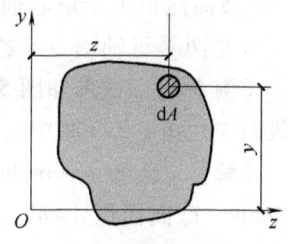

图 5-17 截面惯性矩的定义

截面惯性矩与坐标轴有关，对于不同的坐标轴其数值不同。截面惯性矩的量纲为 [长度]^4，其值恒大于零。

2. 简单图形的截面惯性矩

（1）矩形截面（图 5-18）

$$dA = b dy$$

$$I_z = \int_A y^2 dA = \int_{-\frac{h}{2}}^{\frac{h}{2}} y^2 b dy = \frac{bh^3}{12}$$

$$I_y = \frac{b^3 h}{12}$$

（2）圆形截面（图 5-19）

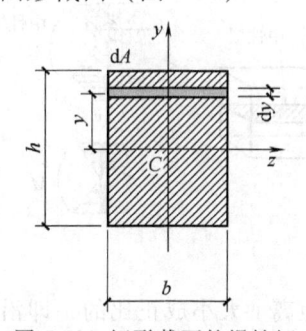

图 5-18 矩形截面的惯性矩

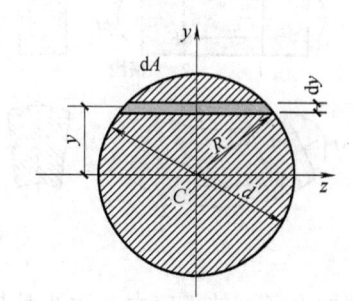

图 5-19 圆形截面的惯性矩

$$dA = 2\sqrt{R^2 - y^2}\, dy$$

$$I_z = \int_A y^2 dA = 2\int_{-R}^{R} y^2 \sqrt{R^2 - y^2}\, dy = \frac{\pi R^4}{4} = \frac{\pi d^4}{64}$$

$$I_y = \frac{\pi d^4}{64}$$

3. 截面惯性矩的平行移轴公式

在已知截面图形关于形心轴的惯性矩时，可以使用截面惯性矩的平行移轴公式来求截面图形关于平行于形心轴的任一轴的惯性矩，截面惯性矩的平行移轴公式为

$$I_z = I_{zC} + a^2 A \tag{5-13}$$

$$I_y = I_{yC} + b^2 A \tag{5-14}$$

式中，z_C 轴是形心轴，I_{zC} 是截面图形关于形心轴 z_C 的惯性矩，z 轴是 z_C 轴的平行轴，I_z 是截面图形关于 z 轴的惯性矩，a 是两平行轴 z_C、z 之间的距离，A 是截面面积。同理，

I_{yC} 是截面图形关于形心轴 y_C 的惯性矩，y 是 y_C 轴的平行轴，I_y 是截面图形关于 y 轴的惯性矩，b 是两平行轴 y_C、y 之间的距离。

[例 5-6] 试求如图 5-20 所示矩形截面关于底边轴 z 的惯性矩（截面惯性矩）I_z。图中尺寸单位为 mm。

[解] 已知 $h = 600$mm，$b = 400$mm，两轴间距离 $a = h/2 = 300$mm，截面面积 $A = bh$，截面关于形心轴 z_C 的惯性矩为

$$I_z = I_{zC} + a^2 A = \frac{bh^3}{12} + \left(\frac{h}{2}\right)^2 bh = \frac{bh^3}{3}$$

$$= \frac{400\text{mm} \times (600\text{mm})^3}{3} = 288 \times 10^8 \text{mm}^4$$

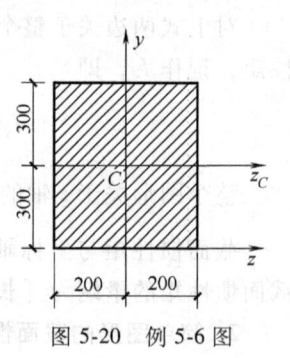

图 5-20 例 5-6 图

5.5 ○ 梁平面弯曲时的正应力与强度条件

梁弯曲时的应力分布特性

5.5.1 梁平面弯曲时的正应力

只有弯矩而无剪力的平面弯曲变形称为纯弯曲变形，如图 5-21 所示。

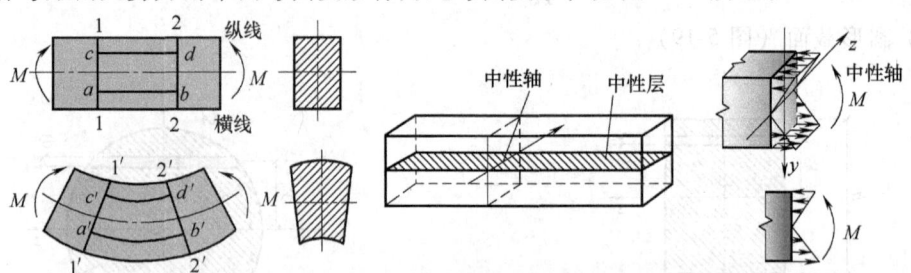

图 5-21 纯弯曲变形

横截面上各点的正应力 σ 大小是与该点到中性轴的距离 y 大小成正比的，即沿截面高度呈线性分布，中性层上各点的正应力为零，在距中性轴等距离的各点处正应力相同。

对矩形截面来讲，横截面上正应力的分布规律如图 5-22 所示。

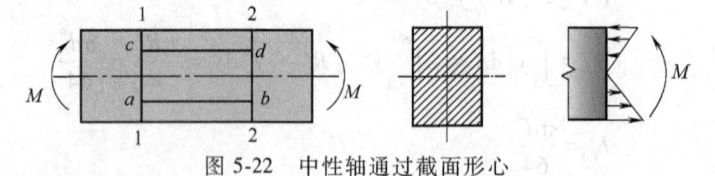

图 5-22 中性轴通过截面形心

梁纯弯曲时的正应力计算公式为

$$\sigma = \frac{My}{I_z} \tag{5-15}$$

式中 σ——横截面上某点的正应力；

M——横截面上的弯矩；

y——正应力作用点到中性轴的距离；

I_z——截面对中性轴的惯性矩。

截面弯矩 M 和截面惯性矩 I_z 对于截面任意一点而言都是不变的,因此截面任意一点的正应力与该点到中性轴的距离 y 存在线性关系,即正应力沿截面高度线性分布,上下边缘处数值最大,中性轴处正应力为零。

5.5.2 梁平面弯曲时的正应力强度条件

正应力的最大值发生在横截面距中性轴最远的截面边缘处,即

$$\sigma_{max} = \frac{My_{max}}{I_z} \tag{5-16}$$

比值 I_z/y_{max} 是一个仅与截面几何量有关的量,称为弯曲截面系数,并用 W_z 表示,即

$$W_z = \frac{I_z}{y_{max}} \quad \sigma_{max} = \frac{M}{W_z} \tag{5-17}$$

梁的正应力强度条件为

$$\sigma_{max} = \frac{M_{max}}{W_z} \leq [\sigma] \tag{5-18}$$

式中　$[\sigma]$——材料的轴向拉压许用应力;

　　　M——梁危险截面上的弯矩值;

　　　W_z——梁弯曲截面系数,只与截面尺寸有关。

对于矩形截面(设截面高度为 h、宽度为 b):

$$W_z = \frac{I_z}{y_{max}} = \frac{bh^3/12}{h/2} = \frac{bh^2}{6} \tag{5-19}$$

对于圆形截面(设截面直径为 d):

$$W_z = \frac{I_z}{y_{max}} = \frac{\pi d^4/64}{d/2} = \frac{\pi d^3}{32} \tag{5-20}$$

[**例 5-7**] 如图 5-23 所示简支梁受均布荷载 q 作用,梁的许用应力 $[\sigma] = 7MPa$。试求梁 D 截面沿高度 a、b、c 三点的正应力值。试校核梁的正应力强度。

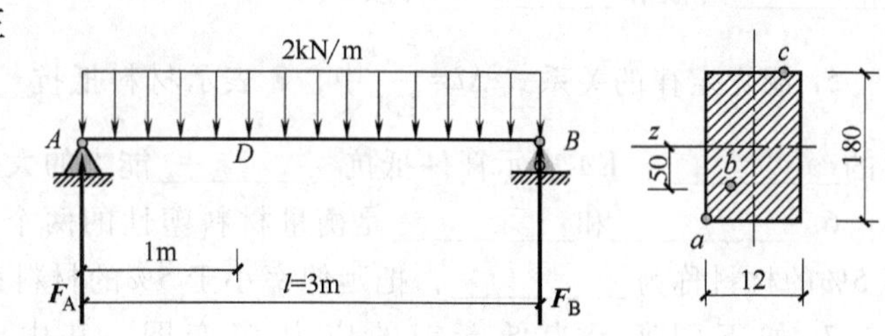

[**解**] (1) 求支座反力

$$F_A = F_B = 3kN(\uparrow)$$

(2) 求 D 截面弯矩

$$M_D = 3kN \times 1m - 2kN/m \times 1m \times 0.5m$$
$$= 2kN \cdot m$$

图 5-23　例 5-7 图

(3) 求截面关于中性轴的惯性矩 I_z

$$I_z = \frac{bh^3}{12} = \frac{120mm \times (180mm)^3}{12} = 58.32 \times 10^6 mm^4$$

(4) 求各点应力

由梁任意一点的正应力计算公式得

$$\sigma_a = \frac{M_D y_a}{I_z} = \frac{2 \times 10^6 N \cdot mm \times 90mm}{58.32 \times 10^6 mm^4} = 3.09MPa(拉)$$

$$\sigma_b = \frac{M_D y_b}{I_z} = \frac{2 \times 10^6 \text{N} \cdot \text{mm} \times 50\text{mm}}{58.32 \times 10^6 \text{mm}^4} = 1.71\text{MPa}(拉)$$

$$\sigma_c = \frac{M_D y_c}{I_z} = \frac{2 \times 10^6 \text{N} \cdot \text{mm} \times 90\text{mm}}{58.32 \times 10^6 \text{mm}^4} = 3.09\text{MPa}(压)$$

（5）正应力强度计算

梁的危险截面在跨中，危险弯矩为

$$M_{max} = \frac{ql^2}{8} = \frac{2\text{kN/m} \times (3\text{m})^2}{8} = 2.25\text{kN} \cdot \text{m}$$

$$\sigma_{max} = \frac{M_{max}}{W_z} = \frac{6 \times 2.25 \times 10^6 \text{N} \cdot \text{mm}}{120\text{mm} \times (180\text{mm})^2} = 3.47\text{MPa}$$

$$\sigma_{max} = 3.47\text{MPa} \leq [\sigma] = 7\text{MPa}$$

梁满足正应力强度条件。

习　题

一、填空题

1. 在国际单位制中，应力的单位是 Pa，1Pa = ＿＿ N/m²，1MPa = ＿＿ Pa，1GPa = ＿＿ Pa。

2. 杆件在外力作用下，单位面积上的＿＿＿＿＿称为应力，用符号＿＿＿＿＿表示。正应力的正负规定为拉应力为＿＿＿，压应力为＿＿＿。

3. 工程实际中依据材料的抗拉压性能不同，低碳钢材料适宜做＿＿＿＿＿＿杆件，铸铁材料适宜做＿＿＿＿＿＿杆件。

4. 低碳钢轴向拉伸可以分为四个阶段：＿＿＿＿＿＿＿阶段、＿＿＿＿＿＿＿阶段、＿＿＿＿＿＿＿阶段和＿＿＿＿＿＿阶段。

5. 胡克定律的关系式 $\Delta l = \frac{F_N l}{EA}$ 中，E 表示材料抵抗＿＿＿＿＿＿＿能力的一个系数，称为材料的＿＿＿＿＿＿。EA 表示杆件抵抗＿＿＿＿＿＿能力的大小，称为杆件的＿＿＿＿＿＿。

6. ＿＿＿＿＿＿和＿＿＿＿＿＿是衡量材料塑性的两个重要指标。工程上通常把延伸率大于 5% 的材料称为＿＿＿＿＿＿，把延伸率小于 5% 的材料称为＿＿＿＿＿＿。

7. 如下图所示为低碳钢的应力-应变图，其中，σ_P 称为＿＿＿＿＿＿，σ_s 称为＿＿＿＿＿＿，σ_b 称为＿＿＿＿＿＿。

二、选择题

1. 经过抛光的低碳钢试件，在拉伸过程中表面会出现滑移线的阶段是（　　）。
   A. 弹性阶段　　　　B. 屈服阶段　　　　C. 强化阶段　　　　D. 颈缩阶段

2. 低碳钢拉伸试验的应力与应变曲线大致可以分为四个阶段，这四个阶段大致分为（　　）。
   A. 弹性阶段、屈服阶段、强化阶段、颈缩破坏阶段
   B. 弹性阶段、塑性变形阶段、强化阶段、局部变形阶段
   C. 弹性阶段、屈服阶段、塑性变形阶段、断裂阶段
   D. 屈服阶段、塑性变形阶段、断裂阶段、强化阶段

3. 截面各种几何性质中，可为零的是（　　）。
   A. 静矩　　　　　　B. 惯性矩　　　　　C. 抗弯截面系数　　D. 面积

4. 梁的弯曲正应力计算公式应在（　　）范围内使用。
   A. 塑性　　　　　　B. 弹性　　　　　　C. 小变形　　　　　D. 弹塑性

三、判断题

1. 两根等长、等截面的杆件，一根为钢质杆，另一根为铜质杆，在相同的外力作用下，它们的应力和变形都不同。（　　）

2. 若将所加的载荷去掉，试件的变形可以全部消失，这种变形称为弹性变形。（　　）

3. 对于脆性材料，压缩强度极限比拉伸强度极限高出许多。（　　）

四、计算题

1. 如下图所示三角形托架，AC 杆为圆截面杆，直径 $d = 20\text{mm}$，BD 杆为刚性杆，D 端受力为 15kN。试求 AC 杆的应力值。

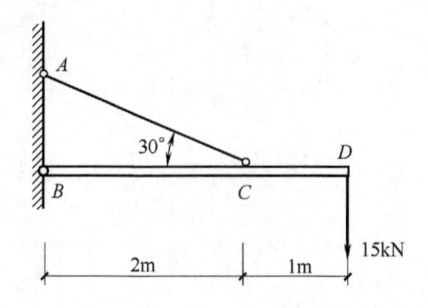

2. 如下图所示，钢杆被分成两段，横截面面积为 $A = 200\text{mm}^2$，钢的弹性模量 $E = 200\text{GPa}$，许用应力 $[\sigma] = 120\text{MPa}$。
   （1）求各段杆的轴力，并绘轴力图。
   （2）求各段杆的应力，试校核该钢杆的强度。
   （3）求全杆的总伸长值。

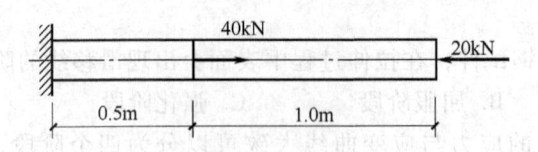

```
   |‖——————————40kN——————→————— 20kN
   |‖    0.5m    |     1.0m
```

3. 如下图所示，钢杆被分成四段，$l_{AB}=1000\text{mm}$，$l_{BC}=500\text{mm}$，$l_{CD}=900\text{mm}$，$l_{DE}=600\text{mm}$。横截面面积为 $A=200\text{mm}^2$，钢的弹性模量 $E=200\text{GPa}$，许用应力 $[\sigma]=300\text{MPa}$。

(1) 求各段杆横截面上的内力，并绘轴力图。
(2) 求应力杆件内最大应力值，试校核该钢杆的强度。
(3) 求杆件的总变形。

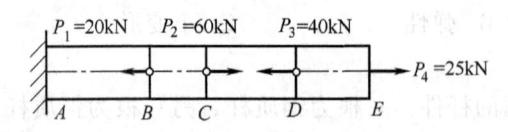

```
        P₁=20kN   P₂=60kN   P₃=40kN
   |‖——←———○———○———○———————→ P₄=25kN
   |‖ A    B    C    D    E
```

第6章 压杆稳定

6.1 ★压杆稳定概述

在前面讨论受压直杆的强度问题时，认为只要满足杆受压时的强度条件，就能保证压杆的正常工作。试验证明，这个结论只适用于短粗压杆，而细长压杆在轴向压力作用下，其破坏的形式将呈现出与强度问题截然不同的现象。例如，一根长 300mm 的钢制直杆，其横截面的宽度和厚度分别为 20mm 和 1mm，材料的抗压许用应力等于 140MPa，如果按照其抗压强度计算，其抗压承载力应为 2800N。但是实际上，在压力尚不到 40N 时，杆件就发生了明显的弯曲变形，丧失了其在直线形状下保持平衡的能力从而导致破坏。显然，这不属于强度性质的问题，而属于下面即将讨论的压杆稳定的范畴。为了说明问题，取如图 6-1 所示的等直细长杆，在其两端施加轴向压力 F，使杆在直线状态下处于平衡。

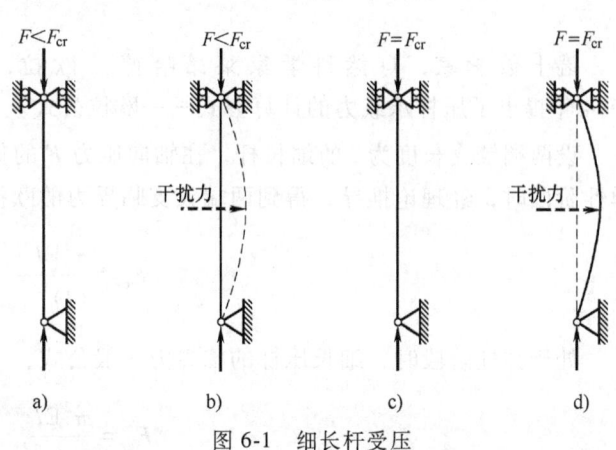

如果给杆以微小的侧向干扰力，使杆发生微小的弯曲，然后撤去干扰力，当杆承受的轴向压力数值不同时，其结果也截然不同。当杆承受的轴向压力数值 F 小于某一数值 F_{cr} 时，在撤去干扰力以后，杆能自动恢复到原有的直线平衡状态而保持平衡，如图 6-1a、b 所示，这种原有的直线平衡状态称为稳定的平衡；当杆承受的轴向压力数值 F 逐渐增大到某一数值 F_{cr} 时，即使撤去干扰力，杆仍然处于微弯形状，不能自动恢复到原有的直线平衡状态，如图 6-1c、d 所示，则原有的直线平衡状态为不稳定的平衡。如果力 F 继续增大，则杆继续弯曲，产生显著的变形，甚至发生突然破坏。

图 6-1 细长杆受压

上述现象表明，在轴向压力 F 由小逐渐增大的过程中，压杆由稳定的平衡转变为不稳定的平衡，这种现象称为压杆丧失稳定性或者压杆失稳。显然压杆是否失稳取决于轴向压力的数值,压杆由直线状态的稳定的平衡过渡到不稳定的平衡时所对应的轴向压力,称为压杆的临界压力或临界力,用 F_{cr} 表示。当压杆所受的轴向压力 F 小于 F_{cr} 时,杆件能够保持稳定的平衡,这种性能称为压杆具有稳定性;而当压杆所受的轴向压力 F 等于或者大于 F_{cr} 时,杆件不能保持稳定的平衡而失稳。细长杆塔式起重机失稳、多跨连续板失稳等实际工程失稳事故如图 6-2、图 6-3 所示。

图 6-2 细长杆塔式起重机失稳

图 6-3 多跨连续板失稳

由上述介绍可以看出,直线形状平衡状态的稳定性与杆上受到的压力大小有关。在 $F<F_{cr}$ 时是稳定的,在 $F_p \geqslant F_{cr}$ 时是不稳定的。特定值 F_{cr} 称为压杆的临界力。

工程实际中的压杆,由于种种原因(如制作误差、材料不均匀、周围物体振动等),不可能达到理想的中心受压状态,所以当压杆上的荷载达到临界荷载 F_{cr} 时,甚至还小于临界荷载 F_{cr} 时,就会发生失稳现象。

6.2 △欧拉公式

瑞士数学家、自然科学家莱昂哈德·欧拉,在 1744 年提出了压杆承载力的计算公式——欧拉公式。

压杆稳定的临界值　压杆临界力的计算　压杆稳定习题

设两端铰支长度为 l 的细长杆,在轴向压力 F 的作用下保持微弯平衡状态,当材料处于弹性阶段时,经理论推导,得到两端铰支临界力的欧拉公式:

$$F_{cr}=\frac{\pi^2 EI}{(l)^2} \tag{6-1}$$

处于弹性阶段时,细长压杆的临界力一般公式:

$$F_{cr}=\frac{\pi^2 EI}{(\mu l)^2} \tag{6-2}$$

式中　E——材料的弹性模量;
　　　I——截面的最小惯性矩;
　　　l——杆件的长度;
　　　μ——长度因数,其值由杆件两端的支承情况而定,见表 6-1。

表 6-1　压杆长度因数

支承情况	一端固定、另一端自由	两端铰支	一端固定、另一端铰支	两端固定
简图				
临界力 F_{cr}	$\pi^2 EI/(2l)^2$	$\pi^2 EI/l^2$	$\pi^2 EI/(0.7l)^2$	$\pi^2 EI/(0.5l)^2$
计算长度	$2l$	l	$0.7l$	$0.5l$
长度因数 μ	2	1	0.7	0.5

[**例 6-1**]　如图 6-4 所示为细长压杆：截面形状均为圆形，直径 $d=160\text{mm}$，材料为 Q235 钢，弹性模量 $E=200\text{GPa}$，$I=\dfrac{\pi d^4}{64}$，试用欧拉公式分别计算各杆的临界压力。

[**解**]　图 6-4a 中的细长压杆临界压力：

$$F_{cr}=\frac{\pi^2 EI}{(\mu l)^2}=\frac{\pi^2 E}{(ul)^2}\cdot\frac{\pi d^4}{64}$$

$$=\frac{\pi^3\times 200\times 10^9\times 0.16^4}{5^2\times 64}\text{kN}$$

$$=2536.2\text{kN}$$

图 6-4b 中的细长压杆临界压力：

$$F_{cr}=\frac{\pi^2 EI}{(\mu l)^2}=\frac{\pi^2 E}{(ul)^2}\cdot\frac{\pi d^4}{64}$$

$$=\frac{\pi^3\times 200\times 10^9\times 0.16^4}{(0.7\times 7)^2\times 64}\text{kN}$$

$$=2640.7\text{kN}$$

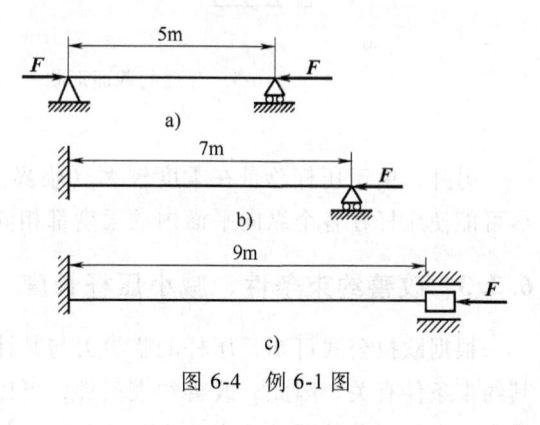

图 6-4c 中的细长压杆临界压力：

$$F_{cr}=\frac{\pi^2 EI}{(\mu l)^2}=\frac{\pi^2 E}{(ul)^2}\cdot\frac{\pi d^4}{64}$$

$$=\frac{\pi^3\times 200\times 10^9\times 0.16^4}{(0.5\times 9)^2\times 64}\text{kN}$$

$$=2536.2\text{kN}$$

图 6-4　例 6-1 图

6.3　○提高压杆稳定的措施

要提高压杆的稳定性，关键在于提高压杆的临界力或临界应力。而压杆的临界力或临界应力，与压杆的长度、横截面形状及大小、支承条件以及压杆所

用材料等有关。因此，可以从以下几个方面考虑。

6.3.1 合理选择材料

由欧拉公式可知，压杆临界应力与材料的弹性模量成正比。所以选择弹性模量较高的材料，就可以提高临界应力，也就提高了其稳定性。

6.3.2 选择合理的截面形状

增大截面的惯性矩，可以增大截面的惯性半径，降低压杆的柔度，从而可以提高压杆的稳定性。在压杆横截面面积相同的条件下，应尽可能使材料远离截面形心轴，以取得较大的惯性矩，从这个角度出发，空心截面要比实心截面合理，如图6-5所示。在工程实际中，若压杆的截面是用两根槽钢组成的，则应采用如图6-6所示的布置方式，可以取得较大的惯性矩或惯性半径。

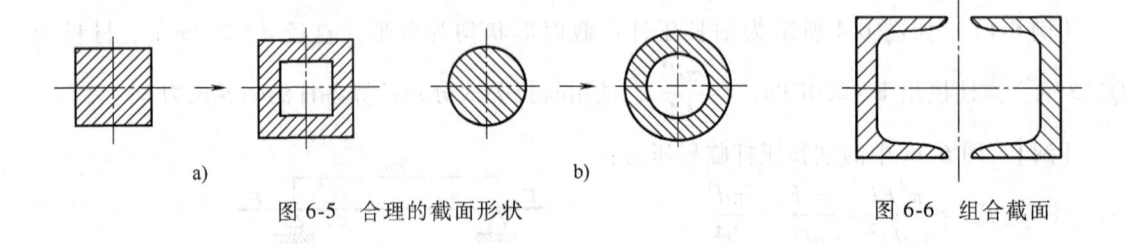

图6-5 合理的截面形状　　　　　图6-6 组合截面

另外，由于压杆总是在柔度较大（临界力较小）的纵向平面内首先失稳，所以应注意尽可能使压杆在各个纵向平面内的柔度都相同，以充分发挥压杆的稳定承载力。

6.3.3 改善约束条件、减小压杆长度

根据欧拉公式可知，压杆的临界力与其计算长度的平方成反比，而压杆的计算长度又与其约束条件有关。因此，改善约束条件，可以减小压杆的长度系数和计算长度，从而增大临界力。在相同条件下，从表6-1可知，自由支座最不利，铰支座次之，固定支座最有利。减小压杆长度的另一种方法是在压杆的中间增加支承，把一根变为两根甚至几根。

习　　题

一、选择题

下列说法中错误的是（　　）。

A. 对细长压杆，选用弹性模量 E 值较大的材料可以提高压杆的稳定性

B. 增大截面的惯性矩，可以提高压杆的稳定性

C. 改善约束条件，对各类压杆稳定性并无多大区别

D. 对中长杆，采用高强度材料，会提高稳定性

二、判断题

改善支承情况，加强杆端约束，可以提高压杆的稳定性。　　　　　　　　（　　）

三、计算题

如下图所示,细长压杆截面形状均为圆形,直径 $d = 200\text{mm}$,材料为 Q235 钢,弹性模量 $E = 210\text{GPa}$,$I = \dfrac{\pi d^4}{64}$,试用欧拉公式分别计算各杆的临界压力。

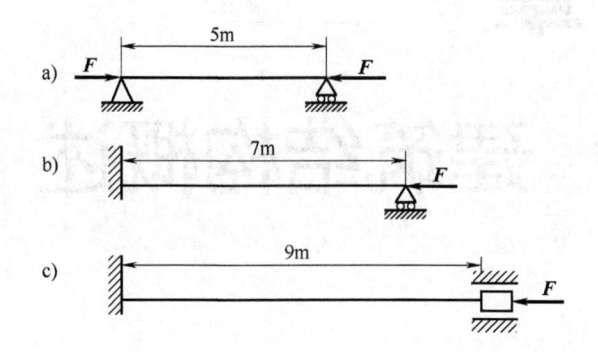

a) ⊢—— 5m ——⊣ F 两端铰支

b) 固定—— 7m ——铰支 F

c) 固定—— 9m ——定向 F

第7章

建筑结构概述

7.1 ★ 建筑结构的发展简况

建筑结构中的砌体结构、木结构和钢结构应用已有悠久的历史，我国是世界上最早应用这些结构的国家之一。

砌体结构包括石砌体、砖砌体和砌块砌体结构，它是最古老的结构形式。早在5000年前，我国就开始建造石砌体祭坛和围墙。我国河北省赵县赵州桥（又称安济桥），建于隋朝年间（595~605年），由著名匠师李春设计建造，该桥是一座空腹式的圆弧形石砌体拱桥，桥长50.82m，跨径37.02m，券高7.23m，两端宽9.6m。我国早在殷代（前1388~前1122年），就开始使用日光晒干的黏土砖坯；在战国时期（前403~前221年）已开始生产和使用烧结砖；在秦、汉时期，砖砌体已广泛应用于房屋结构。举世闻名的万里长城就是砖、石砌体结构工程之一，如图7-1所示。砌块中以混凝土砌块的应用较早，混凝土小型砌块于1882年起源于美国，后来传入我国，至今砌块的生产和应用仅百余年历史。20世纪60年代以来我国小型砌块应用有了较大的发展，随着我国城市禁止黏土砖的使用，各种砌块砌体得到广泛的应用。近20年来，配筋砌块砌体结构开始在高层建筑中得到应用，目前在上海等地都相继建成了18层以上的配筋混凝土砌块砌体剪力墙结构高层住宅。

图7-1 万里长城

木结构是我国古代的主流建筑结构，无论是宫殿、庙宇还是祭祀殿堂、祠堂、低层住宅等均采用木结构，后来还用来建造多层或高层的崇楼巨阁。我国是最早应用木结构的国家，木结构建筑历史辉煌且悠久，是中华文明的重要组成部分。考古发现，早在旧石器时代晚期，已经有古人类"掘土为穴"（穴居）和"构木为巢"（巢居）的原始营造遗迹。浙江余姚河姆渡发现的干阑木构建筑遗址，发现的木构件遗物有柱、梁、枋、板等，许多构件上都带有榫卯，距今六七千年，是我国已知的最早采用榫卯技术构筑木结构房屋的实例，说明我国古代木结构建造技术已达到了相当高的水平。由于受到木材资源的限制，目前城市中木结构应用较少。

我国也是最早用铁建造承重结构的国家。在秦始皇时代就已经用铁建造桥墩。位于云南省永平县澜沧江上的霁虹桥（图7-2），是我国最早的铁索桥之一，明成化年间（1465~1487年）将原来竹索吊桥进行改建，用锻铁为环，相扣成链形成铁索吊桥。以后建造的铁链桥不下数十座，其中以四川泸定桥的跨度为最大，建于1705年（康熙四十四年），桥长103m，宽3m，由9根桥面铁链和4根桥栏铁链构成。铁链由生铁铸成，每根铁链重达1.5t。我国还建造了不少铁塔，如湖北荆州玉泉寺铁塔，共13层，17.9m高，始建于东汉末年（1061年）。到19世纪初开始使用熟铁建筑房屋，19世纪中叶，钢结构得到了蓬勃的发展。钢结构应用于高层建筑，始于美国芝加哥家庭保险公司大厦，建

图7-2 霁虹桥

于1883~1885年，共10层（1990年加至12层），高42m，是世界上第一幢按现代钢框架结构原理建造的高层建筑。目前，我国的国家体育场（鸟巢）是世界上最大的钢结构建筑。

19世纪后半叶，资本主义国家的水泥工业和冶金工业已相当发达，这为钢筋混凝土的产生、发展创造了有利条件。1824年，英国泥瓦工约瑟夫·阿斯普丁发明了波兰特水泥并获得专利。1867年，法国花匠莫尼埃发明了在混凝土中预埋铁丝网以加强混凝土管且获得专利，并在1867年巴黎世博会上展出了钢筋混凝土制作的小船和花盆，钢筋混凝土问世至今近150年的历史。20世纪30年代，法国土木工程师弗雷西内发明了预应力混凝土，使混凝土结构的受力性能得以改善，应用范围大大扩展。目前，世界上最高的混凝土结构建筑仍然是位于迪拜的哈利法塔，总高度为828m，其中混凝土结构部分高度达601m。

建筑结构历史悠久，随着科技水平的不断提高，建筑技术的不断进步，建筑结构从设计理论、材料、结构等各个方面都得到了迅猛的发展。

1. 设计理论方面

结构设计理论的发展对建筑结构的发展具有重要意义。19世纪末到20世纪初采用了容许应力法，它是最早的混凝土结构构件计算理论。20世纪40年代提出并采用了破坏阶段设计法，该法仅限于构件的承载力计算。20世纪50年代以后又提出了多系数极限状态设计法，如我国1966年的《钢筋混凝土结构设计规范》（BJG 21—1966）。目前采用概率极限状态设计法。

2. 材料方面

（1）混凝土结构材料

混凝土材料将向轻质、高强、耐久、新型环保方向发展。进入21世纪后，现代的混凝土不再是水泥、水和骨料的简单混合物。根据ASTMC125（美国材料与试验协会）和

ACI116（美国认证协会）给出的定义，现代混凝土由骨料、水泥、水、外加剂及掺合料5种组分组成，这里的外加剂是指化学外加剂，掺合料包括各种矿物成分细掺料及各种纤维等材料。轻骨料混凝土、加气混凝土、纤维混凝土、聚合物混凝土、侧限（约束）混凝土和预应力混凝土等高性能混凝土的开发和应用，将继续受到人们的重视。C60及以上的高强混凝土已经广泛应用，如广州已使用C90混凝土并成功泵送到400多m的高度。我国已制成C100高性能混凝土，具有免振、超大流动、自密实、低收缩、低徐变、高弹性模量等优异性能，并成功于2003年4月在沈阳远吉大厦工程钢管混凝土叠合柱内芯中浇筑。目前，美国已经制成C200的混凝土，不久的将来，混凝土强度将普遍达到100MPa。

高强度、高性能的钢筋迅速发展。目前，我国HRB系列400MPa、500MPa级普通热轧带肋钢筋作为纵向受力的主导钢筋，在工程上得到广泛使用，尤其是HRB系列400MPa盘螺小直径钢筋在楼板和混凝土墙体中得到大量应用。

（2）砌体结构材料

砌体结构材料向轻质、高强的方向发展。和国外相比，我国多孔砖的强度较低，通常强度在10~30MPa，填充墙用空心砖产量过低，砂浆的强度尤其是粘结强度明显偏低。国外承重空心砖（我国规范称为多孔砖）的强度已达到60~80MPa，甚至达到200MPa。继续进行高强度尤其高粘结强度的砂浆的研发，提高多孔砖的强度，开发大孔洞、大尺寸带水平孔的填充墙用空心砖并增加其产量，对我国砌体结构材料的发展具有重要意义。

（3）结构用钢材

随着冶金工业生产技术的发展，建筑钢材将向高强度、耐腐蚀、耐疲劳、易焊接、高韧性或耐磨等新型、高性能方向发展。

要求建筑用钢具有高屈服强度，以减轻自重并满足特殊、复杂结构的受力要求，未来将采用微合金化和热机械轧制技术生产出具有高强度、良好延性、韧性以及加工性能的结构钢材，如屈服强度大于460MPa甚至超过690MPa的高强度钢材。

3. 结构方面

随着土地资源的日益缺乏，高层建筑成为一个发展方向，新的结构体系得到了广泛应用。目前，世界第一高楼是2010年建成的迪拜的哈利法塔（原名迪拜塔），高度为828m，楼层总数为162层。世界第二高建筑是2012年建成的东京晴空塔，建筑高度为634m，成为全世界最高的自立式电波塔。世界第三高楼是2016年完工的上海中心大厦，高度为632m，建筑主体为118层。在高层建筑尤其是超高层建筑设计中，除了地震效应之外，风荷载及其侧向变形、基底倾覆力矩等将是结构设计中的重点和难点。框架、剪力墙和框架-剪力墙结构三大常规体系难以满足超高层建筑的需要，也难以提供自由灵活使用的大空间，满足不了建筑功能的要求。到20世纪80年代，筒体结构（如框架-核心筒、筒中筒等）迅速登上了舞台。目前，更为新颖的悬挑结构、巨型框架结构，都已经在工程中得到了应用。另外，为满足高层建筑竖向多功能需要而设置的刚性层、转换层，都已经在工程中得到了应用。

随着建筑产业化的推进，运用现代化管理模式，通过标准化的建筑设计以及模数化、工厂化的部品生产，实现建筑构配件的通用化和现场施工的装配化、机械化。发展建筑产业化是建筑生产方式从粗放型生产向集约型生产的根本转变，是产业现代化的必然途径和发展方向，也会给建筑结构尤其是装配式结构的发展带来一场深刻的革命。

7.2 ★建筑结构的概念、分类及其应用

7.2.1 ★建筑结构的概念

结构是能承受和传递作用并具有适当刚度的由各连接部件组合而成的整体，俗称承重骨架（体系）。所谓建筑结构，就是建筑工程中由基础、梁、板、柱、墙、屋架等构架所组成的起骨架作用的、能承受直接和间接荷载的空间受力体系。而建筑结构在物理上可以区分出的部分称为建筑结构构件（简称为构件），例如，柱、梁、板、基桩等，当其含义不致混淆时工程上也可将某些特殊构件和部件（如屋架、网架、楼盖等）称为结构。

建筑结构由水平构件、竖向构件和基础组成。水平构件与竖向构件组成建筑主体结构。基础是将建筑结构通过竖向构件传来的内力传给地基。

7.2.2 建筑结构的分类及其应用

由于各种建筑在使用功能、建筑形状、建筑用途等方面各不相同，建筑结构有多种类型，分类方法也有多种。按照用途可分为工业建筑结构和民用建筑结构；按照体型和高度可分为单层建筑结构、多层建筑结构（2~9层）、高层建筑结构和大跨度结构；常用的分类方法是按照结构所用的材料和结构受力形式不同进行划分的。

1. 按照结构所用的材料不同分类

（1）混凝土结构（图7-3）

混凝土结构是以混凝土为主制成的结构，包括素混凝土结构、钢筋混凝土结构和预应力混凝土结构等。混凝土结构按照施工方法可以分为现浇混凝土结构、装配式混凝土结构和装配整体式混凝土结构三种。现浇混凝土结构目前应用比较普遍，但装配整体式混凝土结构是建筑产业化的发展方向。

素混凝土结构主要用于承受压力的结构，如重力式挡土墙、支墩、混凝土基础等。

钢筋混凝土结构是指配置受力普通钢筋的混凝土结构。在混凝土的适当部位配置了受力钢筋，通过两种材料的共同工作，明显提高结构或构件的承载力和变形性能，钢筋混凝土结构作为混凝土结构中最常用的结构形式之一被广泛应用于大量工业与民用建筑中。现浇钢筋混凝土结构具有下列几个优点：

图7-3 施工中的钢筋混凝土房屋

① 可以就地取材。钢筋混凝土的主要材料是黄砂、石子，水泥和钢筋所占的比例较少。砂、石属于地方性材料，可以就地取材。

② 承载力大。钢筋混凝土结构或构件与砌体结构和素混凝土结构相比有较大承载力。

③ 整体性与抗震性能好。现浇钢筋混凝土结构有较好的整体性，有利于通过变形消耗地震能量，在地震作用和偶然荷载（如车辆撞击、煤气爆炸）下能保持整体稳定性，不易

产生整体垮塌。

④ 耐久性与耐火性好。由于钢筋有足够的混凝土保护层，混凝土为不良传热体，火灾时钢筋不致很快达到软化温度而丧失强度，导致结构破坏。同时混凝土保护层可以防止大气的侵蚀造成钢筋生锈变质，提高了耐久性。

⑤ 刚度大。钢筋混凝土构件具有较大的截面尺寸，使其具有较大的截面刚度，受力后变形较小，受压构件也不易产生失稳破坏。

⑥ 可模性好。预拌混凝土是可塑的，可以根据工程需要制成各种形状的构件，便于建造出合理的结构形式和构件断面。

同时，钢筋混凝土结构也存在材料自重大、抗裂性差、现浇施工时消耗人工多和劳动强度大等缺点。但随着新技术、新工艺的产生，如采用轻骨料混凝土、预应力混凝土、预制装配等技术手段，可以克服上述这些缺点。

(2) 钢结构（图7-4）

钢结构是以钢材为主要材料制成的结构，即采用钢板、钢管、圆钢、热轧型钢或冷加工成型的型钢通过焊接、铆接或螺栓连接而成。钢结构是继钢筋混凝土结构之后具有广阔发展前景的结构类型，大量应用于工业建筑、高层建筑和大跨度结构（如网架、悬索等结构）中。

与其他结构相比，钢结构具有以下几个优点：

① 材料强度高、自重轻。钢材的抗拉和抗压强度都很高，受力时其承载力很大，截面尺寸很小，减轻了构件的自重，适用于大跨度重荷载的结构。

图7-4 施工中的高层钢结构

② 塑性、韧性好，材质均匀，抗震性能好。韧性好有利于抵抗动力荷载，塑性好可以避免脆性破坏，钢材内部组织比较均匀，接近各向同性使结构计算精度高、可靠性强，前述的这些性能使钢结构具有良好的抗震性能。

③ 连接方便、密闭性好、便于工厂化生产和机械化施工，便于拆卸，施工工期短。

④ 无污染、可再生、节能，符合绿色施工要求。

但钢结构易腐蚀，需要经常油漆维护，维护成本高。钢结构耐火性能差，当温度达到250℃时，材质就会发生较大变化；430~540℃时强度急剧下降，达到600℃时几乎丧失承载力。

(3) 砌体结构（图7-5）

砌体结构是由块体和砂浆砌筑而成的墙、柱作为建筑物主要受力构件的结构，是砖砌体、砌块砌体、石砌体和配筋砌体结构的统称。砌体结构在我国古代城墙、拱桥、古塔中应用较多，目前城镇和农村的大量多层建筑中墙、柱多采用砌体，配筋砌块砌体剪力墙结构也在高层建筑中得到应用。

砌体、木结构

砌体结构具有以下几个优点：

① 就地取材、成本低廉。砌体所用材料如页岩、粉煤灰、砂、石材属于地方性材料。

② 耐火性和耐久性好。一般砌体耐受高温，耐腐蚀性能良好，能够满足设计使用年限要求。

③ 保温、隔热、隔声性能良好。
④ 施工工艺简单易学，无特殊设备要求。
但是砌体结构也存在自重大、强度低、整体性和抗震性能差、砌筑劳动强度大等缺点。
(4) 木结构（图7-6）
木结构是用木材为主要材料制成的结构。这种结构易于就地取材、加工简便、自重较轻、便于运输、装拆，但易燃、易腐朽、易受白蚁等虫害，变形大。木结构使用受到木材资源的限制，因此已很少使用。

图 7-5 石砌体拱桥

图 7-6 木结构别墅

(5) 混合结构
混合结构是由不同材料的构件或部件混合组成的结构。比较常用的是以砌体作为竖向承重构件（如墙、柱），而水平承重构件（如梁、板等）常用钢筋混凝土构件，有时也可以采用钢、木结构构件。其中，砖混结构被广泛用于多层民用建筑中。在高层尤其是超高层建筑常采用钢、钢筋混凝土、钢与混凝土组合构件三类构件中的任意两种和两种以上构件组成的混合结构。钢与混凝土组合构件是由型钢、钢管或钢板与混凝土或钢筋混凝土组合成为整体并共同工作的结构构件，如压型钢板和混凝土组合板、型钢和混凝土组合梁（简称钢骨混凝土梁）、型钢（或钢管）和混凝土组合柱（简称钢骨混凝土柱）等，也可将型钢（或钢管）、钢板看成劲性钢筋，认为是广义的劲性钢筋混凝土结构构件。这类混合结构兼有钢结构和钢筋混凝土结构的一些特性，可发挥不同材料结构构件的性能优势和利用率，已经被广泛应用于高层特别是超高层建筑中。

2. 按照结构受力形式不同分类

(1) 砖混结构（图7-7）
砖混结构按照材料分属于混合结构。由于砖砌体墙柱强度低，容易开裂，结构整体性和抗震性能较差，一般用于多层住宅楼房建筑中。由于其造价低廉、施工方便，因此砖混结构是城镇和乡村多层

建筑结构按结构受力形式分类

图 7-7 砖混结构多层房屋

民用建筑的主要结构形式。

（2）框架结构（图7-8）

框架结构是由梁和柱以刚接或铰接相连接构成承重体系的房屋建筑结构。框架结构可以采用钢筋混凝土框架、钢框架、钢和钢筋混凝土混合框架结构，但多高层建筑中主要采用钢筋混凝土框架结构。框架结构平面布置灵活，可以有较大的空间，适用不同用途的建筑。与砖混结构相比，有较高的承载力，较好的延性、整体性和抗震性能。但框架属于柔性结构，侧移刚度较小，用于高层建筑时水平位移较大。

（3）框架-剪力墙结构（图7-9）

框架-剪力墙结构是由框架和剪力墙共同承受竖向和水平作用的结构。为了提高框架结构的侧移刚度，适应高层建筑的变形控制需求，在框架结构的纵横两个方向适当的位置设置厚度不小于160mm的钢筋混凝土墙体而形成的结构体系。这种体系结合了框架布置灵活和剪力墙侧移刚度大的优点，属于中等刚性结构，因此被广泛应用于高层建筑中。

砖混、框架

图7-8 施工中的钢筋混凝土框架结构房屋

图7-9 施工中的钢筋混凝土剪力墙结构商务楼

（4）剪力墙结构（图7-10）

剪力墙结构是由剪力墙组成的承受竖向和水平作用的结构。其建筑的内、外承重墙均为实体的钢筋混凝土墙，剪力墙的侧移刚度很大，在水平作用下结构的水平位移较小，可建造比较高的建筑。但平面布置不灵活，适宜小空间的建筑（如住宅、酒店等）。

剪力墙、排架

（5）筒体结构（图7-11）

图7-10 施工中的剪力墙结构

图7-11 上海中心大厦（核心筒结构）

筒体结构是由竖向筒体为主组成的承受竖向和水平作用的高层建筑结构。筒体结构的筒体分剪力墙围成的薄壁筒和密柱框架或壁式框架围成的框筒等。筒体结构的侧移刚度和承载力在所有结构体系中是最大的，根据建筑高度不同可采用不同的筒体的组合方式，如框架-筒体、筒中筒和多个筒体组成的成束筒等。

(6) 排架结构（图7-12）

排架结构是由梁或桁架和柱铰接而成的单层框架。它由屋架（或屋面梁）、柱和基础组成，柱与屋架铰接，而与基础为刚接。排架结构一般可以是钢筋混凝土结构，也可以采用钢结构（如重型厂房）。结构跨度一般为12~36m，可以是单跨或多跨。常用于高大空旷的单层建筑物如工业厂房、飞机库和影剧院的观众厅等。

(7) 大跨度结构

大跨度结构是用于大跨度（跨度大于60m）屋盖的网架结构、网壳结构、悬索结构、膜结构等的总称。

① 网架结构（图7-13）。它是由多根杆件按一定网格形成通过节点连接而成的大跨度覆盖的空间结构。它主要承受整体弯曲内力，具有空间受力性能，为高次超静定的空间铰接杆系结构。网架结构用钢量低、刚度大、抗震性能好、施工安装方便、产品可标准化生产。

图7-12 排架结构　　图7-13 网架结构

② 网壳结构（图7-14）。它是按一定规律布置的杆件通过节点连接而形成的曲面状空间杆系或梁系结构，主要承受整体薄膜内力。网壳结构分为单层网壳和双层网壳两类。它能提供优美的造型，满足建筑设计和使用功能的要求。

③ 悬索结构。它是以一定曲面形式，由拉索及其边缘构件所组成的结构体系。它由按一定规律组成不同形式的钢索系统、屋面系统、边缘系统和支承系统组成。特点是钢索只承受拉力，充分利用了钢材的优点，减轻了自重。

④ 膜结构（图7-15）。它是以由膜材及其支承构件组成的建筑物或构筑物，以性能优良的织物为膜材，或是向膜内充气，由空气压力支撑膜面，或是利用柔性钢索和刚性骨架将膜面绷紧，从而形成具有一定刚度并能覆盖跨度不超过300m的结构。

图 7-14　网壳结构　　　　　　　　　图 7-15　国家歌剧院

[例 7-1]　目前，多层住宅楼房多采用（　　）。
A. 砖木结构　　　　　　　　　B. 砖混结构
C. 钢筋混凝土结构　　　　　　D. 木结构

[例 7-2]　按建筑物承重结构形式分类，网架结构属于（　　）。
A. 排架结构　　　　　　　　　B. 刚架结构
C. 混合结构　　　　　　　　　D. 空间结构

[例 7-3]　柱与屋架铰接的工业建筑结构是（　　）。
A. 网架结构　　　　　　　　　B. 排架结构
C. 刚架结构　　　　　　　　　D. 空间结构

习　题

选择题

1. 下列选项中不属于现浇钢筋混凝土结构优点的是（　　）。
A. 可模性好　　　B. 抗裂性好　　　C. 整体性好　　　D. 就地取材

2. 下列关于钢结构性能的叙述正确的是（　　）。
A. 强度高　　　　B. 耐火性好　　　C. 自重大　　　　D. 耐腐蚀性好

3. （　　）可就地取材、耐火性和耐久性好、施工工艺简单，但自重大、承载力低、整体性和抗震性能差、施工时劳动强度大。
A. 混凝土结构　　B. 钢结构　　　　C. 砌体结构　　　D. 木结构

4. （　　）易于就地取材、加工简便、自重较轻、便于运输、装拆，但易燃、易腐朽、易受白蚁等虫害且变形大。
A. 木结构　　　　B. 钢结构　　　　C. 砌体结构　　　D. 混凝土结构

5. 下列关于框架结构的叙述错误的是（　　）。
A. 平面布置比较灵活
B. 较好的延性和整体性
C. 框架结构可以采用混凝土结构、钢结构甚至木结构
D. 框架结构的侧移小

6. 目前，超高层建筑越来越多，可以建造高度最高的结构形式是（　　）。
 A. 框架结构 B. 框架-剪力墙结构
 C. 筒体结构 D. 剪力墙结构
7. （　　）是由屋架、柱和基础组成的，柱与屋架铰接，与基础刚接，常用于单层钢筋混凝土厂房。
 A. 框架结构 B. 框架-剪力墙结构
 C. 排架结构 D. 网架结构
8. （　　）是由多根杆件按一定网格形成通过节点连接而成的大跨度覆盖的空间结构。
 A. 膜结构 B. 网壳结构 C. 网架结构 D. 排架结构
9. （　　）结构墙柱常采用砖砌体，楼屋盖常采用钢筋混凝土梁板结构，是城镇和乡村多层民用建筑的主要结构形式。
 A. 组合结构 B. 砖混结构 C. 剪力墙结构 D. 排架结构
10. （　　）的内、外承重墙均为实体的钢筋混凝土墙，侧移刚度很大，在水平作用下结构的水平位移较小，可建造比较高的建筑，但平面布置不灵活。
 A. 框架结构 B. 框架-剪力墙结构
 C. 筒体结构 D. 剪力墙结构
11. （　　）耐久性、耐火性好，整体性与抗震性能好，但自重大、抗裂性能差。
 A. 现浇钢筋混凝土结构 B. 砌体结构
 C. 木结构 D. 钢结构
12. （　　）承载力高、自重轻、施工工期短，但耐腐蚀性、耐火性差。
 A. 钢筋混凝土结构 B. 砌体结构
 C. 木结构 D. 钢结构
13. 由不同材料的构件或部件混合组成的结构称为（　　）。
 A. 砖混结构 B. 混合结构 C. 组合结构 D. 砖木结构
14. （　　）用于多高层建筑中，平面布置灵活，能提供较大的空间，但侧移刚度较小。
 A. 剪力墙结构 B. 框架结构
 C. 框架-剪力墙结构 D. 筒体结构

第8章

建筑结构设计基本原则

8.1 ★ 结构的功能要求和极限状态

8.1.1 结构的功能要求

1. 设计使用年限与设计基准期

(1) 设计使用年限

设计使用年限是指设计规定的结构或结构构件不需进行大修即可按其预定目的使用的年限,即结构在正常设计、正常施工、正常使用和正常维护下所应达到的持久年限。我国《工程结构可靠度设计统一标准》(GB 50153—2008)(以下简称《统一标准》)规定了各种房屋建筑结构的设计使用年限(表 8-1)。结构设计的目的就是要科学合理地解决建筑结构的可靠与经济的矛盾,力求用最经济的途径,使所建造的结构以合理的可靠度水平在设计使用年限内满足各项预定功能的要求。

表 8-1 设计使用年限

类别	设计使用年限/年	示 例
1	5	临时性建筑结构
2	25	易于替换的结构构件
3	50	普通房屋和构筑物
4	100	纪念性建筑和特别重要的建筑结构

(2) 设计基准期

建筑结构上的作用特别是可变作用(如风荷载、雪荷载、楼面活荷载等)的量值是随着时间而变化的。为确定可变作用等取值而选用的时间参数称为设计基准期。《统一标准》规定设计基准期为 50 年,即房屋建筑结构的可变作用代表值取值是按 50 年确定的。当设计使用年限与设计基准期不同时,可变作用应考虑设计年限作相应调整。

2. 结构的具体功能要求

结构的设计、施工、使用和维护应使结构在规定的设计年限内以适当的可靠度且经济的方式满足规定的各项功能要求。具体可以归结为安全性、适用性和耐久性三个方面。

安全性是指结构在正常施工和正常使用条件下，承受可能出现的各种作用的能力，以及在偶然事件发生时和发生后，仍保持必要的整体稳定性的能力。

适用性是指结构在正常使用条件下，保持良好的使用性能的能力。例如变形、裂缝宽度不超过容许的限值，正常使用时不发生过大的振动等，否则将影响建筑物的正常使用和造成使用者心理上的不安全感。

耐久性是指结构在正常维护条件下，随时间变化而仍能满足预定功能要求的能力。例如结构材料的风化、腐蚀和老化不超过一定限度等，在正常维护下能完好使用到规定的设计使用年限。

安全性、适用性和耐久性是结构可靠的标志，统称为结构的可靠性。结构可靠性定义为结构在规定的时间内，在规定的条件下，完成预定功能的能力。这里"规定的时间"是指设计使用年限；"规定的条件"是指正常设计、正常施工、正常使用和正常维护；"预定功能"是指关于安全性、适用性和耐久性功能。

8.1.2 结构的极限状态

结构能够满足预定功能要求，称为结构"可靠"或"有效"，反之称为"不可靠"或"失效"。在"可靠"与"失效"之间的状态是一种界限状态或特定状态，超过该特定状态原来能满足的某一预定功能就不再满足。因此，整个结构或结构的一部分超过某一特定状态就不能满足设计规定的某一功能要求，此特定状态称为该功能的极限状态。而这里所指的"某一功能要求"可以是安全性、适用性或者耐久性三方面功能之一。

《统一标准》将极限状态分为两类：承载能力极限状态和正常使用极限状态。

1. 承载能力极限状态

承载能力极限状态定义为对应于结构或结构构件达到最大承载能力或不适于继续承载的变形的状态。超过这一状态，结构便不能满足安全性功能。当结构或结构构件出现下列状态之一时，就认为超过了承载能力极限状态：

1）整个结构或结构的一部分作为刚体失去平衡，如雨篷的整体倾覆等。

2）结构构件或连接因超过材料强度而破坏，或因过度变形而不适于继续承载，如混凝土梁正截面受弯破坏、钢结构连接焊缝断裂或构件由于塑性变形使其几何形状发生显著变化而无法继续承载等。

3）结构转变为机动体系，如连续梁等超静定结构，在出现塑性铰后转变为机动体系而破坏等。

承载能力极限状态直接关系到结构的安全性功能，关系到生命与财产的安危，出现的概率应该很低。因此，对于任何结构或构件都必须进行承载能力极限状态的计算，并保证具有较高的结构可靠度。

2. 正常使用极限状态

正常使用极限状态定义为对应于结构或结构构件达到正常使用或耐久性能的某项规定限值的状态。超过这一状态，结构的适用性或耐久性功能就不能满足。当结构或构件出现下列状态之一时，即认为超过了正常使用极限状态：

1）影响到正常使用或外观的变形，如吊车梁变形过大使起重机运行不平稳，梁挠度过大影响外观并产生用户心理上的不安全感。

2) 影响正常使用或耐久性能的局部损坏,如不允许开裂的钢筋混凝土水池出现裂缝而渗水;钢筋混凝土梁裂缝宽度超过规定的限值导致钢筋锈蚀。

3) 影响正常使用的振动,如使用荷载下楼盖出现过大的振幅,产生影响使用的颤动。

4) 影响正常使用的其他特定状态,如产生地基不均匀沉降,影响使用功能。

正常使用极限状态主要考虑关于结构适用性和耐久性的功能,与承载能力极限状态相比,超过正常使用极限状态,一般不会危及生命,经济损失也较小,超过该极限状态的概率可以稍高一些,但仍应予以足够的重视。由于过大的变形和过宽的裂缝不仅影响结构的适用性和耐久性功能,还会造成人们心理上的不安全感,甚至造成结构或构件无法使用。

结构设计时,通常先按承载能力极限状态设计结构构件,再按正常使用极限状态进行验算校核。

[例 8-1] 根据有关设计规范要求,城市标志性建筑其主体结构的耐久年限应为( )。

A. 15~25 年　　　　　　　　B. 25~50 年
C. 50~100 年　　　　　　　 D. 100 年以上

[例 8-2] 下列属于承载能力极限状态的是( )。

A. 连续梁中间支座产生塑性铰　　B. 裂缝宽度超过规定限值
C. 结构或构件作为刚体失去平衡　D. 预应力构件中混凝土的拉应力超过规范限值

8.2 ○结构的安全等级和作用效应

8.2.1 结构的安全等级

房屋建筑结构设计时,应根据结构破坏可能产生的后果(危及人的生命、造成经济损失、产生社会或环境影响等)的严重性,采用不同的安全等级。《统一标准》规定建筑结构的安全等级划分应符合表 8-2 的要求。

表 8-2 建筑结构的安全等级

安全等级	破坏后果	示例
一级	很严重:对人的生命、经济、社会或环境影响很大	大型的公共建筑等
二级	严重:对人的生命、经济、社会或环境影响较大	普通的住宅和办公楼等
三级	不严重:对人的生命、经济、社会或环境影响较小	小型的或临时性贮存建筑等

注:房屋建筑结构抗震设计中的甲类建筑和乙类建筑,其安全等级宜规定为一级;丙类建筑,其安全等级宜规定为二级;丁类建筑宜规定为三级。

同一建筑结构内的各类结构构件的安全等级宜与整个结构的安全等级相同,但允许对部分结构构件根据其重要性程度和综合经济效果进行适当调整,但不得低于三级。

8.2.2 作用效应与结构抗力

1. 作用效应

施加于房屋建筑结构上的集中力、分布力、温度、沉降、地震动等各种作用时,均会产生结构或构件的内力、变形、振动等各种反应。这种反应一旦超过结构或构件的抵抗能力，结构或构件就会失效。

施加在结构上的集中力或分布力和引起结构外加变形或约束变形的原因称为作用。其中，集中力或分布力称为直接作用或荷载。引起结构外加变形或约束变形的原因（如地震、地基沉降、温度、收缩等）称为间接作用。作用还可以按照其随时间的变化分为永久作用、可变作用和偶然作用。

由作用引起的结构或构件的反应称为作用效应，如内力、变形、裂缝等。其中，由荷载（直接作用）引起的结构或构件的反应称为荷载效应，作用效应或荷载效应采用符号 S 表示。

2. 结构抗力

结构抗力是结构或构件承受作用效应的能力，如构件的承载力、刚度、抗裂度等，用 R 表示。结构抗力是结构内部固有的，其大小主要取决于材料性能、构件几何参数及计算模式等。

8.2.3 结构的功能函数和结构可靠度

1. 结构的功能函数与极限状态方程

一般情况下，结构可靠性取决于作用效应 S 和结构抗力 R 两方面因素。结构设计必须满足预定功能要求，即结构构件的作用效应 S 不超过结构抗力 R，即

$$S \leq R \tag{8-1}$$

将上式改写为

$$Z = g(R, S) = R - S \tag{8-2}$$

Z 为基本变量 R、S 的函数，该函数的取值反映了结构的功能状态，可以用来判别结构所处的工作状态，如图 8-1 所示。

$Z > 0$（$R > S$），结构处于可靠状态。
$Z < 0$（$R < S$），结构处于失效状态。
$Z = 0$（$R = S$），结构处于极限状态。
因此，将函数 Z 称为结构的功能函数。

$$Z = g(R, S) = R - S = 0 \tag{8-3}$$

式（8-3）称为极限状态方程。

2. 结构可靠度

由于作用的变异性、计算简图与结构实际受力的差异性，作用效应 S 具有不确定性。同样，由于材料性能、结构构件

图 8-1 结构所处状态示意图

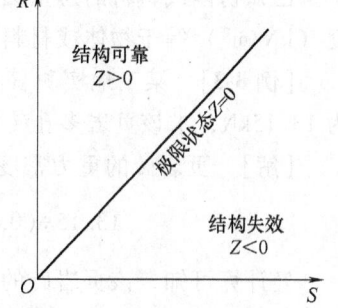

几何参数变异性和结构构件抗力计算模式的误差，结构抗力 R 也具有不确定性，即 S 与 R 均是随机变量，所以结构的功能函数 $Z = R - S$ 也是随机变量，结构可靠性只能用概率来度量。结构可靠性的概率度量称为结构可靠度，其具体定义为：结构在规定的时间内，在规定的条件下，完成预定功能的概率。

8.3 ★荷载分类及荷载的代表值

如前所述建筑结构上的作用分为直接作用和间接作用，其中直接作用就是习惯上所说的

荷载，即施加于结构上的集中力或分布力。

8.3.1 荷载分类

结构上的荷载按其随时间的变异性和出现的可能性可以分为以下三类：

1. 永久荷载

永久荷载也称为恒荷载，简称恒载，它是指在设计所考虑的时期内始终存在且其量值变化与平均值相比可以忽略不计的荷载，或其变化是单调的并趋于某个限值的荷载，如结构自重、土压力、预加应力等。

2. 可变荷载

可变荷载也称活荷载，简称活载，它是指在设计使用年限内其量值随时间变化，且其变化与平均值相比不可忽略不计的荷载，如楼面活荷载、屋面活荷载和积灰荷载、起重机荷载、风荷载、雪荷载等。

3. 偶然荷载

偶然荷载是指在设计使用年限内不一定出现，而一旦出现其量值很大，且持续时间很短的荷载，如爆炸力、撞击力等。

8.3.2 荷载代表值的计算

结构上的荷载按照其分布形式又可以分为体（分布）荷载、面（分布）荷载、线（分布）荷载、集中荷载四类。

1. 体荷载的计算

如物体或材料的重力密度计算，就是一个体荷载的计算问题。

已知物体或材料的总重力（kN）及其体积（m^3），求重力密度（kN/m^3）时，重力密度（kN/m^3）等于物体或材料的总重力（kN）除以其体积（m^3）。

[例 8-3] 某工地实测普通页岩多孔砖，尺寸为 240mm×115mm×90mm，403 块总重力为 13.15kN，求该页岩多孔砖的重力密度（kN/m^3）为多少？

[解] 页岩砖的重力密度为

$$13.15 \div (0.24 \times 0.115 \times 0.09 \times 403) kN/m^3 = 13.14 kN/m^3$$

经计算可知，该页岩砖的重力密度为 13.14 kN/m^3。

[例 8-4] 已知某加气混凝土砌块，尺寸为 600mm×300mm×200mm，干燥状态下单块重力为 18kN，求该材料的重力密度（kN/m^3）为多少？

[解] 加气混凝土砌块的重力密度为

$$180 \div (0.6 \times 0.3 \times 0.2) kN/m^3 = 5 kN/m^3$$

经计算，该加气混凝土干燥时重力密度为 5kN/m^3。

2. 面荷载计算

如板、构件粉刷、材料自重、水重等面荷载计算。

已知材料的重力密度和与分布面垂直方向的厚度时，面荷载（kN/m^2）等于材料的重力密度（kN/m^3）乘以与分布面垂直方向的材料厚度（m）。

[例 8-5] 厚度为 120mm 的钢筋混凝土板，板面为 30mm 厚细石混凝土面层，上铺实木地板，板底为腻子分层抹平后弹性涂料面层。已知重力密度标准值：钢筋混凝土材料为 25kN/m³、细石混凝土为 24kN/m³。

求：（1）板自重标准值（kN/m²）为多少？

（2）板面细石混凝土自重标准值（kN/m²）为多少？

（3）如木地板自重标准值为 0.4kN/m²，板底粉刷自重标准为 0.15kN/m²，该楼板承受永久荷载标准值（kN/m²）为多少？

[解] 板自重标准值为

$$25 \times 0.12 \text{kN/m}^2 = 3 \text{kN/m}^2$$

板面细石混凝土自重标准值为

$$24 \times 0.03 \text{kN/m}^2 = 0.72 \text{kN/m}^2$$

楼板承受永久荷载标准值为

$$(0.4+0.72+3+0.15) \text{kN/m}^2 = 4.27 \text{kN/m}^2$$

经计算，该钢筋混凝土板自重标准值为 3kN/m²，板面细石混凝土自重标准值为 0.72kN/m²，楼板承受的永久荷载标准值为 4.27kN/m²。

[例 8-6] 某钢筋混凝土雨篷板，四周翻边最低高度为高于板面（粉刷完成面）150mm，当暴雨造成落水孔堵塞后雨水外溢，此时板面承受积水荷载标准值（kN/m²）为多少？

[解] 积水荷载标准值（kN/m²）= 水的重力密度标准值（kN/m³）×积水深度（m）

积水荷载标准值为

$$10 \times 0.15 \text{kN/m}^2 = 1.5 \text{kN/m}^2$$

经计算，该雨篷板板面承受积水荷载标准值为 1.5kN/m²。

3. 线荷载计算

线荷载计算分为以下两类：

1）已知面荷载和负荷宽度（高度）求线荷载。如已知板受到的面荷载，计算板传给梁的线荷载；已知墙体的面荷载，计算墙下支承梁受到的墙体线荷载等。线荷载（kN/m）等于面荷载（kN/m²）乘以负荷宽度（高度）（m）。此时，线荷载分布方向和负荷宽度方向垂直。

2）已知体荷载和截面面积求线荷载。如已知材料的重力密度和截面面积，计算梁的自重引起的线荷载等。线荷载（kN/m）等于材料重力密度（kN/m³）乘以截面面积（m²）。此时，截面与线荷载分布方向垂直。

[例 8-7] 某办公楼采用钢筋混凝土现浇单向板肋形楼盖，办公室区域楼板厚度及粉刷构造同例 8-5，次梁间距为 3m，梁肋高度为 280mm，梁宽为 200mm，板面可变荷载标准值为 2.0kN/m²，当不计梁的粉刷自重时，次梁受到的永久荷载标准值（kN/m）为多少？

[解] 板的永久荷载标准值同例 8-5，为 4.27kN/m²。

板传给次梁的永久荷载标准值为

$$4.27 \times 3 \text{kN/m} = 12.81 \text{kN/m}$$

次梁自重标准值为

$$25 \times (0.28 \times 0.2) \text{kN/m} = 1.4 \text{kN/m}$$

次梁受到的永久荷载标准值为

$$(12.81+1.4)\text{kN/m}=14.21\text{kN/m}$$

经计算，次梁受到的永久荷载标准值为 14.21kN/m。

4. 集中荷载计算

集中荷载（包括合力、总荷载等）计算时有以下三种情况：

1) 已知体荷载和体积，求集中荷载（包括合力、总荷载等）。按体荷载与体积的乘积计算。如计算某预制大梁的总重，总重（kN）等于材料的重力密度（kN/m³）乘以体积（m³）。又如主梁的梁肋自重（kN）等于材料的重力密度（kN/m³）乘以对应的梁肋部分体积（m³）。

2) 已知面荷载和负荷面积，求集中荷载（包括合力、总荷载等）。按面荷载与面积的乘积计算。如柱受到楼板传来的集中荷载（kN）等于板的面荷载（kN/m²）乘以柱子的负荷面积（m²）。

3) 已知线荷载和负荷长度（宽度），求集中荷载（包括合力、总荷载等）。按线荷载与负荷长度（宽度）的乘积计算。如次梁传给主梁的集中荷载（kN）等于次梁的线荷载（kN/m）乘以负荷长度（即主梁间距 m）。

习 题

选择题

1. 普通房屋和构筑物设计使用年限是（　　）年。
   A. 70　　　　　　　　　　　　B. 50
   C. 40　　　　　　　　　　　　D. 100

2. 下列叙述中错误的是（　　）。
   A. 普通房屋和构筑物的设计使用年限为 50 年
   B. 标志性建筑和特别重要的建筑结构设计使用年限为 100 年
   C. 易于替换的结构构件设计使用年限为 25 年
   D. 城市商品住宅建筑《国有土地使用证》载明的土地使用年限为 50 年

3. 下列叙述中正确的是（　　）。
   A. 设计使用年限即为建筑物的寿命
   B. 设计使用年限即为设计基准期
   C. 设计基准期为 50 年
   D. 设计使用年限即为《国有土地使用证》载明的土地使用年限

4. 结构的（　　）是指结构在正常施工和正常使用的条件下，能承受可能出现的各种作用；在设计规定的偶然事件发生时和发生后，仍能保持必需的整体稳定性。
   A. 安全性　　　　B. 适用性　　　　C. 耐久性　　　　D. 可靠性

5. 结构的（　　）是指在服役环境作用和正常使用维护条件下，结构抵御结构劣化（或退化）的能力。
   A. 安全性　　　　B. 适用性　　　　C. 耐久性　　　　D. 可靠性

6. 结构的（　　）是指结构在正常使用时具有良好的工作性能。

A. 安全性　　　　　B. 适用性　　　　　C. 耐久性　　　　　D. 可靠性

7. 结构在规定时间内，在规定条件下，完成预定功能的能力称为结构的（　　）。
   A. 安全性　　　　　B. 可靠度　　　　　C. 耐久性　　　　　D. 可靠性

8. 下列情况中不属于安全性功能要求的是（　　）。
   A. 能承受在施工和使用期间各种荷载及作用等
   B. 不产生过大的变形和裂缝
   C. 当火灾发生时，在规定的时间内可保持足够的承载力
   D. 当发生偶然事件时，结构能保持必需的整体稳固性，不出现结构连续倒塌

9. 结构的极限状态可理解为一种（　　）状态或特定状态。
   A. 渐近　　　　　　B. 界限　　　　　　C. 超越　　　　　　D. 持续

10. 建筑结构的下列各项结构计算中，（　　）属于正常使用极限状态验算。
    A. 钢筋混凝土梁斜截面抗剪承载力计算　　B. 钢结构柱的稳定计算
    C. 吊车梁疲劳验算　　　　　　　　　　　D. 受弯构件梁挠度验算

11. 当出现（　　）时，即认为超过了结构或结构构件的承载能力极限状态。
    A. 混凝土构件开裂后渗水　　　　　　　　B. 雨篷产生倾覆
    C. 梁变形过大超过规范允许值　　　　　　D. 结构构件影响正常使用的振动

12. 下列不属于超过承载能力极限状态的是（　　）。
    A. 结构构件或连接因材料强度不够而破坏
    B. 重力式挡土墙发生倾覆
    C. 结构转变为机动体系
    D. 某构件的裂缝宽度太大，不能满足正常使用的要求

13. 承载能力极限状态直接关系到结构的（　　）功能，关系到生命与财产的安危，出现的概率应该很低。
    A. 经济性　　　　　B. 安全性　　　　　C. 适用性　　　　　D. 耐久性

14. 结构不能够满足预定功能要求，称为结构处于（　　）状态。
    A. 可靠　　　　　　B. 失效　　　　　　C. 特定　　　　　　D. 临界

15. 普通住宅建筑的结构安全等级为（　　）。
    A. 一级　　　　　　B. 二级　　　　　　C. 三级　　　　　　D. 特级

16. 根据相关规范规定，房屋建筑结构的安全等级可分为（　　）。
    A. 甲级、乙级、丙级　　　　　　　　　　B. 甲类、乙类、丙类和丁类
    C. 一级、二级、三级　　　　　　　　　　D. Ⅰ类、Ⅱ类、Ⅲ类和Ⅳ类

17. 建筑物是根据（　　）来划分结构的安全等级的。
    A. 破坏性质　　　　B. 破坏后果　　　　C. 破坏类型　　　　D. 使用年限

18. 作用分为直接作用（也称为荷载）和间接作用，下列属于直接作用的是（　　）。
    A. 地基沉降　　　　B. 水平地震作用　　C. 温度　　　　　　D. 风压

19. 下列各项中，属于荷载效应的是（　　）。
    A. 地基沉降引起的内力　　　　　　　　　B. 水平地震作用产生的侧移
    C. 温度引起的裂缝　　　　　　　　　　　D. 结构重力荷载产生的内力

20. 下列各项中，不属于结构抗力的是（　　）。

A. 抗倾覆力矩　　　　　　　　　B. 正截面受弯承载力
C. 框架结构的水平侧移　　　　　D. 受扭承载力

21. 结构在规定时间内，在规定条件下，完成预定功能的概率称为结构的（　　）。
A. 安全性　　　　B. 可靠度　　　　C. 耐久性　　　　D. 可靠性

22. 地下室顶板的下列荷载中，（　　）属于可变荷载。
A. 预埋管线荷载　　　　　　　　B. 顶板上的覆土压力
C. 消防车荷载　　　　　　　　　D. 顶板板面及板底构造层自重

23. 框架结构房屋，下列荷载中属于永久荷载的是（　　）。
A. 屋面檐沟积水荷载　　　　　　B. 屋面积雪荷载
C. 露台使用荷载　　　　　　　　D. 填充墙自重

24. 地下车库，下列荷载中属于偶然荷载的是（　　）。
A. 机动车荷载　　　　　　　　　B. 顶部通风、消防管网荷载
C. 车辆撞击荷载　　　　　　　　D. 车库顶板消防车荷载

25. 下列荷载中属于可变荷载的是（　　）。
A. 预应力构件中的预应力　　　　B. 住宅房间中的家具自重
C. 煤气爆炸荷载　　　　　　　　D. 火灾

26. 钢筋混凝土重力密度标准值为 $25kN/m^3$，截面尺寸为 $200mm×500mm$，跨度 $l=6.0m$ 的钢筋混凝土矩形截面梁，其自重标准值（线荷载）为（　　）kN/m。
A. 2.5　　　　　B. 5　　　　　C. 12.5　　　　D. 150

27. 钢筋混凝土重力密度标准值为 $25kN/m^3$，跨度 $l=2.0m$，$200mm$ 厚的钢筋混凝土板的自重标准值（面荷载）为（　　）kN/m^2。
A. 2.5　　　　　B. 4.2　　　　C. 5.0　　　　D. 50

第 9 章

建筑结构抗震

地震是一种突发的自然现象。强烈地震是世界上最严重的自然灾害之一，它能在极短时间内造成惨重的人员伤亡和巨大的财产损失，还可能引发火灾、海啸、环境污染及疾病流行等次生灾害。为了最大限度地减轻地震灾害，避免人员伤亡，减少经济损失，新建的房屋建筑必须进行抗震设防。本章简要介绍地震及建筑结构抗震设防的基本知识。

9.1 △地震基本知识

9.1.1 地震类型与成因

1. 地球构造

地球是一个两极稍扁、赤道微鼓的椭球体，平均半径约为 6371km。人们在地表用仪器观测地震波向地球中心传播时，发现地震波在大陆底下约 33km 深处和地下约 2900km 深处均发生了巨大的突变。这表明地下有两个明显的界面，界面上下物质的物理性质有很大差异。第一个界面是奥地利科学家莫霍洛维奇于 1909 年发现的，简称为莫霍面。另一明显界面是德国科学家古登堡于 1914 年发现的，简称为古登堡面。据此，科学家们认为，地球内部大致可分为三个组成物质和性质不同的同心圈层，依次称为地壳、地幔和地核，如图 9-1 所示。

（1）地壳

地壳是地球最外面的一层，由各种不均匀的岩石组成。地壳实际上由很多组断裂的、大小不等的块体组成，它的外部呈现出高低起伏的形态，因而地壳的厚度并不均匀：高原地区（如青藏高原）地壳厚度可达 60~70km，大陆平均厚度约为 33km，海洋平均厚度约为 6km，地壳平均厚度约为 17km。地壳分为上、下两层，上部地壳主要为花岗石层，只有大陆有，海洋基本缺失；下部地壳主要为玄武岩层。全球绝大部分地震都发生在地壳内。

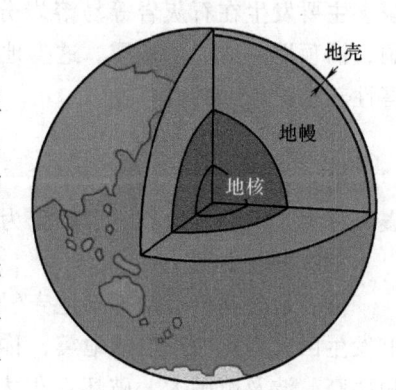

（2）地幔

图 9-1 地球构造示意图

地幔介于地壳和地核之间，深度为33~2900km，约占地球总体积的83.3%。地幔分为上、下两层，分界面约在距地表1000km。上地幔主要由橄榄岩组成，故也称橄榄岩圈，属塑性较大的固态。在上地幔中分布着一个呈部分熔融状态的软流圈，推测是由于放射元素大量集中，蜕变放热，将岩石熔融后造成的，可能是火山喷发时岩浆的发源地。软流圈之上为相对坚硬的上地幔的顶部。由于莫霍面上下物质都是固态，其力学性质区别不大，所以将地壳和软流圈以上的地幔部分（上地幔顶部）统称为岩石圈。岩石圈就浮在这个软流圈上。下地幔物质呈可塑性固态。

（3）地核

地幔下面是地核，其物质组成以铁、镍为主。地核又可分为外核、过渡层和内地核三层。外核的顶界面距地表约2900km，过渡层的厚度约为400km，内核的顶界面距地表约5100km。根据对地震波传播速度的测定，推测外核可能是液态物质，内核被认为是固体物质。

地球内的温度、压力和物质的密度都随深度加深而增加。近年的钻探结果表明，在深达3km以上时，每深入100m温度升高2.5℃，到11km深处温度已达200℃。经推算：整个地幔的温度为1000~3000℃，地幔与地核交界处的温度为3500℃以上，核心温度约为6600℃。上地幔物质密度约为3.4g/cm³，下地幔密度为4.7g/cm³，外核密度为10~11g/cm³，内核密度约为12.5g/cm³。深度35km处压力约为1GPa，深度2900km压力约为150GPa，地心处压力约为370GPa。

2. 地震类型

地震又称地动，是由于地球内部运动累积的能量突然释放或地壳中空穴顶板塌陷，使岩体剧烈振动，并以波的形式传播而引起的地面颠簸和摇晃。按其成因，地震可以分为以下四种类型：

（1）火山地震

由于火山活动时岩浆喷发冲击或热力作用而引起的地震，称为火山地震。火山地震的数量约占地震总数的7%。火山地震多局限于火山活动地带，一般震源深度不超过10km的浅源地震，影响范围不大。

（2）陷落地震

由于溶洞或古旧矿坑等空穴顶板突然发生大规模塌陷所引起的地面震动，称为陷落地震。主要发生在石灰岩等易溶岩分布的地区，因为易溶岩长期受地下水侵蚀形成了许多溶洞，洞顶塌落造成了地震。这类地震为数很少，约占地震总数的3%，虽距地表较浅，但危害性较小。

（3）人工诱发地震

由于人类活动，如工业爆破、核爆破、地下抽液、注液、采矿、水库蓄水等诱发的地震，称为人工诱发地震，可以分为爆破诱发地震、水库诱发地震和矿山陷落地震三类。

（4）构造地震

由于地壳构造运动推挤地壳岩层，使其薄弱部位突然发生断裂和错动，这种在地质构造上发生巨大变化而产生的地震，称为构造地震。构造地震是地球内部构造活动的结果，发生频率高，波及范围大，破坏性很大，世界上90%以上的地震、几乎所有的破坏性地震都属于构造地震。因此，在建筑抗震设计中仅考虑构造地震作用下的建筑结构设防问题。后面讨论时将构造地震简称为地震。

3. 地震成因

构造地震是地球构造活动的结果，由于地球在无休止地自转和公转，地球内部温度、压力、密度随着深度增加而显著变化，内部物质在不停运动，如软流层甚至上地幔中物质处于不断运动中，较重的物质逐渐向地心方向集中，较轻物质缓慢地向上升（与地球重心方向相反的运动）。上升的物质运动到岩石圈底部时，因受岩层阻挡而发生分流现象，即高温高压的软流层物质沿岩层底部向四周扩散的水平流动。这种作用力很大，它的能量使得地壳不断地产生褶皱（图9-2），褶皱进一步弯曲就会折断，形成断裂。断裂两边进一步位置错动，形成断层。褶皱的形成是非常缓慢的，而褶皱断裂、错动却往往发生于瞬间。即当变形能的积聚超过地壳薄弱处岩层的承受能力时，该处岩层就会发生突然断裂和猛烈的错动来释放能量，从而引起振动，并以波的形式传到地面，形成地震。

地震成因是地震学科中的一个重大课题。关于地壳构造和海陆变迁，科学家们经历了漫长的观察、描述和分析，先后形成了不同的假说。比较流行的学说有大陆漂移学说、海底扩张学说和板块构造学说，但目前科学家比较公认的解释是构造地震由地壳板块运动造成的。但板块构造学说不能解决地壳运动的所有问题，有待于科学研究进一步深入。

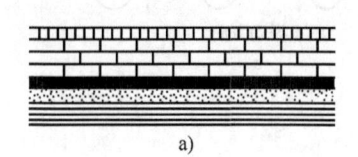

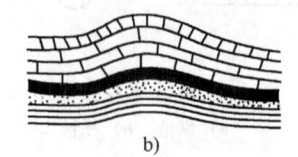

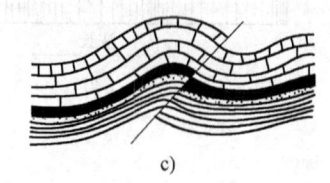

图9-2 地壳岩层变形示意图
a) 岩层原始状态 b) 岩层受力后发生褶皱 c) 岩层断裂错动

9.1.2 常用地震术语

震级、烈度、设防标准

1. 震源与震中

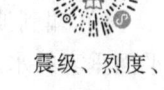

地球内部发生破裂引起震动的部位，称为震源。震源到地面的垂直距离称为震源深度，如图9-3所示。震源深度在60km以内的地震称为浅源地震；震源深度在60~300km的地震称为中源地震；震源深度超过300km的地震称为深源地震。震源深度是影响地震灾害大小的主要因素之一。对于同级地震，震源深度越浅，破坏性越大，波及范围越小。世界上绝大多数破坏性地震都属于浅源地震。

震源断错始发点或震源最大能量释放区在地表的垂直投影点，称为震中，用经度、纬度表示，分为仪器震中和宏观震中。前者是根据地震仪测定震源断错始发点在地表的垂直投影点；后者是震后调查，确定震源最大能量释放区在地表的垂直投影点。震

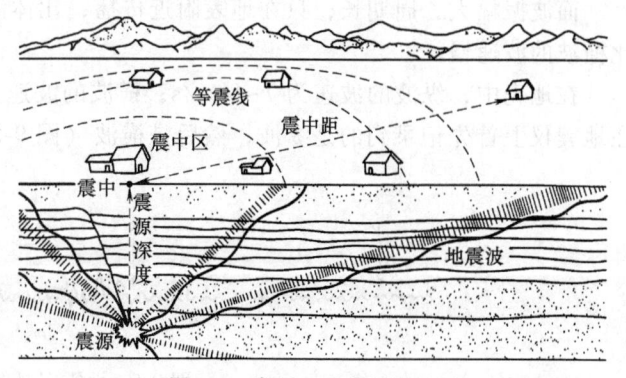

图9-3 常用地震术语图示图

中及其附近的地区称为震中区；一次地震破坏或影响最重的区域称为极震区。一般情况下上述两者是一致的。某一指定点至震中的距离称为震中距。一次地震中，震中距越小，影响或破坏越严重。震中距的大小，决定了各地区受一次地震的影响的强弱。

2. 地震波

地震发生时，地下岩层断裂、错动所产生的强烈振动，以波的形式从震源向四周传播。这种地震发生时所产生的地震动的传播形式称为地震波。典型的地震波包括体波和面波。

（1）体波

体波包括 P 波（纵波，又称压缩波）、S 波（横波，又称剪切波）等，如图 9-4 所示。

1）纵波，是由震源向四周传播的压缩波，介质质点的振动方向与波的传播方向一致，引起地面垂直振动。纵波的周期短，振幅小，波速快。

2）横波，是由震源向四周传播的剪切波，介质质点的振动方向与波的传播方向垂直，引起地面水平振动。横波的周期相对长，振幅大，波速慢。

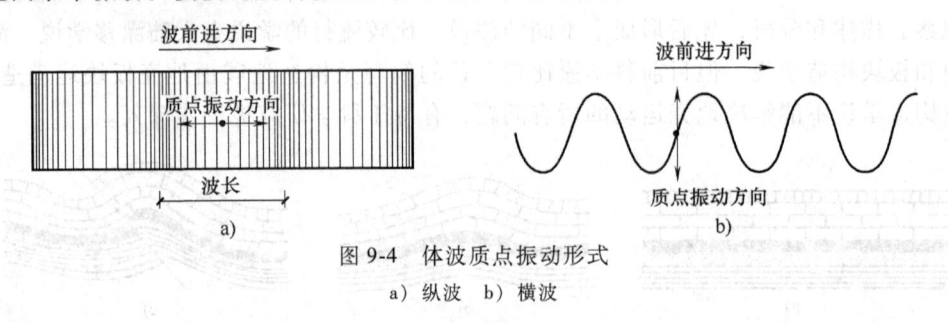

图 9-4 体波质点振动形式
a）纵波　b）横波

（2）面波

面波包括瑞利波、洛夫波等。面波是体波经地层界面多次反射、折射形成的次生波。

1）瑞利波传播时，质点在波的传播方向和地面法线组成的平面内作椭圆运动，而与该平面垂直的水平方向没有振动，质点在地面上呈滚动形式。

2）洛夫波传播时，质点只是在与波的传播方向相垂直的水平方向运动，在地面上呈蛇形运动形式。

面波振幅大，周期长，只在地表附近传播，比体波衰减慢，能传播的距离远，但其波速比横波的波速慢。

在地壳中，纵波的波速为 7~8km/s；横波的波速为 4~5km/s。所以当某地发生地震时，在地震仪上首先记录到的是纵波，然后是横波（图 9-5）。

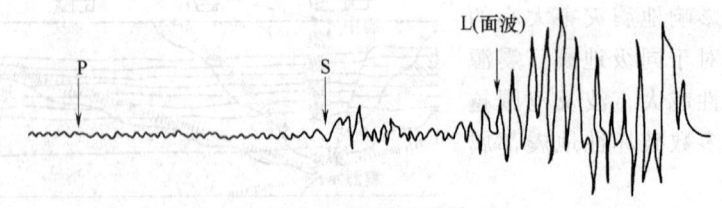

图 9-5 地震记录图

3. 地震震级

地震震级是衡量一次地震释放能量大小的尺度。目前，国际上常用里氏震级，用 M 表示。其定义为：在离震中 100km 处的坚硬地面上，由标准伍德-安德森地震仪（自振周期为

0.8s，阻尼为0.8，放大倍数为2800倍）所记录的最大水平位移 A（单位为 μm）的常用对数值，用公式表示为

$$M = \lg A \tag{9-1}$$

式中　M——里氏震级；

　　　A——地震时程曲线图上的最大振幅（μm）。

例如，在距震中100km，标准地震仪所记录的最大水平位移 $A = 1000mm = 10^6 \mu m$，由式（9-1）计算可知，此时里氏震级为6级。

里氏震级由美国的查尔斯里克特于1935年提出，但是地震发生时，观测站距震中距离不同，常用的仪器不同，应根据实际情况进行修正。

震级与地震释放的能量大小的关系式为

$$\lg E = 4.8 + 1.5M \tag{9-2}$$

式中　E——地震释放的能量（J）。

由式（9-1）可知，震级相差一级时，地面的振幅相差10倍；而由式（9-2）可知，震级相差一级，能量相差31.6倍。

一般认为 $M<2$ 的地震，人们感觉不到，只有仪器才能记录到，称为微震；$M = 2 \sim 4$ 的地震称为有感地震；$M \geq 5$ 的地震，可造成建筑物不同程度的破坏，称为破坏性地震；$M = 7 \sim 8$ 的地震，称为强烈地震或大地震；$M > 8$ 的地震，称为特大地震。

4. 地震烈度

地震烈度是地震引起的地面震动及其影响的强弱程度，可用符号 I 表示。

对于一次地震，震级只有一个，而地震烈度在不同的地点是不同的。距震中距离不同，受到的影响程度强弱不同。一般来说，震中距越小，地震影响越大，地震烈度越高；反之，震中距越大，地震烈度越低。但同一地区，有时由于局部场地的地形和地质条件不同，也会出现局部地震烈度较高或较低的地震异常区。

震中区一般是地震灾害最严重的极震区，一次地震中其烈度为最大，称为震中烈度，可用符号 I_0 表示。根据我国的地震资料显示，对于浅源地震，地震的震级 M 与震中烈度 I_0 之间近似关系见表9-1。

表9-1　浅源地震震级 M 与震中烈度 I_0 的大致关系

震级 M	4.9	5.5	6.1	6.7	7.3	7.9	8.5
震中烈度 I_0	Ⅵ	Ⅶ	Ⅷ	Ⅸ	Ⅹ	Ⅺ	Ⅻ

9.1.3　地震的破坏现象

1. 地表的破坏

（1）地裂缝

在强烈地震作用下，地表裂缝是常见现象。根据产生的机理不同，有构造地裂缝和重力地裂缝之分。构造地裂缝是指强烈地震时因地下断层错动使岩层发生位移或错动，并在地面上形成断裂，其走向和地下断裂带一致，规模大，有时可连续几千米长，裂缝宽度和错动可达数厘米甚至数米，常呈带状分布，如图9-6所示。重力地裂缝是地震时由于地面作剧烈振动而引起惯性力超过土体的抗剪强度引起的。常出现在湖岸、陡坡、古河道、较厚的松软土

层地区，规模不大，但数量多。

(2) 喷砂冒水

在沿海和平原地下水位较高地区，当存在埋深较浅的细砂、粉砂层和粉土层时，强烈地震使土体空隙中水受到挤压，空隙水压力急剧增大，使饱和的土体颗粒处于悬浮状态，造成土体液化，从裂缝处或松软土体的空隙中冒出地面形成喷砂冒水现象，如图9-7所示。土体的液化会引起建筑物的不均匀沉降、倾斜甚至倒塌。

图 9-6　地震地裂缝　　　　　　　　图 9-7　地震引起喷砂冒水

(3) 地面沉陷

在强烈地震下，由于土体空隙受到挤压，松软的土及回填土等高压缩性土体往往发生震陷，造成建筑物破坏，此外溶洞及采矿区也常发生塌顶陷落，如图9-8所示。

(4) 滑坡和塌方

陡坡、河岸等岩土层在强烈地震时发生松动、破裂沿坡面崩塌下滑，造成滑坡和塌方，土体遇雨水时也会引发泥石流，有时规模很大，造成周边建筑物破坏、交通堵塞等次生灾害，如图9-9所示。

图 9-8　地震造成地面沉陷　　　　　　图 9-9　地震引起山体崩塌

2. 建筑物的破坏

(1) 地基失效引起破坏

地基失效是指由于地震引起的滑坡，地面开裂，地基不均匀沉降，砂土、粉土液化和喷砂冒水，软土地基震陷等使地基降低甚至丧失承载能力的现象。地震时，地基失效会造成房屋倾斜、倾倒或破坏，如图9-10所示。

(2) 承重结构承载力不足或变形过大而造成的破坏

地震时，建筑物受到重力荷载和地震作用的共同作用，其主体结构中产生的内力及变形剧增，且地震设计状况与持久设计状况和短暂设计状况的受力方式不同，导致建筑物主体结构或构件的薄弱部位承载力不足或变形过大而破坏，如图 9-11 所示。

图 9-10　地震引起土体液化造成房屋倾斜

图 9-11　框架房屋整体垮塌

（3）结构丧失整体稳定性

主体结构是由各结构构件之间通过节点连接和必要的支撑系统来保证其整体性，共同承受各种作用的。在强烈地震时，由于连接失效、节点破坏、支撑系统失稳等，导致结构丧失整体稳定性，从而发生局部破坏或导致建筑物全部倒塌。

3. 次生灾害

地震灾害分为原生灾害和次生灾害。原生灾害是指由地震直接产生的灾害，可造成地表的破坏，房屋、桥梁、道路的破坏和人员的伤亡。次生灾害是由原生灾害所诱发的灾害。

强烈的振动会造成火灾、水灾、环境污染等次生灾害。强烈浅震源的海底地震还可能会使沿海地区遭受海啸的袭击，如图 9-12 所示。斜坡上的土体或岩体在地震时会产生滑坡，遇到雨天会造成滑坡加重甚至产生泥石流，冲毁和掩埋建筑物；遇强烈地震若核电站遭到破坏还会引起放射性污染等。对于大中城市，有时次生灾害比地震直接产生的灾害造成的损失还要大。

图 9-12　大地震引发海啸

[例 9-1]　地震的震级越大，表明（　　）。

A. 建筑物的损坏程度越大　　B. 地震时释放的能量越多
C. 震源至地面的距离越远　　D. 地震的连续时间越长

9.2 ○建筑结构抗震设防

9.2.1　设防依据

抗震设防是指各类结构按照规定的可靠性要求，针对可能遭遇的地震危险性所采取的工程和非工程的防御措施。我国将抗震设防烈度、设计地震分组和设计基本地震加速度作为一个地区抗震设防的依据。

1. 抗震设防烈度

抗震设防烈度是指按国家规定的权限批准作为一个地区抗震设防依据的地震烈度。由于根据地震历史和地震地质资料，对某一地点未来地震烈度的估定具有明显的不确定性，存在着未来地震的随机性。相关抗震规范规定抗震设防烈度一般情况下，取50年内超越概率为10%的地震烈度。

2. 设计地震分组

地震时场地的卓越周期将因震级大小、震源机制、震中距离的变化而变化，当建筑物的自振周期（多质点体系主要是前几个振型自振周期）接近场地的卓越周期时，振动最为剧烈。多年来地震数据表明，在宏观烈度相似的情况下，处在大震级、远震中距的柔性建筑，其震害要比中、小震级近震中距的情况严重得多；理论分析也发现，震中距不同时反应谱频谱特性并不相同。抗震设计时，对同样场地条件、同样烈度的地震，按震级大小和震中距远近将建筑工程的设计地震分为三组。一般而言，第一分组考虑近震中距，场地的卓越周期较短，而第三分组考虑远震中距，场地的卓越周期较长。

3. 设计基本地震加速度

设计基本地震加速度是50年设计基准期超越概率10%的地震加速度设计取值。我国以前一直根据地震烈度作为设计依据，曾经三次（1956年、1977年、1990年）编制了全国性地震烈度区划图，对于指导工程抗震工作具有重要的指导意义。现代抗震设计逐步走向安全度更高、分析方法力求符合实际、更科学的阶段。要求在设计中考虑地震动参数（峰值、反应谱和持时），区划从简单、粗略的烈度区划向更加复杂的多个地震动参数指标过渡。

9.2.2 设防目标与抗震设计方法

在设计基准期内，对于较小的地震发生的概率相对较大，而较大的地震发生的概率较小。由于地震的发生及其强度的随机性很强，现阶段采用概率的统计分析来预估一个地区可能遭受的地震影响，通常根据超越概率的大小将地震水平分为小震、中震和大震。小震（也称为多遇地震）是指在50年内，可能遭遇的超越概率为63%（重现期为50年）的地震作用。中震（也称为设防地震）是指在50年内，可能遭遇的超越概率为10%（重现期为475年）的地震作用。大震（也称为罕遇地震）是指在50年内，可能遭遇的超越概率为2%~3%的地震作用。当采用烈度表示地震作用时，小震对应的烈度称为多遇烈度或众值烈度；中震对应的烈度称为设防烈度；大震对应的烈度为罕遇烈度。根据大量资料统计分析，我国地震烈度的概率分布服从极值Ⅲ值分布，若地震烈度用I表示，其概率密度函数$f_Ⅲ(I)$曲线呈不对称钟形，如图9-13所示。

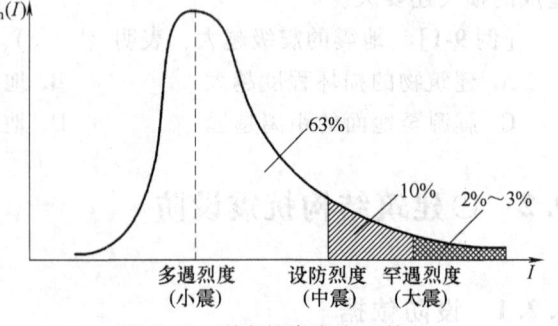

图9-13 烈度概率密度函数

1. 设防目标

由于地震发生的时间、空间和强度

是十分复杂的，人们对地震规律性认识还很不足，目前很多国家建筑抗震设防目标要求建筑物在使用期间，对不同频率和强度的地震，应具有不同的抵抗能力，对一般较小的地震，发生的可能性大，这时要求结构不受损坏，在技术上和经济上都可以做到；而对于罕遇的强烈地震，由于发生的可能性小，但地震作用大，在此强震作用下要保证结构完全不损坏，技术难度大，经济投入也大，这时若允许有所损坏，但不倒塌，则将是经济合理的。

基于国际上采用多级设防的做法，我国相关抗震规范提出了"小震不坏、中震可修、大震不倒"的抗震设防三个水准目标，具体描述如下：

1）第一水准。当遭受低于本地区设防烈度的多遇地震（也称为小震，对应烈度为多遇烈度或众值烈度）影响时，主体结构不受损坏或不需修理可继续使用。

2）第二水准。当遭受相当于本地区设防烈度的设防地震（也称为中震）影响时，可能发生损坏，但经一般修理仍可继续使用。

3）第三水准。当遭受高于本地区抗震设防烈度的罕遇地震（也称为大震）影响时，不致倒塌或发生危及生命的严重破坏。

2. 抗震设计方法

在进行建筑抗震设计时，为了简化计算，相关抗震规范采用了以下两阶段设计方法：

1）第一阶段设计。取第一水准多遇地震的地震动参数，用弹性反应谱法求得结构在弹性状态下的地震作用标准值和相应的地震作用效应，继续采用分项系数设计表达式进行结构构件的截面承载力抗震验算，同时进行弹性的变形验算。这一阶段设计既满足了第一水准下具有必要的可靠度，又满足了第二水准损坏可修的目标。对大多数结构，可只进行第一阶段设计，而在此基础上通过抗震概念设计和抗震构造措施来满足第三水准的设计要求。

2）第二阶段设计。取第三水准的罕遇地震的地震动参数，验算结构薄弱部位的弹塑性变形，并采取相应的抗震构造措施，以满足第三水准的抗震设防要求。对地震时易倒塌的结构、有明显薄弱层的不规则结构以及有专门要求的建筑，应进行第二阶段设计。

9.2.3 设防分类与设防标准

相关抗震规范规定抗震设防烈度为6度及以上地区的建筑，必须进行抗震设防，并对抗震设防烈度为6~9度地区建筑工程抗震设计以及隔震、消能减震设计作了规定。要求抗震设防的所有建筑应按现行国家标准《建筑工程抗震设防分类标准》GB 50223确定其抗震设防类别和抗震设防标准。

1. 设防分类

建筑物的重要性不同，采取的抗震设防标准是不同的。根据建筑遭遇地震破坏后，可能造人员伤亡、直接经济损失、社会影响的程度及其在抗震救灾中的作用等因素，将建筑物分为以下四个类别：

1）特殊设防类。它是指使用上有特殊设施，涉及国家公共安全的重大建筑工程和地震时可能发生严重次生灾害等特别重大灾害后果，需要进行特殊设防的建筑，简称甲类。

2）重点设防类。它是指地震时使用功能不能中断或需要尽快恢复的生命线相关建筑，以及地震时可能导致大量人员伤亡等重大灾害后果，需要提高设防标准的建筑，简称乙类。

3）标准设防类。它是指大量的除特殊设防类、重点设防类和适度设防类以外按标准要求进行设防的建筑，简称丙类。如大量的一般工业与民用建筑属于此类建筑。

4）适度设防类，它是指使用上人员稀少且震损不致产生次生灾害，允许在一定条件下适度降低要求的建筑，简称丁类。如一般的储存物品的价值低、人员活动少、无次生灾害的单层仓库等属于此类建筑。

2. 设防标准

抗震设防标准是衡量抗震设防要求高低的尺度，由抗震设防烈度或设计地震动参数及建筑抗震设防类别确定。它体现在两个方面：一方面是采取什么样的抗震措施；另一方面是如何确定地震作用。各抗震设防类别建筑的抗震设防标准，应符合下列要求：

1）特殊设防类。应按高于本地区抗震设防烈度一度的要求加强其抗震措施；但抗震设防烈度为9度时应按比9度更高的要求采取抗震措施。同时，应按批准的地震安全性评价的结果且高于本地区抗震设防烈度的要求确定其地震作用。

2）重点设防类。应按高于本地区抗震设防烈度一度的要求加强其抗震措施；但抗震设防烈度为9度时应按比9度更高的要求采取抗震措施；地基基础的抗震措施，应符合有关规定。同时应按本地区抗震设防烈度的要求确定其地震作用。

对于规模很小的重点设防类工业建筑，当改用抗震性能较好的材料且符合抗震设计规范对结构体系的要求时，允许按标准设防类设防。

3）标准设防类。应按本地区抗震设防烈度确定其抗震措施和地震作用，达到在遭遇高于当地抗震设防烈度的预估罕遇地震影响时不致倒塌或发生危及生命的严重破坏的抗震设防目标。

4）适度设防类。允许比本地区抗震设防烈度的要求适当降低其抗震措施，但抗震设防烈度为6度时不应降低。一般情况下，仍应按本地区抗震设防烈度确定其地震作用。

习　题

一、选择题

1. 地震按其产生的原因，主要可分为火山地震、陷落地震、人工诱发地震和构造地震。在建筑抗震设计中仅考虑（　　）作用下的建筑结构设防问题。
　　A. 火山地震　　　B. 构造地震　　　C. 陷落地震　　　D. 人工诱发地震

2. 地球内部大致可分为地壳、地幔和地核三个组成物质和性质不同的同心圈层，全球绝大部分地震都发生在（　　）内。
　　A. 地壳　　　　　B. 地幔　　　　　C. 地核　　　　　D. 地心

3. 地震发生时岩层断裂或错动产生振动的部位称为（　　）。
　　A. 震中　　　　　B. 震源　　　　　C. 震中区　　　　D. 震源深度

4. 震源在地表的垂直投影点称为（　　）。
　　A. 震中　　　　　B. 震中区　　　　C. 等震线　　　　D. 震源深度

5. 震源至地面的垂直距离称为（　　）。
　　A. 震中　　　　　B. 震中距　　　　C. 震中区　　　　D. 震源深度

6. 在同一地震中，烈度相同的区域的外包线称为（　　）。
　　A. 震中　　　　　B. 震中区　　　　C. 等震线　　　　D. 震源深度

7. 地震的（　　）是衡量一次地震大小的等级，用符号 M 表示。

A. 震级　　　　　　B. 地震波　　　　　C. 地震烈度　　　　D. 抗震设防烈度

8. 震级大于8级的地震，可造成绝大多数建筑物塌坏和大量人员伤亡，称为（　　）。
   A. 强烈地震或大地震　　　　　　B. 破坏性地震
   C. 特大地震　　　　　　　　　　D. 有感地震

9. （　　）表示地震时某一地点地面和建筑物遭受地震影响的强弱程度。
   A. 震级　　　　　　B. 地震波　　　　　C. 地震烈度　　　　D. 抗震设防烈度

10. 设防烈度是指按国家规定的权限批准作为一个地区抗震设防依据的烈度，一般情况下取50年内超越概率为（　　）的地震烈度。
    A. 2%~3%　　　　　B. 10%　　　　　　C. 15%　　　　　　D. 63%

11. 相关抗震规范提出"三水准"的抗震设防目标中，中震可修是指当遭受到（　　）影响时，可能发生损坏，经一般性修理仍可继续使用。
    A. 6级地震　　　　B. 多遇地震　　　　C. 设防地震　　　　D. 罕遇地震

12. 相关抗震规范提出"三水准"的抗震设防目标中，大震不倒是指遭受到高于本地区抗震设防烈度的（　　）影响时，不致倒塌或发生危及生命的严重破坏。
    A. 8级地震　　　　B. 多遇地震　　　　C. 设防地震　　　　D. 罕遇地震

13. 建筑工程抗震设防类别中，下列建筑中属于重点设防类（简称乙类）的是（　　）。
    A. 大学和大专院校教学楼和学生宿舍　B. 幼儿园教室、食堂和学生宿舍
    C. 一般办公楼　　　　　　　　　　　D. 一般住宅

14. 建筑工程抗震设防类别中，下列建筑中属于标准设防类（简称丙类）的是（　　）。
    A. 小学教学楼、学生食堂和宿舍　　　B. 初中教学楼、学生食堂和宿舍
    C. 高中教学楼、学生食堂和宿舍　　　D. 教师公寓

15. （　　）是指根据抗震概念设计原则，一般不需计算而对结构和非结构各部分必须采取的各种细部要求。
    A. 抗震设计　　　　B. 抗震措施　　　　C. 抗震构造措施　　D. 建筑抗震概念设计

16. 根据地震灾害和工程经验等所形成的基本设计原则和设计思想，进行建筑和结构总体布置并确定细部构造的过程称为（　　）。
    A. 抗震设计　　　　B. 抗震措施　　　　C. 抗震构造措施　　D. 建筑抗震概念设计

17. 地段类别分四类，在抗震设防区选择建筑场地时，对（　　）地段，严禁建造甲、乙类的建筑，不应建造丙类的建筑。
    A. 危险地段　　　　B. 不利地段　　　　C. 有利地段　　　　D. 一般地段

18. 下列关于抗震设防地区的地基基础设计原则中错误的是（　　）。
    A. 同一结构单元不宜设置在性质截然不同的地基土上
    B. 同一结构单元宜部分采用天然地基，部分采用桩基
    C. 同一结构单元当采用不同基础类型，应在基础、上部结构的相关部位采取相应措施
    D. 地基为软弱黏性土、液化土、新近填土或严重不均匀土时，宜加强基础的整体性和刚性

19. 下列叙述中错误的是（　　）。

A. 构件节点的破坏，不应先于其连接的构件

B. 避免钢筋的锚固粘结破坏先于构件破坏

C. 避免混凝土的压溃先于钢筋的屈服

D. 避免弯曲破坏先于剪切破坏

20. 应按本地区抗震设防烈度确定其抗震措施和地震作用，达到"大震不倒"的抗震设防目标。上述属于（　　）建筑的抗震设防标准。

A. 甲类建筑　　B. 乙类建筑　　C. 丙类建筑　　D. 丁类建筑

二、填空题

1. 由于地壳构造运动推挤地壳（　　），使其薄弱部位突然发生断裂和（　　），由此产生的地震，称为（　　）地震。

2. 根据地震发生的部位（震源深度）划分，我国发生的地震多数震源深度在10～20km，属于（　　）地震。

3. 震级相差一级时，地面的振幅相差（　　）倍，能量相差（　　）倍。

4. 对于一次地震，震中距越大，地震影响越（　　），地震烈度越（　　）。

5. 相关抗震规范规定抗震设防烈度为（　　）度及以上地区的建筑，必须进行抗震设防，并对抗震设防烈度为（　　）～（　　）度地区建筑工程抗震设计以及隔震、消能减震设计作了规定。

6. 使用上人员稀少且发生地震时震损不致产生次生灾害，允许在一定条件下适度降低抗震措施要求的建筑，属于（　　）设防类建筑。

7. 应按高于本地区抗震设防烈度提高一度的要求加强其抗震措施；同时，应按批准的地震安全性评价的结果且高于本地区抗震设防烈度的要求确定其地震作用，属于（　　）设防类建筑。

8. 地震时使用功能不能中断或需要尽快恢复的生命线相关建筑，以及地震时可能导致大量人员伤亡等重大灾害后果，需要提高设防标准的建筑，属于（　　）设防类建筑。

9. 应按本地区抗震设防烈度确定其抗震措施和地震作用，达到"大震不倒"的抗震设防目标。上述属于（　　）设防类建筑的抗震设防标准。

10. （　　）是指除地震作用计算和抗力计算以外的抗震设计内容，包括各种抗震构造措施。

第10章 混凝土结构材料

10.1 ★钢筋

10.1.1 钢筋混凝土结构用钢

钢筋混凝土结构用钢主要有热轧钢筋、冷加工钢筋、预应力混凝土热处理钢筋、预应力混凝土用钢丝和钢绞线。

1. 热轧钢筋

热轧钢筋是建筑工程中用量最大的钢材之一,主要用于钢筋混凝土结构和预应力混凝土结构。热轧钢筋是由低碳钢、普通低合金钢在高温状况下轧制而成的。根据力学指标的高低,分为300MPa、335MPa、400MPa、500MPa四个等级。300MPa级的牌号为HPB300,335MPa级分为HRB335、HRBF335两种牌号,400MPa级分为HRB400、HRBF400和RRB400三种牌号,500MPa级分为HRB500、HRBF500两种牌号。热轧钢筋包括热轧光圆钢筋(HPB系列钢筋)、普通热轧钢筋(HRB系列钢筋)、细晶粒热轧钢筋(HRBF系列钢筋)、余热处理钢筋(RRB系列钢筋)四个系列。热轧钢筋的公称直径见表10-1。

表10-1 热轧钢筋的公称直径

表面形状	牌号	符号	公称直径 d/mm
光圆	HPB300	A	6~22
带肋	HRB335 HRBF335	B B^F	6~50
带肋	HRB400 HRBF400 RRB400	C C^F C^R	6~50
带肋	HRB500 HRBF500	D D^F	6~50

热轧光圆钢筋由碳素结构钢或低合金结构钢经热轧而成,强度较低但具有塑性好,伸长率高,便于弯折成形、容易焊接等特点,可用于中小型混凝土结构的受力钢筋或箍筋,以及

作为冷加工（冷拉、冷拔、冷轧）的原料。热轧带肋钢筋采用低合金钢热轧而成，具有较高的强度，塑性和焊接性较好。钢筋表面有纵肋和横肋，从而加强了钢筋与混凝土之间的握裹力，可用于混凝土结构受力筋以及预应力钢筋，如图10-1所示。

2. 冷加工钢筋

冷加工钢筋是在常温下对热轧钢筋进行机械加工（冷拉、冷拔、冷轧、冷扭、冲压等）而成的。常见的品种有冷拉热轧钢筋、冷轧带肋钢筋和冷拔低碳钢丝。

1）冷拉热轧钢筋。在常温下将热轧钢筋拉伸至超过屈服点小于抗拉强度的某一应

图10-1 热轧带肋钢筋

力，然后卸荷，即制成了冷拉热轧钢筋。如卸荷后立即重新拉伸，卸荷点成为新的屈服点，因此冷拉可使屈服点提高，材料变脆，屈服阶段缩短，塑性、韧性降低，结构安全性也将降低。若卸荷后不立即重新拉伸，而是保持一定时间后重新拉伸，钢筋的屈服强度、抗拉强度进一步提高，而塑性、韧性继续降低，这种现象称为冷拉时效。实践中，可将冷拉、除锈、调直、切断合并为一道工序，这样可简化流程，提高效率。

2）冷轧带肋钢筋。用低碳钢热轧圆盘条直接冷轧或经冷拔后再冷轧，形成三面或两面横肋的钢筋。根据现行国家标准《冷轧带肋钢筋》（GB/T 13788）的规定，冷轧带肋钢筋分为 CRB550、CRB650、CRB800、CRB600H、CRB680H、CRB800H 六个牌号。CRB550、CRB600H 为普遍钢筋混凝土用钢筋，CRB650、CRB800、CRB800H 为预应力混凝土用钢筋，CRB680H 既可作为普通钢筋混凝土用钢筋，也可作为预应力混凝土用钢筋使用。冷轧带肋钢筋克服了冷拉、冷拔钢筋握裹力低的缺点，具有强度高、握裹力强、节约钢材、质量稳定等优点，但塑性降低，强屈比变小。

3）冷拔低碳钢丝。低碳钢热轧圆盘条或热轧光圆钢筋经一次或多次冷拔制成的光圆钢丝，在使用中应符合现行行业标准《冷拔低碳钢丝应用技术规程》（JGJ 19）的规定。冷拔低碳钢丝宜作为构造钢筋使用，作为结构构件中纵向受力钢筋使用时应采用钢丝焊接网。冷拔低碳钢丝不得作为预应力筋使用。作为箍筋使用时，冷拔低碳钢丝的直径不宜小于5mm，间距不应大于200mm，构造应符合现行相关国家标准的有关规定，冷拔低碳钢丝只有CDW550 一个牌号。CDW550 冷拔低碳钢丝的直径可为 3mm、4mm、5mm、6mm、7mm 和8mm。直径小于5mm 的钢丝焊接网不应作为混凝土结构中的受力钢筋使用；除钢筋混凝土排水管、环形混凝土电杆外，不应使用直径3mm 的冷拔低碳钢丝；除大直径的预应力混凝土桩外，不宜使用直径8mm 的冷拔低碳钢丝。

3. 预应力混凝土热处理钢筋

热处理是指将钢材按一定规则加热、保温和冷却，以改变其组织，从而获得所需要性能的一种工艺措施。热处理的方法有退火、正火、淬火和回火。建筑钢材一般只在钢厂完成热处理工艺。热处理钢筋是钢厂将热轧的带肋钢筋（中碳低合金钢）经淬火和高温回火（调质处理）而成的，即以热处理状态交货。热处理钢筋强度高，用材少，锚固性好，预应力稳定，主要用作预应力钢筋混凝土轨枕，也可以用于预应力混凝土板、吊车梁等构件，如图

10-2 所示。

4. 预应力混凝土用钢丝和钢绞线

预应力混凝土用钢丝是用优质碳素结构钢经冷加工及时效处理或热处理等工艺过程制得，具有高强度、安全可靠、便于施工等优点。根据现行国家标准《预应力混凝土用钢丝》（GB/T 5223）的规定，预应力混凝土用钢丝按照加工状态分为冷拉钢丝和消除应力钢丝两类。钢丝按外形分为光圆钢丝（P）、螺旋肋钢丝（H）和刻痕钢丝（I）三种。预应力混凝土用钢绞线的分类与应用应执行现行国家标准《预应力混凝土用钢绞线》（GB/T 5224）的有关规定。预应力钢丝与钢绞线均属于冷加工强化及热处理钢材，拉伸试验时无屈服点，但抗拉强度远远超过热轧钢筋和冷轧钢筋，并具有很好的柔韧性，应力松弛率低，适用于大荷载、大跨度及需要曲线配筋的预应力混凝土结构，如大跨度屋架、薄腹梁、吊车梁等大型构件的预应力结构，如图 10-3 所示。

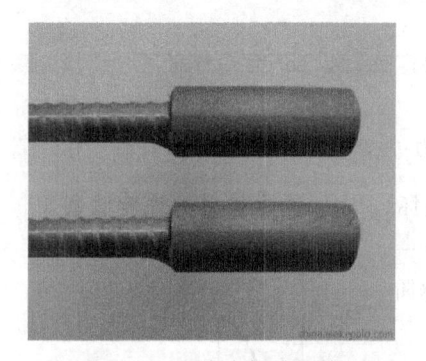

图 10-2 预应力螺纹钢筋

图 10-3 钢绞线

10.1.2 钢筋的强度与性能

1. 钢筋的强度

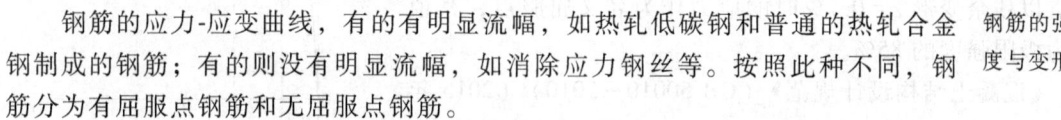

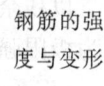

钢筋的应力-应变曲线，有的有明显流幅，如热轧低碳钢和普通的热轧合金钢制成的钢筋；有的则没有明显流幅，如消除应力钢丝等。按照此种不同，钢筋分为有屈服点钢筋和无屈服点钢筋。

（1）有明显屈服点的钢筋

低碳钢和低合金钢一次拉伸时的应力-应变曲线，如图 10-4 所示。

从图 10-4 的应力-应变曲线来看，在 a 点以前，应力和应变按线性比例关系增长，a 点对应的应力称为比例极限。过了 a 点后，应变比应力增长得快，到达 b 后，钢筋开始出现塑流，b 点称为屈服上限，由于加载速度及试件状况等试验条件的不同，屈服开始时总是形成曲线的上下波动，波动最高点 b 称为上屈服点，最低点 c 称为下屈服点（用 f_y 表示），这时应力水平基本保持不变但应变急剧增加，图线基本水平，直到 f 点。b 点到 f 点的水平部分称为屈服台阶，其大小称为流幅。f 点后，应力继续增加，随着曲线上升直到 d 点，对应的应力称为极限强度（用 f_u 表示），fd 阶段称为强化阶段。到达 f_u 后试件薄弱处的截面突然显著减小，出现局部横向收缩变形，即"颈缩"，变形迅速增加到 e 点，试件断裂。

由于到达 f_y 后构件会产生较大的塑性变形，故以 f_y 作为计算构件的强度标准，f_y 是建

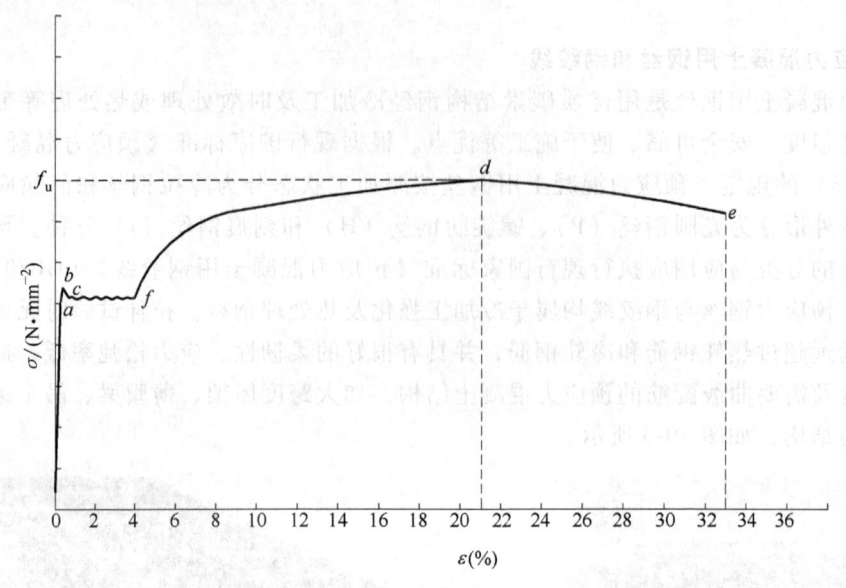

图 10-4 有明显屈服点钢筋的应力-应变曲线

筑钢材的一个重要力学特性；到达 f_u 时构件开始断裂破坏，以 f_u 作为材料的强度储备。

低碳钢应力-应变曲线分为四个阶段：弹性阶段（$o \to a$）、弹塑性阶段（$a \to b$）、塑性阶段（$b \to f$）、应变强化阶段（$f \to d$），超过 d 点后试件产生颈缩和断裂。

（2）无明显屈服点的钢筋

如图 10-5 所示为无明显流幅的钢筋应力-应变关系曲线，图中没有明显的屈服台阶，而是直接到达强度极限乃至破坏，具有脆性破坏特点。对于没有明显屈服点的钢筋，以残余变形 $\varepsilon = 0.2\%$ 时的应力作为名义屈服点，其值约为极限强度的 85%。

《混凝土结构设计规范》（GB 50010—2010）（2015年版）规定钢筋的强度标准值应具有不小于 95% 的保证率。对构件计算配筋时，普通钢筋的强度标准值根据屈服强度确定，屈服强度特征值作为屈服强度标准值 f_{yk}，钢筋的抗拉强度特征值作为钢筋的极限强度标准值 f_{stk}。普通钢筋的强度标准值、强度设计值按表 10-2 采用。普通钢筋和预应力钢筋的弹性模量 E_s 见表 10-3。

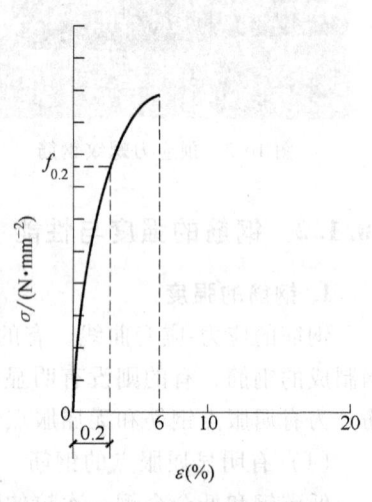

图 10-5 无明显屈服点钢筋的应力-应变曲线

表 10-2 普通钢筋的强度标准值、强度设计值　　　　　　（单位：N/mm²）

牌　号	屈服强度标准值 f_{yk}	极限强度标准值 f_{stk}	抗拉强度设计值 f_y	抗压强度设计值 f'_y
HPB300	300	420	270	270
HRB335 HRBF335	335	455	300	300

（续）

牌 号	屈服强度标准值 f_{yk}	极限强度标准值 f_{stk}	抗拉强度设计值 f_y	抗压强度设计值 f'_y
HRB400 HRBF400 RRB400	400	540	360	360
HRB500 HRBF500	500	630	435	410

表 10-3　钢筋弹性模量 E_s（$\times 10^5$ N/mm²）

钢筋种类	弹性模量 E_s
HPB300 钢筋	2.10
HRB335、HRB400、HRB500 钢筋 HRBF335、HRBF400、HRBF500 钢筋 RRB400 钢筋、预应力螺纹钢筋	2.00
消除应力钢丝、中强度预应力钢丝	2.05
钢绞线	1.95

2. 钢材的性能

钢材的性能主要包括力学性能和工艺性能。其中，力学性能是钢材重要的使用性能，包括抗拉性能、冲击性能、耐疲劳性能等。工艺性能表示钢材在各种加工过程中的行为，包括冷弯性能和焊接性等。

（1）抗拉性能

抗拉性能是钢材的最主要性能之一，表征其性能的技术指标主要是屈服强度、抗拉强度和伸长率。低碳钢（软钢）受拉的应力-应变曲线能够较好地解释这些重要的技术指标。

1）屈服强度。在弹性阶段 oa，如卸去拉力，试件能恢复原状，此阶段的变形为弹性变形，应力与应变成正比，其比值即为钢材的弹性模量，反映钢材的刚度。与 a 点对应的应力称为弹性极限。当对试件的拉伸进入 ab 阶段时，应力的增长滞后于应变的增加。当应力达到 b 点时，试件进入塑性阶段，应力不增加但应变增大，这时相应的应力称为屈服强度（屈服点）。如果达到屈服点后应力值发生下降，则应区分上屈服点和下屈服点，在结构计算时以下屈服点作为材料的屈服强度标准值。

2）抗拉强度。fd 阶段曲线逐步上升，其抵抗塑性变形的能力又重新提高，称为强化阶段。对应于最高点的应力称为抗拉强度（R_m）。设计中抗拉强度虽然不能利用，但强屈比（R_m/R_a）能反映钢材的利用率和结构的安全可靠程度。强屈比越大，反映钢材受力超过屈服点工作时的可靠性越大，因而结构的安全性越高。但强屈比太大，则反映钢材不能有效被利用。

3）伸长率。当曲线到达 d 点后，试件薄弱处急剧缩小，塑性变形迅速增加，产生"颈缩"现象而断裂。试件拉断后，标距的伸长与原始标距长度之比的百分率称为断后伸长率（A）。拉力达到最大时原始标距的伸长与原始标距之比的百分率称为最大伸长率，最大总伸长率用 A_m 表示。伸长率表征了钢材的塑性变形能力。因此，原标距与试件的直径之比越大，颈缩处伸长值在整个伸长值中的比重越小，计算伸长率越小。钢筋除了要有足够的强度，还应该有一定的延性要求。最大总伸长率 t 作为控制钢筋延性的指标，伸长率越大表示塑性越好。为了使构件在破坏时有明显的预兆，即保证钢筋具有一定的塑性，相关规范规定在最大力下的总伸长率的最小值，见表 10-4。

表 10-4　钢筋在最大力下的总伸长率的最小值

钢筋品种	普通钢筋			预应力筋
	HPB300	HRB335、HRBF335、HRB400、HRBF400、HRB500、HRBF500	RRB400	
$\delta_{gt}(\%)$	10.0	7.5	5.0	3.5

（2）冲击性能

冲击性能是指钢材抵抗冲击荷载的能力。其指标通过标准试件的弯曲冲击性能试验确定。按规定，将带有 V 型缺口的试件进行冲击试验。试件在冲击荷载作用下折断时所吸收的功称为冲击吸收能量（J），即冲击韧性值。钢材的化学成分、组织状态、内在缺陷及环境温度等都是影响冲击性能的重要因素。冲击吸收能量的数值随试验温度的下降而减小，当温度降低达到某一范围时，冲击吸收能量的数值急剧下降而呈脆性断裂，这种现象称为冷脆性。发生冷脆时的温度称为脆性临界温度，其数值越低，说明钢材的低温冲击性能越好。因此，对直接承受动荷载而且可能在负温下工作的重要结构，必须进行冲击性能检验，并选用脆性临界温度较使用温度低的钢材。

（3）耐疲劳性能

在交变荷载反复作用下，钢材往往在应力远小于抗拉强度时就发生断裂，这种现象称为钢材的疲劳破坏。疲劳破坏的危险应力用疲劳极限来表示，它是指钢材在交变荷载作用下于规定的周期基数内不发生断裂所能承受的最大应力。试验表明，钢材承受的交变应力越大，则断裂时的交变循环次数越少；相反，交变应力越小，则断裂时的交变循环次数越多。当交变应力低于某一值时，交变循环次数达到无限次也不会产生疲劳破坏。

（4）冷弯性能

冷弯性能是指钢材在常温下承受弯曲变形的能力，是钢材的重要工艺性能。冷弯性能是通过试件被弯曲的角度（90°、180°）及弯心直径 d 对试件厚度（或直径）a 的比值（d/a）区分的。试件按规定的弯曲角和弯心直径进行试验，试件弯曲处的外表面无裂断缝或起层，即认为冷弯性能合格。冷弯时的弯曲角度越大、弯心直径越小，则表示其冷弯性能越好。

（5）焊接性

钢材的焊接性是指焊接后在焊缝处的性质与母材性质的一致程度。影响钢材焊接性的重要因素是化学成分及含碳量。含碳量超过 0.3% 时，焊接性显著下降。特别是硫含量较多会使焊缝处产生裂纹并发生硬脆，严重降低焊接质量。正确地选用焊接材料和焊接工艺是提高焊接质量的主要措施。

［例 10-1］ 钢材的强屈比越大，其（　　）。

A. 结构安全性越高　　　　　　　　B. 结构安全性越低
C. 有效利用率越高　　　　　　　　D. 冲击性能越低

［例 10-2］ 表示钢材抗拉性能的技术指标主要有（　　）。

A. 屈服强度　　　　B. 冲击韧性　　　　C. 抗拉强度

D. 硬度　　　　　　　　　　E. 伸长率

[例 10-3] 大型屋架、大跨度桥梁等大负荷预应力混凝土结构中应优先选用（　　）。
A. 冷轧带肋钢筋　　　　　　　　　　B. 预应力混凝土钢绞线
C. 冷拉热轧钢筋　　　　　　　　　　D. 冷拔低碳钢丝

[例 10-4] 与热轧钢筋相比，冷拉热轧钢筋的特点是（　　）。
A. 屈服强度提高，结构安全性降低　　B. 抗拉强度提高，结构安全性提高
C. 屈服强度降低，伸长率降低　　　　D. 抗拉强度降低，伸长率提高

10.2 ★混凝土

10.2.1 混凝土的强度

普通混凝土是由水泥、砂和骨料三种基本材料用水拌和经过养护凝固硬化后形成的人工石材，是一种由具有不同性质的多组分组成的多相复合材料。

1. 混凝土立方体抗压强度

按照标准方法制作养护（在 20±3℃ 的温度和相对湿度 90% 以上条件的空气中养护）的边长为 150mm 的立方体标准试件，在 28d 或设计规定龄期，用标准试验方法测得的具有 95% 保证率的抗压强度，称为立方体强度标准值，用符号表示为 $f_{cu,k}$（单位为 MPa）。《混凝土结构设计规范》（GB 50010—2010）（2015 年版）规定，混凝土划分为十四个等级，即 C15、C20、C25、C30、C35、C40、C45、C50、C55、C60、C65、C70、C75、C80。其中，符号 C 表示混凝土，后面的数字表示立方体抗压强度标准值。混凝土的设计参数见表 10-5。

表 10-5　混凝土的设计参数　　　　　　　（单位：N/mm²）

设计指标		混凝土强度等级												
		C15	C20	C25	C30	C35	C40	C45	C50	C55	C60	C65	C70	C75	C80
强度标准值	$f_{c,k}$	10.0	13.4	16.7	20.1	23.4	26.8	29.6	32.4	35.5	38.5	41.5	44.5	47.4	50.2
	$f_{t,k}$	1.27	1.54	1.78	2.01	2.20	2.39	2.51	2.64	2.74	2.85	2.93	2.99	3.05	3.11
强度设计值	f_c	7.2	9.6	11.9	14.3	16.7	19.1	21.1	23.1	25.3	27.5	29.7	31.8	33.8	35.9
	f_t	0.91	1.1	1.27	1.43	1.57	1.71	1.80	1.89	1.96	2.04	2.09	2.14	2.18	2.22
弹性模量	E_c (×10⁴)	2.20	2.55	2.80	3.00	3.15	3.25	3.35	3.45	3.55	3.60	3.65	3.70	3.75	3.80

2. 抗拉强度

混凝土在直接受拉时，很小的变形就要开裂。它在断裂前没有残余变形，是一种脆性破坏。混凝土的抗拉强度只有抗压强度的 1/20~1/10，且强度等级越高，该比值越小。所以，混凝土在工作时，一般不依靠其抗拉强度。在设计钢筋混凝土结构时，不是由混凝土承受拉力，而是由钢筋承受拉力。但是混凝土的抗拉强度对减少裂缝很重要，有时也用来间接衡量混凝土与钢筋的粘结强度。混凝土抗拉强度采用劈裂抗拉试验方法间接求得，称为劈裂抗拉强度。

3. 抗折强度

在道路和机场工程中，混凝土抗折强度是结构设计和质量控制的重要指标，而抗压强度则作为参考强度指标。

10.2.2　混凝土的变形

1. 混凝土的徐变

在混凝土试件上加载，试件就会产生变形，如果维持压力不变，混凝土应变则继续增加。试件在荷载长期作用下，应力保持不变，它的应变继续增长的现象称为混凝土徐变。混凝土的徐变会加大混凝土结构的变形，产生不利影响，比如导致构件变形增加、预应力混凝土构件的预应力损失等。

试验表明，混凝土的徐变与混凝土的应力大小有着密切的关系，应力越大徐变越大，随着混凝土应力的增加，将发生不同情况的徐变。当应力较小时，徐变变形与应力几乎成正比关系，曲线接近等间距分布，这种情况称为线性徐变；当应力较大时，徐变变形与应力不成正比关系，徐变比应力增长得快，这种情况称为非线性徐变。混凝土构件长期处于高应力下是不安全的，即使混凝土应力还小于混凝土的破坏强度，也会造成混凝土的破坏。

混凝土徐变还与以下因素有关：①混凝土骨料越硬、弹性模量越高，对水泥石徐变的约束越大，混凝土的徐变则越小。②混凝土中水泥用量越多，徐变越大；水灰比越大，徐变也越大。③构件的形状、尺寸的影响。大尺寸构件由于内部水分散发受到限制，徐变就减小。④混凝土的制作方法、养护条件，特别是养护时的温度。养护时温度高、湿度大，混凝土中的水泥水化作用充分，徐变就小；相反，混凝土受载后所处环境温度较低、湿度较小，徐变就大。

2. 混凝土的收缩

混凝土在凝结硬化过程中，体积会发生一定变化。在空气中结硬时混凝土体积减小，即收缩；在水中结硬时混凝土体积增大，即膨胀。收缩在早期发展较快，逐渐趋于缓慢，当混凝土不能自由收缩时，会在混凝土内引起拉应力而产生裂缝。混凝土构件受到约束不能自由收缩时，产生收缩应力，收缩应力过大混凝土就会产生裂缝；在预应力混凝土构件中混凝土的收缩将引起钢筋预应力损失。

通常产生收缩的主要原因是混凝土凝结硬化过程中化学反应产生的凝结收缩和混凝土内的自由水蒸发产生的收缩。影响混凝土收缩的因素如下：

1）水泥用量。水泥用量越多，收缩越大；水灰比越大，收缩越大。
2）水泥品种。水泥强度等级越高，收缩越大。
3）骨料性质。骨料的弹性模量越大，收缩越小。
4）养护条件和环境条件。所处环境湿度越大，收缩越小。
5）混凝土浇筑质量。混凝土振捣越密实，收缩越小。
6）构件的体积与表面积比值。比值越大，收缩越小。

10.2.3　混凝土的耐久性

1. 混凝土耐久性的概念

混凝土耐久性是指混凝土在实际使用条件下抵抗各种破坏因素作用，长期保持强度和外观完整性的能力，包括混凝土的抗冻性、抗渗性、抗侵蚀性及抗碳化能力等。

（1）抗冻性

抗冻性是指混凝土在饱和水状态下，能经受多次冻融循环而不被破坏，也不严重降低强度的性能，是评定混凝土耐久性的主要指标，抗冻性好坏用抗冻等级表示。混凝土的密实度、孔隙的构造特征是影响抗冻性的重要因素。密实或具有封闭孔隙的混凝土，其抗冻性较好。提高混凝土抗冻性的最有效方法是采用加入引气剂、减水剂和防冻剂的混凝土或密实混凝土。

（2）抗渗性

抗渗性是指混凝土抵抗水、油等液体渗透的能力，抗渗性好坏用抗渗等级表示，根据标准试件 28d 龄期试验时所能承受的最大水压，分为 P4、P6、P8、P10、P12 共 5 个等级。抗渗等级不低于 P6 的混凝土为抗渗混凝土，影响混凝土抗渗性的因素有水灰比、水泥品种、骨料的粒径、养护方法、外加剂及掺和料等，其中水灰比对抗渗性起决定性作用。

（3）抗侵蚀性

腐蚀的类型通常有淡水腐蚀、硫酸盐腐蚀、溶解性化学腐蚀、强碱腐蚀等。混凝土的抗侵蚀性与密实度有关，水泥品种、混凝土内部孔隙特征对抗腐蚀性也有较大影响。

（4）抗碳化能力

环境中的 CO_2 和水与混凝土内水泥石中的 Ca（OH）发生反应，生成碳酸钙和水，从而使混凝土的碱度降低，减弱了混凝土对钢筋的保护作用。环境中二氧化碳浓度、环境湿度、混凝土密实度、水泥品种与掺和料用量是影响混凝土抗碳化能力的主要因素。

2. 提高混凝土耐久性的主要措施

混凝土耐久性主要取决于组成材料的质量及混凝土密实度，提高混凝土耐久性主要措施如下：

1）根据工程环境及要求，合理选用水泥品种。
2）控制水灰比及保证足够的水泥用量。
3）选用质量良好、级配合理的骨料和合理的砂率。
4）掺用合适的外加剂。

[例 10-5] 混凝土耐久性的主要性能指标包括（　　）。

A. 保水性　　　　　　　　B. 抗冻性　　　　　　　　C. 抗渗性
D. 抗侵蚀性　　　　　　　E. 抗碳化能力

[例 10-6] 提高混凝土耐久性的措施有（　　）。

A. 提高水泥用量　　　　　B. 合理选用水泥品种　　　C. 控制水灰比
D. 提高砂率　　　　　　　E. 掺用合适的外加剂

[例 10-7] 对混凝土抗渗性起决定作用的是（　　）。

A. 混凝土内部孔隙特性　　B. 水泥强度和质量
C. 混凝土水灰比　　　　　D. 养护的温度和湿度

[例 10-8] 混凝土的耐久性主要体现在（　　）。

A. 抗压强度　　　　　　　B. 抗折强度　　　　　　　C. 抗冻等级
D. 抗渗等级　　　　　　　E. 混凝土碳化

10.3 △钢筋的锚固与连接

10.3.1 钢筋与混凝土的共同工作

1. 共同工作的原因

钢筋和混凝土两种不同的材料得以协同工作，主要依赖于两种材料的线膨胀系数相近、混凝土对钢筋的保护作用以及混凝土硬化后钢筋与混凝土接触面之间良好的粘结作用。粘结作用来自于水泥浆胶体与钢筋接触面的化学粘着力、混凝土收缩产生的握裹而与钢筋产生的摩擦力、钢筋表面凹凸不平而产生的机械咬合力。

2. 钢筋与混凝土的粘结

上述原因中，钢筋表面与混凝土之间存在粘结作用是最主要的原因。通过粘结作用，钢筋和混凝土之间进行应力传递并协调变形。

10.3.2 钢筋的锚固

受力钢筋依靠其表面与混凝土的粘结作用或端部构造的挤压作用而达到设计承受应力所需的长度，称为锚固长度。钢筋的锚固长度取决于受力情况、钢筋强度及混凝土强度，并与钢筋外形有关。

1. 受拉钢筋的锚固长度

当计算中充分利用钢筋的抗拉强度时，受拉钢筋的基本锚固长度为

$$l_{ab} = \alpha \frac{f_y}{f_t} d \tag{10-1}$$

式中　l_{ab}——受拉钢筋的基本锚固长度；

　　　f_y——普通钢筋的抗拉强度设计值；

　　　f_t——混凝土轴心抗拉强度设计值，当混凝土强度等级高于 C60 时，按 C60 取值；

　　　d——锚固钢筋的直径；

　　　α——锚固钢筋的外形系数，光圆钢筋取 0.16，带肋钢筋取 0.14。

需要注意的是，光圆钢筋末端应做 180°弯钩，弯后平直段长度不应小于 $3d$，但作受压钢筋时可不做弯钩。

受拉钢筋的锚固长度应根据锚固条件按下列公式计算，且不应小于 200mm：

$$l_a = \zeta_a \, l_{ab} \tag{10-2}$$

式中　l_a——受拉钢筋的锚固长度；

　　　ζ_a——锚固长度修正系数，对普通钢筋，按表 10-6 规定取用，当多于一项时，可按连乘计算，但不应小于 0.6。

为防止保护层混凝土劈裂时钢筋突然失锚，当锚固钢筋的保护层厚度小于或等于 $5d$ 时，锚固长度范围内应配置箍筋或横向钢筋，其直径不应小于最大锚固钢筋直径的 1/4；其间距，梁、柱、斜撑等构件不应大于最小锚固钢筋直径的 5 倍，板、墙等平面构件不应大于最小锚固钢筋直径的 10 倍，且均不应大于 100mm。

表 10-6 受拉钢筋锚固长度修正系数 ζ_a

锚固条件		ζ_a
带肋钢筋的公称直径大于 25mm		1.10
环氧树脂涂层带肋钢筋		1.25
施工过程中易受扰动的钢筋		1.10
锚固区保护层厚度	3d	0.80
	5d	0.70

注：中间时按内插值，d 为锚固钢筋直径。

在钢筋末端配置弯钩和机械锚固是减小锚固长度的有效方式，其原理是利用受力钢筋端部锚头（弯钩、贴焊锚筋、焊接锚板或螺栓锚头）对混凝土的局部挤压作用加大锚固承载力。当纵向受拉普通钢筋末端采用弯钩或机械锚固措施时，包括弯钩或锚固端头在内的锚固长度（投影长度）可取为基本锚固长度 l_{ab} 的 60%，如图 10-6 所示。

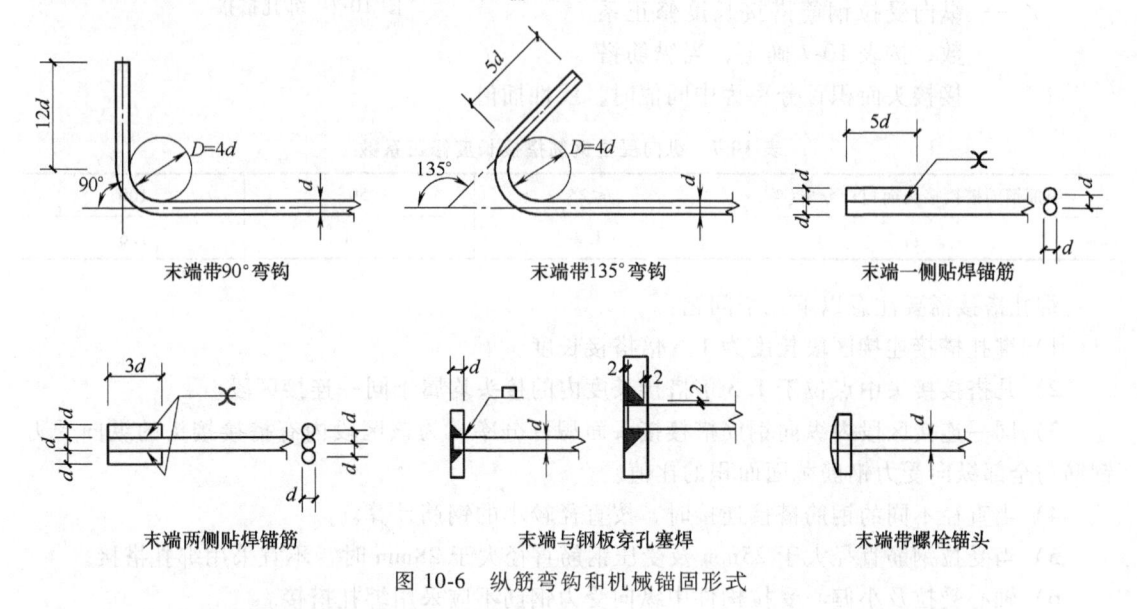

图 10-6 纵筋弯钩和机械锚固形式

需要注意以下几点：
1) 焊缝和螺纹长度应满足承载力要求。
2) 螺栓锚头和焊接锚板的承压净面积不应小于锚固钢筋截面面积的 4 倍。
3) 螺栓锚头的规格应符合相关标准的要求。
4) 螺栓锚头和焊接锚板的钢筋净间距不宜小于 $4d$，否则应考虑群锚效应的不利影响。
5) 截面角部的弯钩和一侧贴焊钢筋的布筋方向宜向截面内侧偏置。

2. 受压钢筋的锚固长度

混凝土结构中的纵向受压钢筋，当计算中充分利用其抗压强度时，锚固长度不应小于相应受拉锚固长度的 70%，不应采用末端弯钩和一侧贴焊锚筋的锚固措施。

10.3.3 钢筋的连接

在施工中，钢筋连接的情况是难以避免的。钢筋连接可采用绑扎搭接、焊接或机械连接。混凝土结构中受力钢筋的连接接头宜设置在受力较小处。在同一个根受力钢筋上宜少设接头。在结构的重要构件和关键传力部位，纵向受力钢筋不宜设置连接接头。

1. 绑扎搭接接头

绑扎搭接的工作原理是通过钢筋与混凝土之间的粘结强度来传递内力。因此，钢筋的绑扎接头要有足够的搭接长度，如图 10-7 所示。为保证受力筋的传递性能，纵向受拉钢筋绑扎搭接接头的搭接长度，应根据同一连接区段内的钢筋搭接接头面积百分率按下列公式计算，且不应小于 300mm：

$$l_l = \zeta_l \, l_a \quad (10-3)$$

式中 l_l——纵向受拉钢筋的搭接长度；

l_a——纵向受拉钢筋的锚固长度；

ζ_l——纵向受拉钢筋搭接长度修正系数，按表 10-7 确定；当纵筋搭接接头面积百分率为中间值时，线性插值。

图 10-7 绑扎搭接

表 10-7 纵向受拉钢筋搭接长度修正系数

纵筋钢筋搭接接头面积百分率(%)	≤25	50	100
ζ_l	1.2	1.4	1.6

绑扎搭接需要注意以下几个问题：

1）绑扎搭接连接区段长度为 1.3 倍搭接长度。

2）凡搭接接头中点位于 1.3 倍搭接长度内的接头均属于同一连接区段。

3）同一连接区段内纵向钢筋搭接接头面积百分率，为该区段内有搭接接头的纵向受力钢筋与全部纵向受力钢筋截面面积的比值。

4）当直径不同的钢筋搭接连接时，按直径较小的钢筋计算。

5）当受拉钢筋直径大于 25mm 及受压钢筋直径大于 28mm 时，不宜采用绑扎搭接。

6）轴心受拉及小偏心受拉构件中纵向受力钢筋不应采用绑扎搭接。

4 根钢筋分别进行绑扎搭接连接，如图 10-8 所示。以④号钢筋接头划分同一连接区段，区段长度为④号钢筋接头中心分别向两侧 0.65 l_l（0.65 l_{lE}），可见只有②号和④号钢筋接头在同一连接区段；同样，以③号钢筋接头划分，③和①号钢筋接头位于同一连接区段。这种情况称为分两批进行搭接，图 10-8 中如果钢筋直径全部相同，则两个同一连接区段内的搭接接头面积百分率均为 50%。相邻纵向受力钢筋的绑扎搭接接头宜互相错开，相邻纵筋的搭接接头中

图 10-8 纵向受拉钢筋绑扎搭接接头

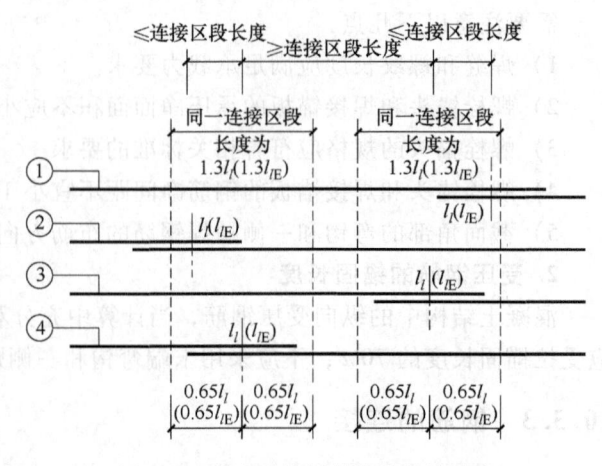

点错开距离不宜小于 1.3 倍搭接长度，此时计算搭接长度取相邻纵筋的较大值。

位于同一连接区段内的受拉钢筋搭接接头面积百分率：对梁、板及墙类构件，不宜大于 25%；对柱类构件，不宜大于 50%。当工程中确有必要增大受拉钢筋搭接接头面积百分率时，对梁类构件，不宜大于 50%；对板、墙、柱及预制构件的拼接处，可根据实际情况放宽。

在梁、柱类构件的纵向受力钢筋搭接长度范围内应配置箍筋等横向构造钢筋，其直径不应小于搭接钢筋较大直径的 1/4。横向构造钢筋的间距，对梁、柱、斜撑等构件不应大于搭接钢筋较小直径的 5 倍，且不应大于 100mm；对板、墙等平面构件不应大于搭接钢筋较小直径的 10 倍，且不应大于 100mm。当受压钢筋直径大于 25mm 时，还应在搭接接头两个端面外 100mm 范围内各设置 2 根箍筋。

2. 焊接接头

纵向受力钢筋的焊接接头应相互错开。钢筋焊接接头同一连接区段的长度为 35d 且不小于 500mm（d 为连接钢筋的较小直径），位于同一连接区段内的纵向受拉钢筋接头面积百分率不宜大于 50%，受压钢筋接头不受限制。焊接接头如图 10-9 所示。

如图 10-10 所示，①、④号钢筋在同一连接区段，②、③号钢筋在同一连接区段。

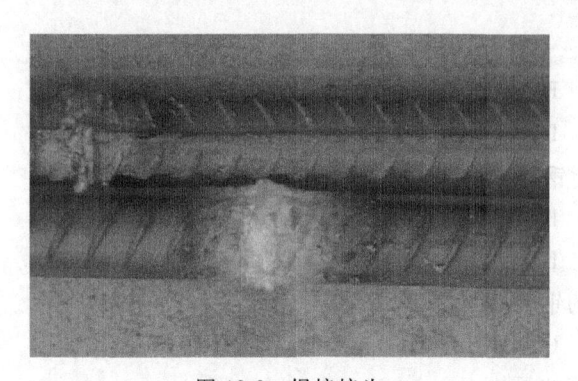

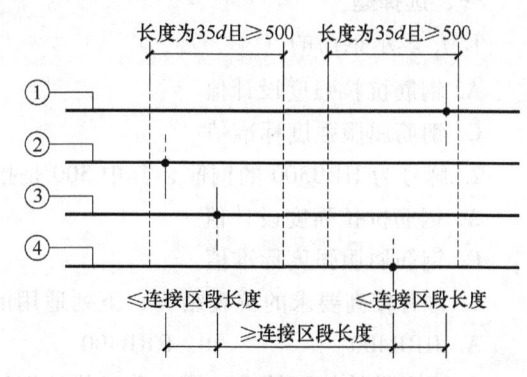

图 10-9　焊接接头　　　　　　图 10-10　纵向受拉钢筋焊接接头

焊接接头需要注意以下两个问题：

1）凡接头中点位于该连接区段长度内的焊接接头均属于同一连接区段。

2）同一构件内不同连接钢筋计算连接区段长度不同时，d 取大值。

3. 机械连接接头

机械连接接头是指用机械的方法把钢筋放在一起，如图 10-11 所示。机械连接接头能产生较牢固的连接力，具有操作简便、施工快捷、连接强度高、连接质量稳定、使用范围广、节省钢材和能源、施工安全等特点。纵向受力钢筋的机械连接接头宜相互错开。钢筋机械连接接头同一连接区段的长度为 35d（d 为相互连接钢筋的较小直径），如图 10-12 所示，①、④号钢筋在同一连接区段，②、③号钢筋在同一连接区段。

机械连接接头需要注意以下两个问题：

1）凡接头中点位于该连接区段长度内的机械连接接头均属于同一连接区段。

2）同一构件内不同连接钢筋计算连接区段长度不同时，d 取大值。

对板、墙、柱及预制构件的拼接处，可根据实际情况放宽。纵向受压钢筋的接头百分率可不受限制。机械连接套筒的保护层厚度宜满足有关钢筋最小保护层厚度的规定。机械连接套筒的横向净距离不宜小于 25mm。直接承受动力荷载时，接头面积百分率不应大于 50%。

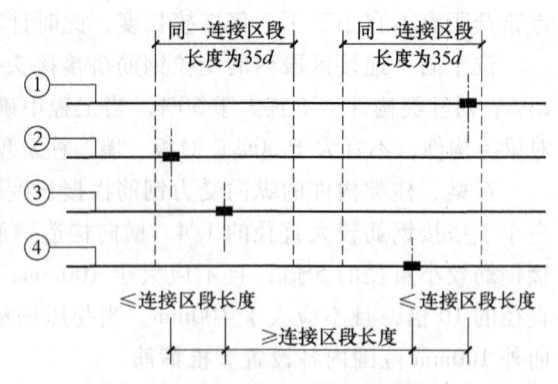

图 10-11　机械连接　　　　　　　　图 10-12　纵向受拉钢筋机械连接接头

习　题

一、选择题

1. f_y 表示钢筋的（　　）。
   A. 钢筋抗拉强度设计值　　　　　　B. 钢筋抗压强度设计值
   C. 钢筋屈服强度标准值　　　　　　D. 钢筋极限强度标准值

2. 牌号为 HPB300 的钢筋，其中 300 是指钢筋的（　　）。
   A. 钢筋抗拉强度设计值　　　　　　B. 钢筋抗压强度设计值
   C. 钢筋屈服强度标准值　　　　　　D. 钢筋极限强度标准值

3. 对有较高要求的抗震结构，下列适用的钢筋牌号为（　　）。
   A. HRB400　　　B. RRB400　　　C. HRBF400　　　D. HRB400E

4. 下列钢筋的牌号中，属于普通热轧钢筋的是（　　）。
   A. HPB300　　　B. HRB400　　　C. RRB400　　　D. HRBF500

5. 混凝土强度等级是按（　　）确定的。
   A. 立方体抗压强度标准值　　　　　B. 立方体抗压强度设计值
   C. 轴心抗压强度标准值　　　　　　D. 轴心抗压强度设计值

6. f_c 是指混凝土的（　　）。
   A. 轴心抗压强度标准值　　　　　　B. 轴心抗压强度设计值
   C. 轴心抗拉强度标准值　　　　　　D. 轴心抗拉强度设计值

7. 下列关于钢筋和混凝土两种材料能够共同工作的各项原因分析中，错误的是（　　）。
   A. 钢筋表面与混凝土之间有良好的粘结力
   B. 钢筋和混凝土的温度线膨胀系数几乎相同
   C. 钢筋被混凝土包裹着，从而使钢筋不会因大气的侵蚀而生锈变质
   D. 钢筋抗拉强度高，混凝土抗压强度高，钢筋混凝土发挥了两者的优点

8. 钢筋（　　）接头连接区段的长度，是连接钢筋较小直径的 35 倍，且不小于 500mm。

A. 绑扎搭接　　　　B. 焊接　　　　　C. 机械连接　　　　D. 任何连接

9. 任何情况下，纵向受拉钢筋的绑扎搭接长度不应小于（　　）mm。

A. 500　　　　　　B. 400　　　　　C. 300　　　　　　D. 200

10. 位于同一连接区段的纵向受拉钢筋，（　　）接头面积允许百分率：对于梁、板及墙类构件不宜大于25%；对于柱类构件不宜大于50%。

A. 绑扎搭接　　　　B. 机械连接　　　C. 对接焊接　　　　D. 搭接焊接

11. 已知受拉钢筋的锚固长度 $l_a = 40d$，梁纵向受力钢筋直径为20mm，绑扎搭接接头百分率为25%，其搭接长度为（　　）mm。

A. 800　　　　　　B. 960　　　　　C. 1120　　　　　　D. 1280

12. 牌号为HRB400的钢筋，其中400是指钢筋的（　　）。

A. 抗拉强度设计值　　　　　　　　　B. 抗压强度设计值
C. 屈服强度标准值　　　　　　　　　D. 极限强度标准值

13. 关于混凝土的收缩，下列叙述中正确的是（　　）。

A. 水泥强度等级越高，收缩越小　　　B. 水泥用量越小，收缩越大
C. 水灰比越大，收缩越小　　　　　　D. 养护环境湿度越大，收缩越小

14. 下列对混凝土徐变的表述中错误的是（　　）。

A. 混凝土的徐变增大了结构的变形　　B. 增加水泥用量可以减少混凝土的徐变
C. 增加骨料含量可以减少混凝土的徐变　D. 加强混凝土养护可以减少混凝土徐变

15. 下列不属于混凝土和钢筋之间粘结作用的是（　　）。

A. 混凝土与钢筋之间的摩擦力　　　　B. 混凝土与钢筋表面之间的机械咬合力
C. 混凝土与钢筋之间的胶结力　　　　D. 钢筋对混凝土的预应力

二、填空题

1. 混凝土按照标准方法制作养护（在20±2℃的温度和相对湿度（　　）以上条件的空气中养护）的边长为（　　）mm的立方体标准试件，在（　　）d或设计规定龄期，用标准试验方法测得的具有（　　）保证率的抗压强度，称为立方体强度标准值。

2. 混凝土在空气中结硬时体积减小的现象，称为混凝土的（　　）。在长期不变荷载作用下，混凝土的变形随时间的延长而增加的现象，称为混凝土的（　　）。

3. 钢筋与混凝土之间的粘结作用，带肋钢筋的粘结作用主要取决于（　　）。

4. 受拉钢筋的锚固长度 l_a 除按照计算外，且不应小于（　　）mm。受拉钢筋当采用绑扎搭接连接时，其搭接长度 l_l 除按照计算外，且不应小于（　　）mm。

5. 钢筋混凝土构件中位于同一连接区段的纵向受拉钢筋的绑扎搭接连接接头面积允许百分率：对于梁、板类及墙类构件不宜大于（　　）%；对于柱类构件，不宜大于（　　）%。

6. 当受拉钢筋直径大于（　　）mm，受压钢筋直径大于（　　）mm时，不宜采用绑扎搭接。

7. 已知受拉钢筋的锚固长度 $l_a = 40d$，梁纵向受力钢筋直径为20mm，绑扎搭接接头百分率为25%，则其搭接长度为（　　）mm。

第 11 章

钢筋混凝土受压和受拉构件

建筑工程中以承受压力作用为主的构件称为受压构件,以承受拉力作用为主的构件称为受拉构件。按照纵向力在截面上作用位置的不同,纵向受压构件分为轴心受压构件和偏心受压构件。纵向力作用线与构件轴线重合的构件称为轴心受压构件,如图 11-1a 所示。纵向力作用线与构件轴线不重合的构件称为偏心受压构件。偏心受压构件又可分为单向偏压受压构件(图 11-1b)和双向偏心受压构件(图 11-1c)。

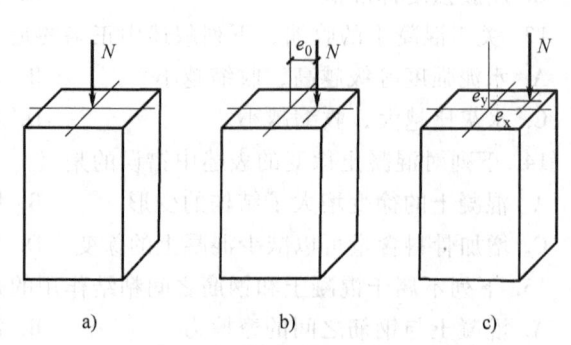

图 11-1 轴心受压与偏心受压构件
a) 轴心受压 b) 单向偏心受压 c) 双向偏心受压

11.1 ★轴心受压构件承载力计算

11.1.1 分类及破坏特征

1. 分类

在实际结构中,理想的轴心受压构件是不存在的。当弯矩的作用忽略不计的时候,可按轴心受压构件进行计算。根据箍筋配置方式的不同,钢筋混凝土轴心受压柱可分为两种:一种是配置纵向钢筋和普通箍筋的柱,称为普通箍筋柱;一种是配置纵向钢筋和螺旋筋或焊接环式间接钢筋的柱,称为螺旋箍筋柱或间接箍筋柱(图 11-2)。

按照长细比 l_0/b 的大小,轴心受压柱可分为短柱和长柱两类。对方形和矩形柱,当 $l_0/b \leq 8$ 时属于短柱;对圆形柱 $l_0/d \leq 7$ 为短柱,否则为长柱。其中,l_0 为柱的计算长度,b 为矩形截面的短边尺寸,d 为圆形截面直径。

2. 短柱的破坏特征

配有普通箍筋的矩形截面短柱,在轴向压力 N 作用下整个截面的应变基本上是均匀分布的。N 较小时,构件的压缩变形主要为弹性变形。随着荷载的增大，构件变形迅速增大。与此同时，混凝土塑性变形增加，弹性模量降低，应力增长逐渐变慢，而钢筋应力的增加则越来越快。对配置中等强度的钢筋构件，钢筋将先达到其屈服强度，而后混凝土应变达到极限压应变。此时，柱子表面出现纵向裂缝，混凝土保护层开始剥落，最后箍筋之间的纵向钢筋压屈而向外凸出，混凝土被压碎崩裂而破坏（图 11-3）。

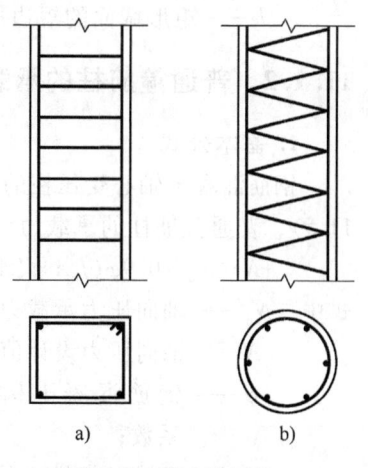

3. 长柱的破坏特征

对于长细比较大的长柱，由于各种偶然因素造成的初始偏心距的影响是不可忽略的，在轴心压力 N 作用下，由初始偏心距将产生附加弯矩，这个附加弯矩产生的水平挠度又加大了原来的初始偏心距，这样相互影响的结果，促使了构件截面材料破坏较早到来，导致承载能力的降低。破坏时首先在凹边出现纵向裂缝，接着混凝土被压碎，纵向钢筋被压弯向外凸出，侧向挠度急速发展，最终柱子失去平衡并将凸边混凝土拉裂而破坏（图 11-4）。试验表明，柱的长细比越大，其承载力越低。对于长细比很大的长柱，还有可能发生"失稳破坏"的现象。

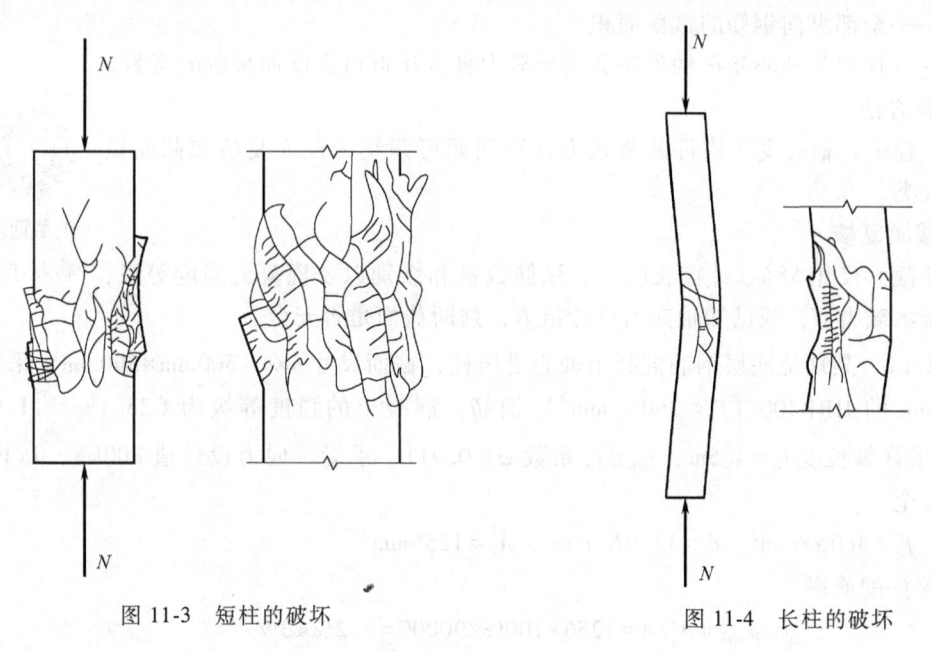

图 11-2 轴心受压柱
a) 普通箍筋柱 b) 螺旋箍筋柱

图 11-3 短柱的破坏

图 11-4 长柱的破坏

由上述可知，在同等条件下，即截面相同、配筋相同、材料相同的条件下，长柱承载力低于短柱承载力。在确定轴心受压构件承载力计算公式时，规范采用构件的稳定系数 φ 来表示长柱承载力降低的程度。试验的实测结果表明，稳定系数主要和构件的长细比 l_0/b 有关。长细比 l_0/b 越大，φ 值越小。当 $l_0/b \leq 8$ 时，$\varphi = 1$，说明承载力的降低可忽略。

φ 的计算公式为

$$\varphi = 1/(1+0.002(l_0/b-8)^2) \tag{11-1}$$

式中 l_0——柱的计算长度；

b——矩形截面的短边尺寸。

11.1.2 普通箍筋柱的承载力计算

1. 基本公式

钢筋混凝土轴心受压柱的正截面承载力由混凝土承载力及钢筋承载力两部分组成（图11-5），普通箍筋柱的承载力计算公式为

$$N \leq N_u = 0.9\varphi(f_c A + f'_y A'_s) \quad (11-2)$$

式中 N_u——轴向压力承载力设计值；

N——轴向压力设计值；

φ——钢筋混凝土构件的稳定系数；

f_c——混凝土的轴心抗压强度设计值；

A——构件截面面积，当纵向钢筋配筋率大于3%时，A应改为 $A_c = A - A_s$；

f'_y——纵向钢筋的抗压强度设计值；

A'_s——全部纵向钢筋的截面面积。

0.9——保持与偏心受压构件正截面承载力具有相近可靠度而采取的系数。

图11-5 轴心受压柱的承载力计算组成

2. 计算方法

实际工程中，轴心受压构件的承载力计算问题可归纳为截面复核和截面设计计算两大类。

（1）截面复核

已知柱截面尺寸 $b \times h$、计算长度 l_0、纵筋数量和级别以及混凝土强度等级，求柱的受压承载力 N，或已知轴向力设计值 N，判断截面是否安全。

[例11-1] 某现浇底层钢筋混凝土轴心受压柱，截面尺寸 $b \times h = 300\text{mm} \times 300\text{mm}$，采用4根直径20mm 的 HRB400（$f'_y = 360\text{N/mm}^2$）钢筋，混凝土的强度等级为 C25（$f_c = 11.9\text{N/mm}^2$），柱子计算长度 $l_0 = 4.5\text{m}$，稳定性系数 $\varphi = 0.911$，承受轴向力设计值 800kN，试校核此柱是否安全。

[解] $f'_y = 360\text{N/mm}^2$，$f_c = 11.9\text{N/mm}^2$，$A'_s = 1256\text{mm}^2$

（1）验算配筋率

$$\rho'_{min} = A'_s / A = 1256 \times 100\% / 90000 = 1.2\% < 3\%$$

（2）计算柱截面承载力

$$N = 0.9\varphi(f_c A + f'_y A'_s)$$

$= 0.9 \times 0.911 \times (11.9 \times 300 \times 300 + 360 \times 1256)\text{N} = 1248.84 \times 10^3 \text{N} = 1248.84\text{kN} > N = 800\text{kN}$

柱截面安全。

[例11-2] 在钢筋混凝土轴心受压构件中，宜采用（　　）。

A. H 形截面

B. 较高强度等级的混凝土

C. 较高强度等级的纵向受力钢筋

D. 在钢筋截面面积不变的前提下，宜采用直径较细的钢筋

（2）截面设计

已知构件截面尺寸 $b \times h$、轴向力设计值、构件的计算长度和材料强度等级，求纵向钢筋截面面积 A'_s。

若构件截面尺寸 $b \times h$ 为未知，则可先根据构造要求并参照同类工程假定柱截面尺寸 $b \times h$，然后按式（11-2）计算 A'_s。纵向钢筋配筋率宜在 0.5%~2% 之间。若配筋率 ρ 过大或过小，则应调整 b、h，重新计算 A'_s。也可先假定 φ 和 ρ' 的值（常可假定 $\varphi = 1$，$\rho' = 1\%$），由下式计算出构件截面面积，进而得出 $b \times h$：

$$A = N / [0.9\varphi(f_c + \rho f'_y)] \tag{11-3}$$

[例 11-3] 已知某多层多跨现浇钢筋混凝土框架结构，底层中柱近似按轴心受压构件计算。该柱安全等级为二级，柱截面尺寸为 300mm×300mm，轴向压力设计值 $N = 1400$kN，计算长度 $l_0 = 5$m，$\varphi = 0.869$，纵向钢筋采用 HRB400（$f'_y = 360$N/mm^2），混凝土强度等级为 C30（$f_c = 14.3$N/mm^2）。求柱纵筋截面面积。

[解]（1）计算钢筋截面面积 A'_s

由式（11-2）得，$A'_s = 1397$mm

（2）验算配筋率

$\rho' = A'_s / A = 1397 \times 100\% / 300 \times 300 = 1.55\%$，$\rho'$ 在 0.5%~2% 之间，满足配筋率要求。纵筋选用 4Φ22（$A'_s = 1520$mm）。

11.2 ★受压构件构造要求

1. 材料强度等级

为了充分发挥混凝土材料的抗压性能，减小构件截面尺寸，节约钢筋，宜采用较高强度等级的混凝土，一般采用 C25~C50 等级。

柱中不宜选用高强度钢筋。其原因是受压钢筋要与混凝土共同工作，钢筋应变受到混凝土极限压应变的限制，而混凝土极限压应变很小，所以高强度钢筋的受压强度不能充分利用。相关规范规定受压钢筋的最大抗压强度为 400N/mm^2，提倡应用高强、高性能钢筋，规定梁、柱纵向受力普通钢筋应采用 HRB400、HRB500、HRBF400、HRBF500 钢筋；箍筋宜采用 HRB400、HRBF400、HPB300、HRB500、HRBF500 钢筋，也可采用 HRB335、HRBF335 钢筋。

2. 截面形式及尺寸

钢筋混凝土受压构件通常采用方形或矩形截面，以便制作模板。一般轴心受压柱以方形为主，偏心受压柱以矩形为主。当有特殊要求时，也可采用其他形式的截面，如轴心受压柱可采用圆形、多边形等，偏心受压柱还可采用 I 形、T 形等。

为了充分利用材料强度，避免构件长细比太大而降低构件承载力，柱截面尺寸不宜过小。一般应符合 $l_0/b \le 30$、$l_0/h \le 25$、$l_0/d \le 25$（其中，l_0 为柱的计算长度，h 和 b 分别为柱截面的高度和宽度，d 为圆形柱的截面直径）。对于方形和矩形截面，其尺寸不宜小于 250mm×250mm。为了便于模板尺寸模数化，柱截面边长在 800mm 以下者，宜取 50mm 的倍

数；800mm 以上者，取为 100mm 的倍数。

3. 纵向受力钢筋

轴心受压构件的荷载主要由混凝土承担，设置纵向受力钢筋的目的是协助混凝土承受压力，以减小构件尺寸；承受可能的弯矩，以及混凝土收缩和温度变形引起的拉应力；防止构件突然的脆性破坏。

纵向受力钢筋直径不宜小于 12mm，通常采用 12~32mm。一般宜采用根数较少、直径较粗的钢筋，以保证钢筋骨架的刚度，减少钢筋在施工时纵向弯曲及减少箍筋用量。

轴心受压柱的纵向受力钢筋应沿截面四周均匀对称布置，偏心受压柱的纵向受力钢筋应布置在与偏心压力作用平面垂直的两侧。方形和矩形截面柱中纵向受力钢筋不少于 4 根，以便于箍筋形成钢筋骨架。圆柱中不宜少于 8 根且不应少于 6 根，且宜沿周边均匀布置。

受压构件全部纵向钢筋和一侧纵向钢筋的最小配筋率按相关混凝土规范确定。从经济和施工方便（不使钢筋过于拥挤）角度考虑，全部纵向钢筋的配筋率不宜大于 5%，一般不超过 3%，通常在 0.5%~2%。

4. 箍筋

受压构件中箍筋的作用是为了架立纵向钢筋，承担剪力和扭矩，并与纵筋一起形成对芯部混凝土的围箍约束。

受压构件中的周边箍筋应做成封闭式。箍筋直径不应小于 $d/4$（d 为纵向钢筋的最大直径），且不应小于 6mm。箍筋间距不应大于 400mm 及构件截面的短边尺寸，且不应大于 $15d$（d 为纵向钢筋的最小直径）。

当柱中全部纵向受力钢筋的配筋率超过 3% 时，箍筋直径不应小于 8mm，间距不应大于 $10d$（d 为纵向受力钢筋的最小直径），且不应大于 200mm；箍筋末端应做成 135° 弯钩且弯钩末端平直段长度不应小于 $10d$。

在纵筋搭接长度范围内，箍筋的直径不宜小于搭接钢筋直径的 0.25 倍。箍筋间距，当搭接钢筋为受拉时，不应大于 $5d$（d 为受力钢筋中最小直径），且不应大于 100mm；当搭接钢筋为受压时，不应大于 $10d$，且不应大于 200mm。

当柱截面短边尺寸大于 400mm，且各边纵向钢筋多于 3 根时（图 11-6c），或当柱截面短边尺寸不大于 400mm 但各边纵向钢筋多于 4 根时（图 11-6d），应设置复合箍筋，以防止中间钢筋被压屈。当柱中各边纵向钢筋不多于 3 根时（图 11-6b），或者柱截面短边 $b \leq$ 400mm 但各边纵筋不多于 4 根时（图 11-6a），可采用单个箍筋。复合箍筋的直径、间距与前述箍筋相同。

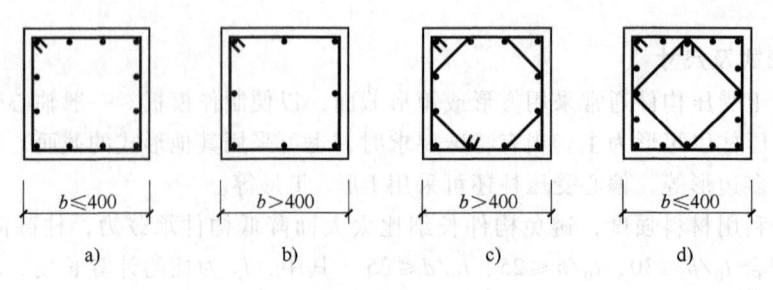

a) $b \leq 400$　　b) $b > 400$　　c) $b > 400$　　d) $b \leq 400$

图 11-6　箍筋的构造

注：b 为柱短边。

对于截面形状复杂的构件，不可采用具有内折角的箍筋（图 11-7）。其原因是，内折角处受拉箍筋的合力向外，会使该处混凝土保护层崩裂。

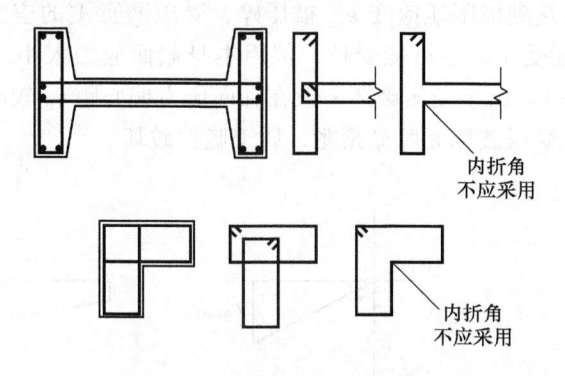

图 11-7　复杂截面的箍筋形式

11.3　◯偏心受压构件承载力计算

偏心受压构件的破坏特征

偏心受压构件在轴向力 N 和弯矩 M 的共同作用时，等效于承受一个偏心距为 $e_0 = M/N$ 的偏心力 N 的作用。当弯矩 M 相对较小时，M 和 N 的比值 e_0 就很小，构件接近于轴心受压；当 N 相对较小时，M 和 N 的比值 e_0 就很大，构件接近于受弯。因此，随着 e_0 的改变，偏心受压构件的受力性能和破坏形态介于轴心受压和受弯之间。按照轴向力的偏心距和配筋情况的不同，偏心受压构件的破坏可分为受拉破坏和受压破坏两种情况。

1. 受拉破坏（大偏心受压破坏）

当轴向压力偏心距 e_0 较大，且受拉钢筋配置不太多时，构件受轴向压力 N 后，离 N 较远一侧的截面受拉，另一侧截面受压。当 N 增加到一定程度，首先在受拉区出现横向裂缝，随着荷载的增加，裂缝不断发展和加宽，裂缝截面处的拉力全部由钢筋承担。荷载继续加大，受拉钢筋首先达到屈服，并形成一条明显的主裂缝，随后主裂缝明显加宽并向受压一侧延伸，受压区高度迅速减小。最后，受压区边缘出现纵向裂缝，受压区混凝土被压碎而导致构件破坏（图 11-8）。此时，受压钢筋一般也能屈服。由于受拉破坏通常在轴向压力偏心距 e_0 较大时发生，故习惯上也称为大偏心受压破坏。受拉破坏有明显预兆，属于延性破坏。

2. 受压破坏（小偏心受压破坏）

当轴向压力偏心距 e_0 较小，或偏心距 e_0 虽然较大但配置的受拉钢筋过多时，就会发生受压破

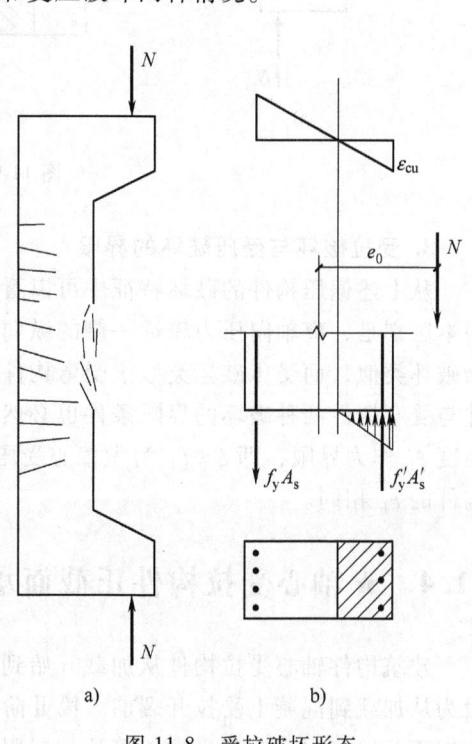

图 11-8　受拉破坏形态

坏。加荷后整个截面全部受压或大部分受压，靠近轴向压力一侧的混凝土压应力较高，远离轴向压力一侧压应力较小甚至受拉。随着荷载 N 逐渐增加，靠近轴向压力一侧混凝土出现纵向裂缝，进而混凝土达到极限压应变 ε_{cu} 被压碎，受压钢筋 A'_s 的应力也达到 f'_y，远离轴向压力一侧的钢筋 A_s 可能受压，也可能受拉，但因本身截面应力太小，或因配筋过多，都达不到屈服强度（图11-9）。由于受压破坏一般在轴向压力偏心距 e_0 较小时发生，故习惯上也称为小偏心受压破坏。受压破坏无明显预兆，属于脆性破坏。

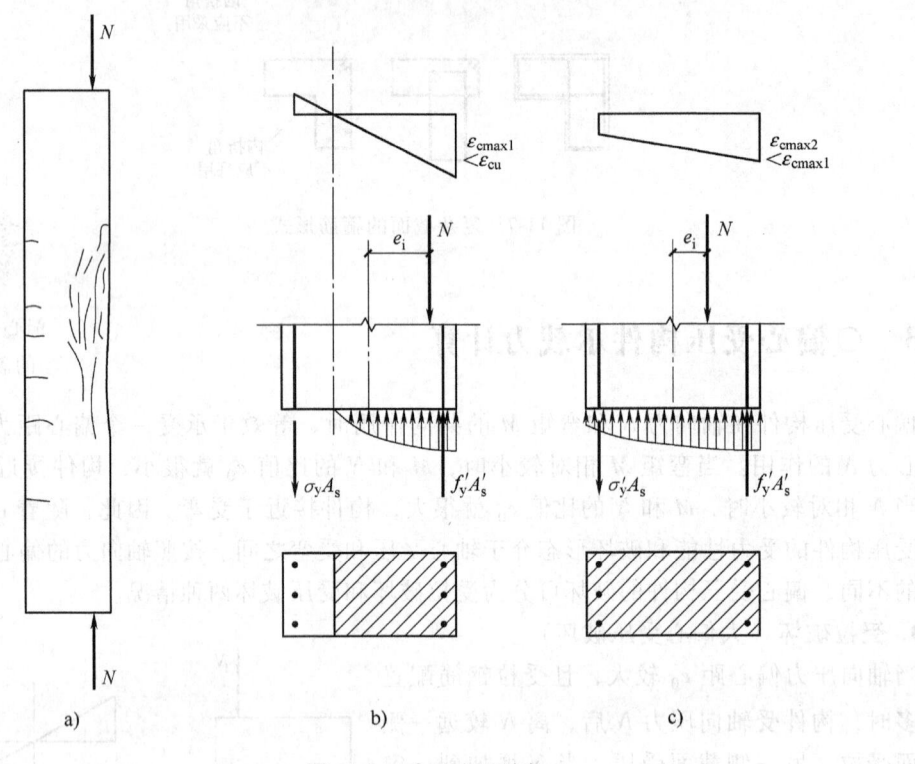

图 11-9 受压破坏形态

3. 受拉破坏与受压破坏的界限

从上述偏压构件的破坏特征中可以看出，大偏心受压破坏形态与小偏心受压破坏形态的根本区别是，离轴向压力较远一侧的纵向钢筋是否受拉屈服。受拉破坏与受弯构件正截面适筋破坏类似，而受压破坏类似于受弯构件正截面的超筋破坏，故两种偏心受压破坏的界限条件与受弯构件两种破坏的界限条件也必然相同。受拉破坏与受压破坏也可用界限相对受压区高度 ξ_b 作为界限，即 $\xi \leqslant \xi_b$ 为大偏心受压破坏；$\xi > \xi_b$ 为小偏心受压破坏。其中，ξ_b 与受弯构件的 ξ_b 相同。

11.4 ★轴心受拉构件正截面承载力计算

建筑构件轴心受拉构件从加载开始到破坏为止，其过程也可分为三个受力阶段：第Ⅰ阶段为从加载到混凝土受拉开裂前。第Ⅱ阶段为混凝土开裂后至钢筋即将屈服。第Ⅲ阶段为受拉钢筋开始屈服到全部受拉钢筋达到屈服，此时混凝土裂缝开展很大，可认为构件达到了破坏状态，即达到极限荷载 N_u。

轴心受拉构件破坏时，混凝土早已被拉裂，全部拉力由钢筋来承受，直到钢筋受拉屈服。故轴心受拉构件正截面承载力计算公式为

$$N_u = f_y A_s \qquad (11-4)$$

式中　N_u——轴心受拉承载力设计值；

　　　f_y——钢筋的抗拉强度设计值；

　　　A_s——受拉钢筋的全部截面面积。

[例 11-4]　已知某钢筋混凝土屋架下弦，截面尺寸 $b \times h = 200\text{mm} \times 150\text{mm}$，其所受的轴心拉力设计值为 345.6kN，混凝土强度等级 C30，钢筋为 HRB400（$f_y = 360\text{N/mm}^2$），最小配筋率要求 0.2%。求截面配筋。

[解]　$A_s = N/f_y = 345.6 \times 10^3 \text{mm}^2 / 360 = 960 \text{mm}^2$

选用 4 ⌀ 18，$A_s = 1017\text{mm}^2$

复核最小配筋率：$A_{s\min} = \rho_{\min} bh = 0.2\% \times 200 \times 150\text{mm} = 60\text{mm}^2 < A_s = 1017\text{mm}^2$，故满足。

习　题

一、填空题

1. 关于矩形和圆形截面的钢筋混凝土受压构件的截面尺寸，下列叙述错误的是（　　）。

A. 截面尺寸不宜小于 250mm×250mm

B. 矩形截面柱（截面宽度 b）时 l_0/b 应不大于 30

C. 矩形截面柱（截面高度 h）时 l_0/h 应不大于 30

D. 圆柱（直径为 d）时 l_0/d 应不大于 25

2. 关于柱中纵向受力钢筋直径、根数，下列叙述错误的是（　　）。

A. 纵向受力钢筋直径不宜大于 25mm

B. 对于方形和矩形截面，纵向受力筋不少于 4 根

C. 对于圆形截面纵向受力筋不宜少于 8 根且不应少于 6 根

D. 纵向受力钢筋直径不宜小于 12mm

3. 关于现浇柱中纵向钢筋的净距、中距、全部纵向钢筋的配筋率，下列叙述错误的是（　　）。

A. 纵向钢筋的净距不应小于 50mm

B. 轴心受压柱中各边的纵向钢筋的中距不宜大于 250mm

C. 全部纵向钢筋的配筋率不宜大于 5%

D. 全部纵向钢筋的配筋率一般不大于 3%

4. 当偏心受压柱的截面高度大于或等于（　　）mm 时，在柱的侧面上应设置直径不小于（　　）mm 的纵向构造钢筋，并相应设置复合箍筋或拉筋。

A. 500；10　　B. 500；12　　C. 600；10　　D. 600；12

5. 柱中箍筋的最小直径为（　　）mm，若柱中纵向钢筋的最大直径为 25mm，箍筋直径最小应为（　　）mm。

A. 6；6　　　　　B. 6；8　　　　　C. 8；8　　　　　D. 8；10

6. 依据《混凝土结构设计规范》(GB 50010—2010)(2015年版)规定，钢筋混凝土柱中全部纵向受力钢筋的配筋率不宜（　　）。

　　A. 小于3%　　　B. 大于3%　　　C. 小于5%　　　D. 大于5%

7. 依据《混凝土结构设计规范》(GB 50010—2010)(2015年版)规定，下列柱中需设置复合箍筋的是（　　）。

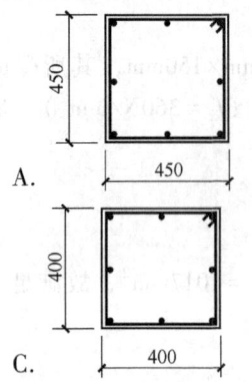

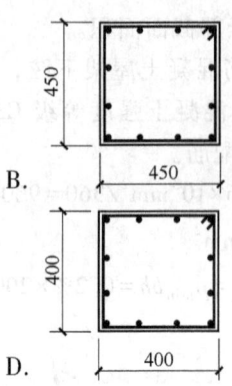

A. [450×450截面配筋图]
B. [450×450截面配筋图]
C. [400×400截面配筋图]
D. [400×400截面配筋图]

8. 依据《混凝土结构设计规范》(GB 50010—2010)(2015年版)规定，柱中箍筋配置正确且经济合理的是（　　）。

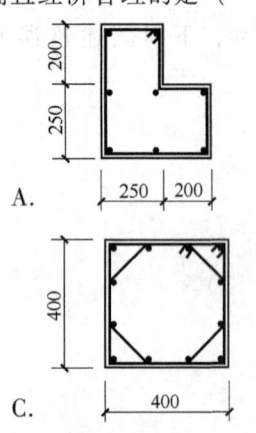

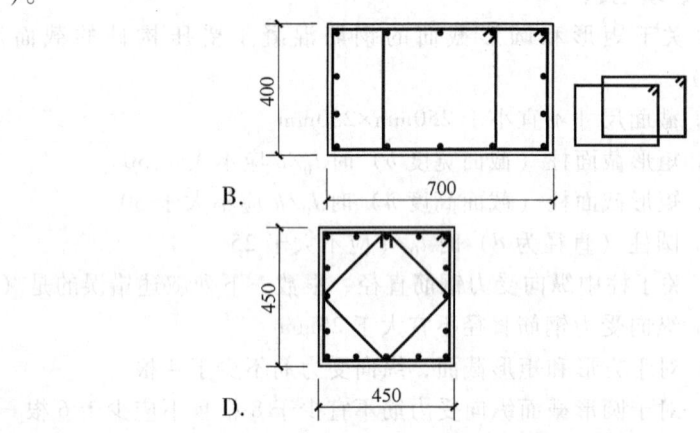

A. [L形截面配筋图]
B. [400×700截面配筋图]
C. [400×400截面配筋图]
D. [450×450截面配筋图]

9. 依据《混凝土结构设计规范》(GB 50010—2010)(2015年版)规定，（　　）不影响矩形截面钢筋混凝土普通箍筋受压柱的正截面受压承载力。

　　A. 箍筋的强度、肢数　　　　　　B. 纵向钢筋截面面积
　　C. 受压区混凝土面积　　　　　　D. 混凝土轴心抗压强度

10. 两根矩形截面轴心受压钢筋混凝土柱（$l_0/b>8$），除计算高度不同外，其余情况均相同，高柱承载力N_{u1}，低柱承载力N_{u2}，其承载力比较正确的是（　　）。

　　A. $N_{u1}>N_{u2}$　　B. $N_{u1}=N_{u2}$　　C. $N_{u1}<N_{u2}$　　D. 无法比较

11. 钢筋混凝土轴心受压柱承载力计算中，当纵向钢筋配筋率大于（　　）时，则计算构件截面面积A应改为$A_c=A-A'_s$。

　　A. 5%　　　　　B. 3%　　　　　C. 2%　　　　　D. 1%

12. 某钢筋混凝土轴心受压柱，截面尺寸为450mm×450mm，安全等级为二级，纵向钢筋采用HRB400钢筋，混凝土强度等级为C25，当按最小配筋率计算配置纵向钢筋时，下列

配筋图中符合构造要求的是（　　）。

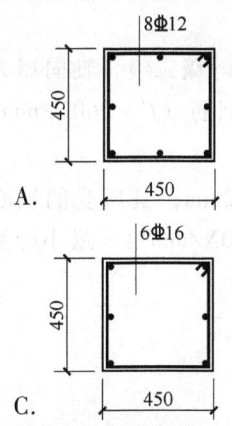

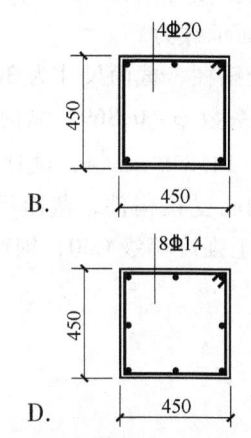

A. 8⌀12 450×450
B. 4⌀20 450×450
C. 6⌀16 450×450
D. 8⌀14 450×450

13. 某钢筋混凝土轴心受压柱，截面尺寸为 300mm×300mm，安全等级为二级，纵向钢筋采用 HRB400 钢筋，混凝土强度等级为 C30，为满足最小配筋率的要求，需最少配置截面面积为（　　）mm² 的纵筋。

A. 180　　　　　B. 360　　　　　C. 450　　　　　D. 495

14. 某钢筋混凝土轴心受压柱，截面尺寸为 300mm×300mm，安全等级为二级，轴向压力设计值 $N=1550$kN，计算稳定系数 $\varphi=0.869$，纵向钢筋采用 HRB400 钢筋，混凝土强度等级为 C30，该柱最少需配置截面面积为（　　）mm² 的纵筋。

A. 1930　　　　B. 1510　　　　C. 1380　　　　D. 1209

15. 某现浇钢筋混凝土轴心受压柱，截面尺寸为 400mm×300mm，纵向钢筋为 8⌀18，混凝土的强度等级为 C30，计算高度 $l_0=4.8$m，则该柱截面承载力最接近（　　）kN。

A. 2327　　　　B. 2131　　　　C. 2094　　　　D. 1918

16. 大偏心受压破坏形态与小偏心受压破坏形态的根本区别是（　　）。

A. 受压区边缘纤维的压应变是否达到混凝土的极限压应变值
B. 离轴向力较远一侧的纵向钢筋是否受拉屈服
C. 离轴向力较近一侧的纵向钢筋是否受压屈服
D. 离轴向力较远一侧的纵向钢筋是否受拉

17. 矩形截面钢筋混凝土偏心受压柱正截面受压承载力计算，当符合（　　）条件时，为大偏心受压构件。

A. $x \geq 0.5h_0$　　B. $x>0.5h_0$　　C. $x \leq x_b$　　D. $x>x_b$

二、计算题

1. 某现浇底层钢筋混凝土轴心受压柱，截面尺寸 $b \times h = 500\text{mm} \times 500\text{mm}$，采用 8 根直径 20mm 的 HRB400（$f'_y=360\text{N}/\text{mm}^2$）钢筋，混凝土的强度等级为 C30（$f_c=14.3\text{N}/\text{mm}^2$），柱子计算长度 $l_0=5.5$m，稳定性系数 $\varphi=0.95$，承受轴向力设计值 3500kN，试校核此柱是否安全。

2. 某现浇钢筋混凝土轴心受压柱，截面尺寸 $b \times h = 300\text{mm} \times 300\text{mm}$，纵向钢筋为 4⌀20（$f'_y=360\text{N}/\text{mm}^2$），混凝土的强度等级为 C30（$f_c=14.3\text{N}/\text{mm}^2$），计算高度 $l=4.5$m，稳定性系数 $\varphi=0.9$，求该柱正截面承载力。

3. 某现浇钢筋混凝土轴心受压柱，截面尺寸 $b \times h = 300\text{mm} \times 400\text{mm}$，纵向钢筋为 8⌀18

($f'_y = 360\text{N}/\text{mm}^2$)，混凝土的强度等级为 C30（$f_c = 14.3\text{N}/\text{mm}^2$），计算高度 $l = 4.8\text{m}$，稳定性系数 $\varphi = 0.87$，求该柱正截面承载力。

4. 某钢筋混凝土轴心受压柱，截面尺寸为 300mm×300mm，安全等级二级，轴向压力设计值 $N = 1550\text{kN}$，计算稳定系数 $\varphi = 0.869$，纵向钢筋采用 HRB400 钢筋（$f'_y = 360\text{N}/\text{mm}^2$），混凝土强度等级为 C30（$f_c = 14.3\text{N}/\text{mm}^2$），试计算柱纵筋截面面积。

5. 已知某钢筋混凝土轴心受拉构件，截面尺寸 $b \times h = 300\text{mm} \times 500\text{mm}$，其所受的轴心拉力设计值为 666.6kN，混凝土强度等级 C30，钢筋为 HRB400（$f_y = 360\text{N}/\text{mm}^2$），最小配筋率要求 0.2%。求截面配筋。

第 12 章

钢筋混凝土受扭构件

钢筋混凝土结构中，承受扭矩的构件统称为受扭构件。实际工程中，单纯受扭的构件是很少的，扭矩作用在构件上的同时往往存在弯矩和剪力的作用。例如，钢筋混凝土雨篷梁、钢筋混凝土现浇框架边梁及单层工业厂房中的吊车梁等，如图 12-1 所示。

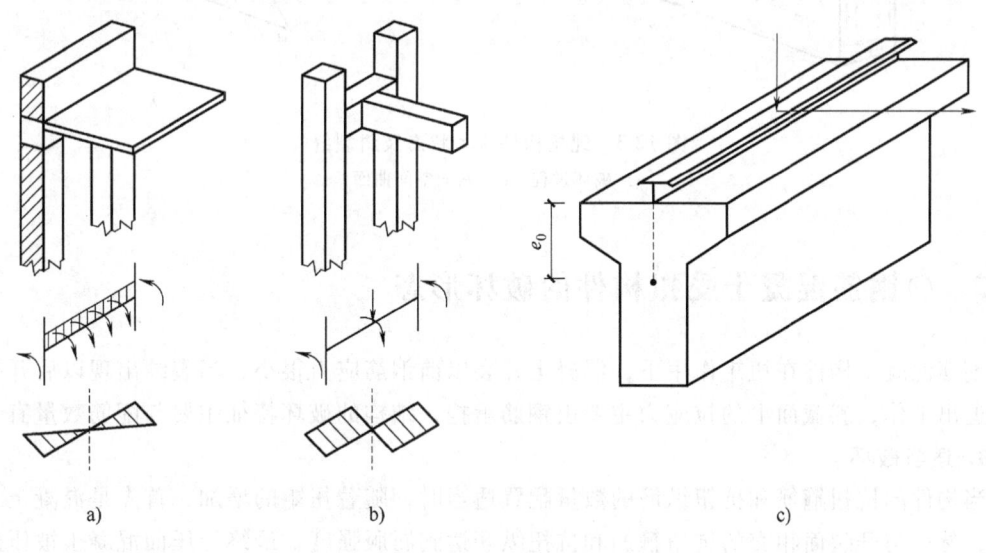

图 12-1 实际工程中的受扭构件
a）雨篷梁 b）框架边梁 c）吊车梁

12.1 △钢筋混凝土受扭构件的受力特点

以纯扭作用下的钢筋混凝土矩形截面构件为例。当构件扭力较小时，截面上的应力与应变的关系处于弹性阶段，由材料力学公式可知，纯扭构件截面上仅有剪应力 τ 作用，截面上剪应力流的分布图如图 12-2 所示。由图 12-2 可知，截面形心处剪应力值等于零，截面边缘处剪应力值较大，其中截面长边中点处剪应力值为最大。

试验表明：矩形截面素混凝土构件在扭矩作用下，构件长边中点将产生与构件轴线成

45°的主拉应力 σ_{tp}，使截面长边中点处混凝土首先开裂，出现一条与构件轴线成 45°的斜裂缝 ab，该裂缝迅速以螺旋形向相邻两个面延伸至 c 和 d，最后构件形成一个三面受拉、一面受压的斜向空间曲面，如图 12-3 所示，构件随之破坏，该破坏具有典型的脆性破坏性质。在混凝土受扭构件中可沿 45°角主拉应力方向配置螺旋钢筋，并将螺旋钢筋配置在构件截面边缘处，但由于 45°角的螺旋钢筋不便施工，实际工程中通常在构件中配置纵筋和箍筋来承受扭矩。

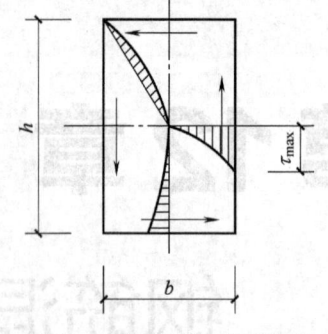

图 12-2 纯扭构件截面应力

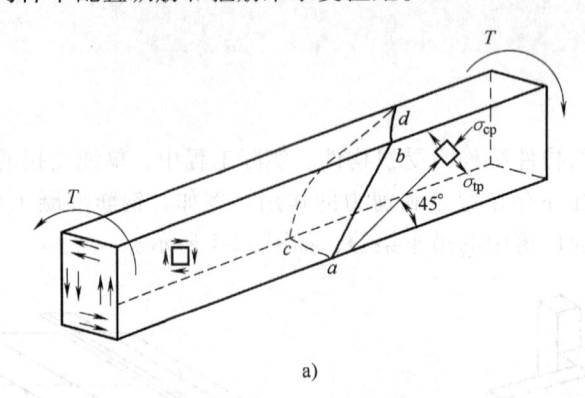

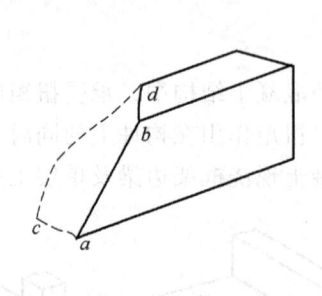

图 12-3 纯扭构件应力状态及斜裂缝
a) 破坏过程 b) 斜向空间曲面

12.2 ○钢筋混凝土受扭构件的破坏形态

钢筋混凝土构件在扭矩作用下，混凝土开裂以前钢筋应力很小，当裂缝出现以后开裂混凝土退出工作，斜截面上的拉应力主要由钢筋承担，结构的破坏特征主要与配筋数量有关。

1. 适筋破坏

当构件的抗扭箍筋和抗扭纵筋的数量配置适当时，随着扭矩的增加，首先是混凝土三面开裂，然后与开裂面相交的抗扭箍筋和抗扭纵筋达到屈服强度，最终受压面混凝土被压碎而导致构件破坏。构件破坏前有较大的变形和裂缝，其破坏类似于受弯构件的适筋梁，属于延性破坏，在实际工程设计中应普遍应用。

2. 少筋破坏

当构件的抗扭箍筋和抗扭纵筋的配置数量太少时，构件在扭矩作用下，斜裂缝突然出现并迅速开展，与斜裂缝相交的受扭钢筋超过屈服强度被拉断，随即构件破坏。破坏形态和性质同无筋混凝土受扭构件，其破坏类似于受弯构件的少筋梁，属于脆性破坏，在实际工程设计中应予以避免。

3. 超筋破坏

当构件的抗扭箍筋和抗扭纵筋的配置数量过多时，构件在扭矩作用下，抗扭箍筋和抗扭纵筋均未达到屈服，受压区混凝土首先达到抗压强度而破坏。破坏时构件的变形和裂缝均较小，其破坏类似于受弯构件的超筋梁，属于脆性破坏，在实际工程设计中应予以避免。

4. 部分超筋破坏

当混凝土受扭构件的纵筋和箍筋比率相对较大时，即一种钢筋配置数量较多，另一种配置数量较少时，随着扭矩的增加，配置数量较少的钢筋达到屈服点，最后受压区混凝土达到抗压强度而破坏。破坏时，配置数量较多的钢筋未达到屈服点，构件有一定的延性。为使抗扭箍筋和抗扭纵筋都能有效发挥作用，在构件破坏时同时或者先后达到屈服强度，应对抗扭纵筋和箍筋的强度比（ζ）进行控制，试验表明：当 $0.5 \leq \zeta \leq 2.0$ 时，一般两者均可发挥作用。相关混凝土规范规定 ζ 应满足 $0.6 \leq \zeta \leq 1.7$ 的条件。当 $\zeta = 1.2$ 时，纵筋和箍筋的用量比最佳。

12.3 ★钢筋混凝土受扭构件的构造要求

钢筋混凝土受扭构件的构造要求主要针对受扭纵筋和受扭箍筋。

1. 受扭纵筋

受扭纵筋应沿构件截面周边均匀对称布置。试验表明：不对称的受扭纵筋在受扭过程中不能充分发挥作用。矩形截面的四角以及 T 形和 I 字形截面各分块矩形的四角，均必须设置受扭纵筋。受扭纵筋的间距不应大于 200mm，也不应大于梁截面短边长度，如图 12-4 所示。受扭纵向钢筋的接头和锚固要求均应按受拉钢筋的相应要求考虑。

2. 受扭箍筋

受扭箍筋设置同受剪箍筋，但受扭箍筋必须为封闭式，且沿截面周边布置；当采用复合箍筋时，位于截面内部的箍筋不应计入受扭所需的箍筋面积。

为保证箍筋搭接处受力时不致产生相对滑动，受扭箍筋末端应做成 135° 的弯钩，弯钩端部应锚入混凝土核心内，其平直段长度不应小于 $10d$（d 为箍筋直径），如图 12-5 所示。

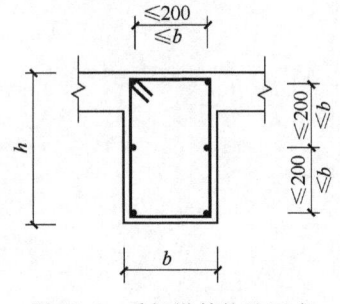

图 12-4 受扭纵筋构造要求

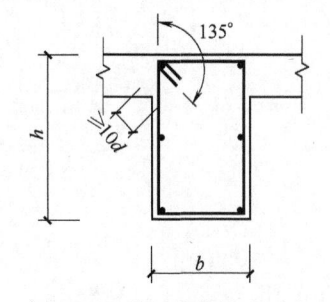

图 12-5 受扭箍筋构造要求

习 题

选择题

1. 受扭纵筋的间距不应大于（ ）mm，也不应大于梁截面短边长度。
   A. 150   B. 200   C. 250   D. 300
2. 受扭箍筋末端应做成 135° 的弯钩，其平直段不应小于（ ）d（d 为箍筋直径）。

A. 20　　　　　　B. 15　　　　　　C. 10　　　　　　D. 5

3. 为使受扭箍筋和受扭纵筋都能有效发挥作用，相关混凝土规范规定，受扭纵筋和箍筋的强度比ζ宜在（　　）范围内。

A. 0.6~2.0　　　B. 0.5~1.0　　　C. 0.5~1.7　　　D. 0.6~1.7

4. 实际工程中的受扭构件，下列破坏形态最理想的是（　　）。

A. 超筋破坏　　　B. 少筋破坏　　　C. 适筋破坏　　　D. 部分超筋破坏

5. 矩形截面素混凝土构件在扭矩作用下，通常在（　　）处首先开裂。

A. 截面长边中点　　　　　　　　B. 截面短边中点

C. 截面角部　　　　　　　　　　D. 施加荷载

6. 梁中受扭纵向钢筋的间距不应大于（　　）。

A. 200mm　　　　　　　　　　　B. 梁截面短边尺寸

C. 200mm和梁截面短边尺寸　　　D. 200mm和梁截面长边尺寸

7. 梁中受扭纵向钢筋应在（　　）。

A. 梁顶部对称布置　　　　　　　B. 梁底部对称布置

C. 梁腹部对称布置　　　　　　　D. 梁截面周边均匀对称布置

8. 实际工程中，计算纯扭构件时，将构件视为（　　）。

A. 弹性材料　　　　　　　　　　B. 弹塑性材料

C. 塑性材料　　　　　　　　　　D. 脆性材料

第13章

钢筋混凝土受弯构件

受弯构件是指截面上通常有弯矩和剪力共同作用而轴力可忽略不计的构件。梁和板是典型的受弯构件。

受弯构件常用的截面形式有矩形、T形和工字形等。

受弯构件在荷载等因素的作用下，截面有可能发生两种破坏：一种是沿弯矩最大截面的破坏，如图13-1a所示，另一种是沿剪力最大或弯矩和剪力都较大的截面破坏，如图13-1b所示。当受弯构件沿弯矩最大的截面破坏时，破坏截面与构件的轴线垂直，故称为沿正截面破坏；当受弯构件沿剪力最大或弯矩和剪力都较大的截面破坏时，破坏截面与构件的轴线斜交，称为沿斜截面破坏。

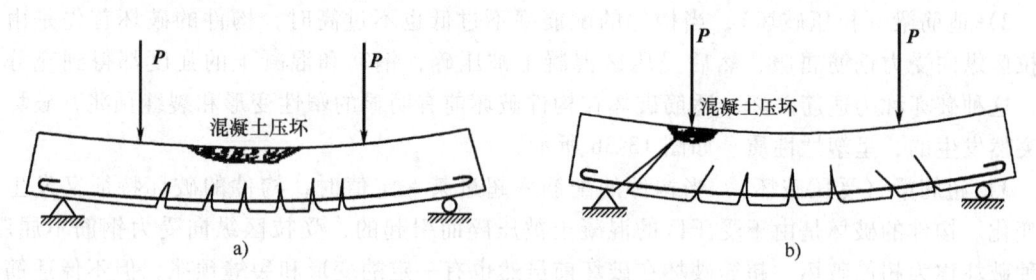

图13-1 受弯构件的破坏形式
a) 正截面破坏 b) 斜截面破坏

13.1 ★受弯构件正截面承载力计算

13.1.1 受弯构件正截面破坏特征

1. 配筋率对构件破坏特征的影响

对一截面宽度为b、截面高度为h的矩形截面受弯构件，假定在受拉区配置了钢筋截面面积为A_s的纵向受力钢筋，假设从受压边缘至纵向受力钢筋截面重心的距离h_0为截面的有效高度，截面宽度与截面有效高度的乘积bh_0为截面的有效面积（图13-2），纵向受力钢筋截面重心到受拉边缘距离计为a_s。构件的截面配筋率是指纵向受力钢筋截面面积与截面有效面积的百分比,即 $\rho = A_s/(bh_0)$。

构件的破坏特征取决于配筋率、混凝土的强度等级、截面形式等诸多因素,但是以配筋率对构件破坏特征的影响最为明显。试验表明,随着配筋率的改变,构件的破坏特征将发生质的变化。根据纵向受拉钢筋配筋率的不同,梁可分为少筋梁、适筋梁和超筋梁三种情况。

以如图 13-3 所示承受集中荷载的矩形截面简支梁为例,说明配筋率对构件破坏特征的影响。

图 13-2 单筋矩形截面示意图

图 13-3 不同配筋率构件的破坏特征
a) 少筋梁 b) 适筋梁 c) 超筋梁

1) 少筋梁,当构件的配筋率低于某一定值时,构件不但承载能力很低,而且只要一开裂,裂缝就急速开展,裂缝截面处的拉力全部由钢筋承担,钢筋由于突然增大的应力而导致屈服,构件立即发生破坏,如图 13-3a 所示,可以说是"一裂就破",这种破坏称为少筋破坏。这种梁从开裂到破坏,间隔时间较短,也属于"脆性破坏"。由于构件截面过大,也不经济,故工程中不允许采用少筋梁。

2) 适筋梁(拉压破坏),当构件的配筋率不过低也不过高时,构件的破坏首先是由于受拉区纵向受力钢筋屈服,然后受压区混凝土被压碎,钢筋和混凝土的强度都得到充分利用,这种破坏称为适筋破坏。适筋破坏在构件破坏前有明显的塑性变形和裂缝预兆,破坏不是突然发生的,呈塑性性质,如图 13-3b 所示。

3) 超筋梁(受压破坏),当构件的配筋率超过某一定值时,构件的破坏特征又发生质的变化。构件的破坏是由于受压区的混凝土被压碎而引起的,受拉区纵向受力钢筋不屈服,这种破坏称为超筋破坏。超筋破坏在破坏前虽然也有一定的变形和裂缝预兆,但不像适筋破坏那样明显,而且当混凝土压碎时,破坏突然发生,钢筋的强度得不到充分利用,破坏带有脆性性质,如图 13-3c 所示。

由上述可见,混凝土梁的配筋率,应控制在最大和最小配筋率范围之间,以避免出现超筋破坏和少筋破坏。少筋破坏和超筋破坏都具有脆性性质,破坏前无明显预兆,材料的强度得不到充分利用。因此,应避免将受弯构件设计成少筋构件和超筋构件,只允许设计成适筋构件。

2. 适筋受弯构件截面受力的三个阶段

当在受弯构件受拉区配置的纵向受拉钢筋配筋数量适当时,构件由零开始加载直至正截面受弯破坏,其全过程经历了以下三个阶段(图 13-4):

1) 第 I 阶段(截面开裂前的弹性工作阶段)。当荷载较小时,截面上的应力、应变均较小,混凝土和钢筋均处于弹性工作阶段。受压区和受拉区混凝土的应力和应变成线性关系。正截面中和轴以上的混凝土处于受压状态,中和轴以下的混凝土及纵向钢筋处于受拉状态,如图13-4a所示。

随着荷载的增加,应力和应变随之增大。由于混凝土抗拉强度远较抗压强度低,受拉区混凝土首先表现出明显的塑性特征——应变较应力增长快,受拉区应力图形开始偏离直线呈曲线形,并随着荷载的增加应力图形中曲线部分的范围沿梁高不断向上发展。

随着荷载继续增加,受拉区边缘混凝土拉应力首先达到混凝土抗拉强度,受压区塑性变形发展不明显,其应力图形仍接近三角形,如图13-4b所示。此时,截面处于将裂未裂的界限状态,称为第Ⅰ阶段的末状态,用I_a表示,截面所对应的弯矩为抗裂弯矩M_{cr}。I_a阶段可作为受弯构件抗裂度的计算依据。

2) 第Ⅱ阶段(带裂缝工作,截面开裂到受拉区纵向钢筋开始屈服阶段)。荷载继续增加,受拉区边缘混凝土的拉应变超过其极限拉应变ε_{tu},受拉区混凝土出现第一条裂缝,如图13-4c所示。梁即由第Ⅰ阶段进入第Ⅱ阶段——带裂缝工作阶段。

在裂缝截面处,受拉区混凝土退出工作,拉力几乎全部由该截面的受拉钢筋承担,钢筋应力增大。

随着荷载的继续增加,原有裂缝不断向上扩展,新的裂缝不断产生,中和轴逐渐上移,受压区高度不断减小,受压区混凝土的压应力逐渐增大,受压区混凝土应力图形开始呈曲线形,呈现出一定的塑性特征;当弯矩继续增加使受拉钢筋应力达到屈服强度f_y,这时截面所能承担的弯矩称为屈服弯矩M_y,如图13-4d所示。

第Ⅱ阶段的应力状态代表了受弯构件在使用时的应力状态,故将本阶段的应力状态作为验算裂缝宽度和变形的依据。

3) 第Ⅲ阶段(破坏阶段)。由于受拉钢筋的应力已达到钢筋的屈服强度f_y,当荷载继续增加时,钢筋的变形突然增大,裂缝宽度随之扩展并沿梁高向上延伸,中和轴继续上移,受压区高度进一步减小,受压区混凝土的塑性特征表现得更加充分,压应力图形呈显著曲线分布,如图13-4e所示。梁由第Ⅱ阶段进入第Ⅲ阶段,即破坏阶段。

随着荷载的不断增加,受压边缘混凝土压应变达到混凝土的极限压应变,产生近乎水平的裂缝,混凝土被压碎,甚至崩脱,构件即告破坏。此状态称为第Ⅲ阶段的末状态,以Ⅲ$_a$表示,如图13-4f所示,此时截面所对应的弯矩即为极限弯矩M_u。将Ⅲ$_a$状态作为构件承载能力计算的依据。

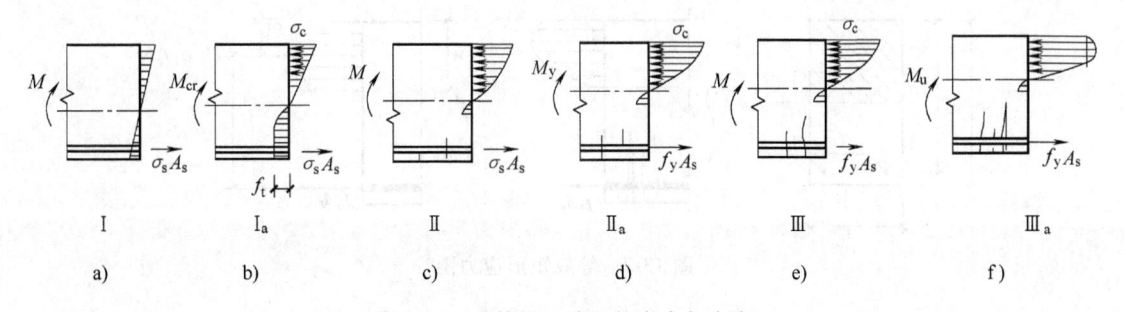

图13-4 适筋梁三阶段的应力与应变

由此可见,适筋梁的破坏过程先是受拉区混凝土出现裂缝,受拉钢筋达到钢筋屈服强度,最后受压区边缘混凝土达到极限压应变导致构件破坏。在梁完全破坏前,由于钢筋要经历较大的塑性变形,随之引起裂缝急剧开展和挠度的急增,它将给人以明显的破坏预兆,这种破坏称为"延性破坏",并且钢筋与混凝土两种材料的强度都能得到充分利用。因此,建筑工程中的受弯构件均应设计成适筋梁。

13.1.2 单筋矩形截面受弯构件正截面承载力计算

1. 基本假定

单筋矩形截面梁

1)平截面假定。加载前正截面为平面,加载后截面仍保持为平面,即截面上的应变沿截面高度为线性分布。

2)不考虑混凝土抗拉强度。

3)采用理想化的钢筋应力-应变关系,如图 13-5 所示。纵向钢筋的极限拉应变取为 0.01。

4)采用理想化的混凝土应力-应变关系,如图 13-6 所示。

以适筋破坏时的第Ⅲ阶段末(Ⅲ$_a$)应力状态为依据,根据上述基本假定,即可得到理想化的应力图形。

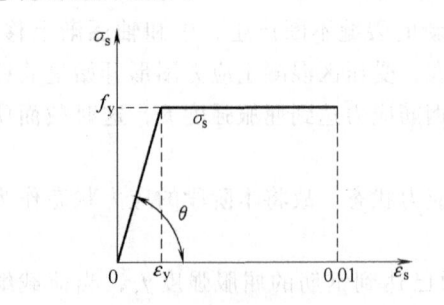

图 13-5 钢筋的应力-应变曲线

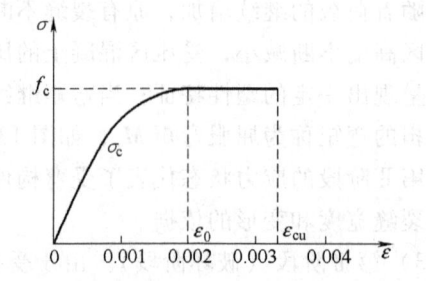

图 13-6 混凝土的应力-应变曲线

2. 受压区混凝土等效应力图

在承载能力计算时,为简化计算,有关规范规定在试验的基础上,采用等效矩形应力图形代替受压区混凝土实际的应力图形,如图 13-7 所示。其代换原则如下:

1)混凝土压应力的合力大小相等。

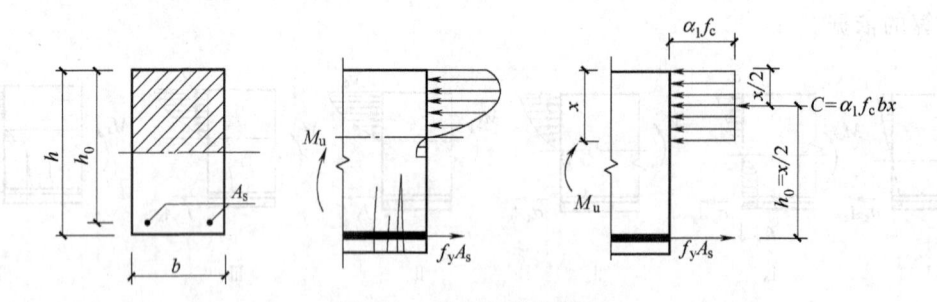

图 13-7 等效矩形应力图

2)混凝土压应力合力的作用点不变。等效矩形应力图形的混凝土受压区高度 $x=\beta_1 x_c$ (x_c 为实际受压区高度),等效矩形应力图形的应力值为 $\alpha_1 f_c$ (f_c 为混凝土轴心抗压强度设计值)。系数 β_1、α_1 的值,见表 13-1。

3)相对界限受压区高度 ξ_b,如图 13-8 所示。

表 13-1 混凝土受压等效矩形应力图系数

混凝土强度等级	≤C50	C55	C60	C65	C70	C75	C80
α_1	1.0	0.99	0.98	0.97	0.96	0.95	0.94
β_1	0.8	0.79	0.78	0.77	0.76	0.75	0.74

受弯构件等效矩形应力图形的混凝土受压区高度 x 与截面有效高度 h_0 的比值，称为相对受压区高度 ξ，即

$$\xi = \frac{x}{h_0} \qquad (13\text{-}1)$$

相对界限受压区高度 ξ_b 是指适筋梁界限破坏时，等效矩形应力图形的混凝土受压区高度 x_b 与截面有效高度 h_0 的比值。

根据平截面假定，由图 13-8 可以看出：

① 当 $\xi > \xi_b$ 时，破坏时钢筋拉应变 $\varepsilon_s < \varepsilon_y$（$\varepsilon_y$ 为钢筋屈服时的应变），受拉钢筋没有达到屈服强度，发生的破坏为超筋破坏。

② 当 $\xi \leqslant \xi_b$ 时，破坏时钢筋拉应变 $\varepsilon_s \geqslant \varepsilon_y$，受拉钢筋已经达到屈服强度，发生的破坏为适筋破坏或少筋破坏。

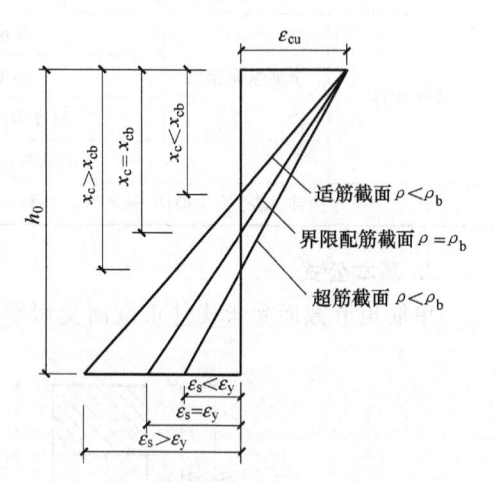

图 13-8 适筋梁、超筋梁、界限配筋梁破坏时的正截面平均应变图

因此，可用 ξ_b 来判别梁的破坏形态。各种钢筋的 ξ_b 值见表 13-2。

表 13-2 相对界限受压区高度 ξ_b 取值

钢筋级别	ξ_b						
	≤C50	C55	C60	C65	C70	C75	C80
HPB300	0.576	—	—	—	—	—	—
HRB335	0.550	0.541	0.531	0.522	0.512	0.503	0.493
HRB400	0.518	0.508	0.499	0.490	0.481	0.472	0.463
HRB500	0.482	0.473	0.465	0.456	0.447	0.438	0.429

4）最大配筋率 ρ_{max}。当 $\xi = \xi_b$ 时，与此相对应的纵向受拉钢筋的配筋率即为适筋梁的最大配筋 ρ_{max}，其计算公式为

$$\rho_{max} = \xi_b \frac{\alpha_1 f_c}{f_y} \qquad (13\text{-}2)$$

当梁的配筋率 $\rho_{min} < \rho \leqslant \rho_{max}$ 时，属于适筋梁；当 $\rho > \rho_{max}$ 时，属于超筋梁。

5）最小配筋率。为了保证受弯构件不出现少筋破坏，必须控制截面的配筋率 ρ 不小于某一界限配筋率 ρ_{min}。由配有最小配筋率时受弯构件正截面破坏时所能承受的弯矩 M_u 等于相应的素混凝土梁所能承受的弯矩 M_{cr}，即 $M_u = M_{cr}$，可求得梁的最小配筋率 ρ_{min}。

《混凝土结构设计规范》(GB 50010—2010)(2015年版)规定的 $\rho_{\min}$ 见表13-3。当计算所得 $\rho<\rho_{\min}\dfrac{h}{h_0}$ 时,应按构造配置不小于 $\rho_{\min}bh$ 的钢筋。

表13-3 纵向受拉钢筋的最小配筋百分率 $\rho_{\min}$(%)

受力类型			最小配筋百分率
受压构件	全部纵向钢筋	强度等级500MPa	0.50
		强度等级400MPa	0.55
		强度等级300MPa、335MPa	0.60
	一侧纵向钢筋		0.2
受弯构件、偏心受拉构件、轴心受拉构件一侧的受拉钢筋			0.2和 $45f_t/f_y$ 中的较大值

3. 基本公式

单筋矩形截面受弯构件正截面受弯承载力计算简图如图13-9所示。

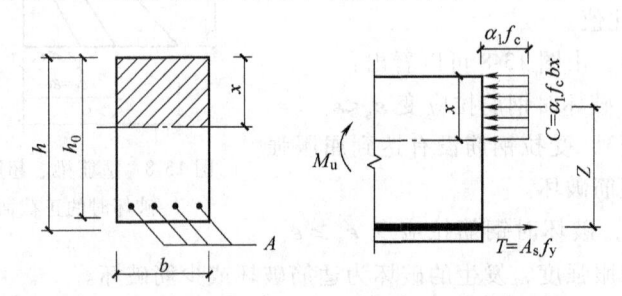

图13-9 单筋矩形截面受弯构件正截面受弯承载力计算简图

由力的平衡条件可得

$$\alpha_1 f_c bx = A_s f_y \tag{13-3}$$

由力矩平衡条件可得

$$M \leq \alpha_1 f_c bx \left(h_0 - \frac{x}{2} \right) \tag{13-4}$$

或

$$M \leq A_s f_y \left(h_0 - \frac{x}{2} \right) \tag{13-5}$$

式中 M——弯矩设计值;

x——等效矩形应力图形的受压区高度;

b——矩形截面宽度;

h_0——矩形截面的有效高度;

f_y——受拉钢筋抗拉强度的设计值;

A_s——受拉钢筋截面面积;

f_c——混凝土轴心抗压强度的设计值;

α_1——系数,见表13-1。

4. 适用条件

1)为了防止超筋破坏,应满足以下条件:

$$\xi = \frac{x}{h_0} \leqslant \xi_b \quad (13\text{-}6a)$$

或

$$x \leqslant \xi_b h_0 \quad (13\text{-}6b)$$

或

$$\rho \leqslant \rho_{\max} = \xi_b \frac{\alpha_1 f_c}{f_y} \quad (13\text{-}6c)$$

若将 ξ_b 代入式（13-4），即可求得单筋矩形截面所能承受的最大弯矩设计值，即

$$M_{u,\max} = \alpha_1 f_c b h_0^2 \xi_b (1 - 0.5\xi_b) \quad (13\text{-}7)$$

式（13-6a）~式（13-6c）的意义相同，只要满足其中一个公式的要求，就必能满足其余公式的要求。

2）为了防止少筋破坏，应满足以下条件：

$$\rho \geqslant \rho_{\min} \times \frac{h}{h_0} \quad (13\text{-}8)$$

或

$$A_s \geqslant \rho_{\min} b h \quad (13\text{-}9)$$

5. 计算

受弯构件正截面受弯承载力计算包括截面复核和截面设计两类问题。

（1）截面复核

已知：截面尺寸 $b \times h$，混凝土强度等级和钢筋类别，弯矩设计值 M，纵向受拉钢筋截面面积 A_s，复核截面是否安全。

计算步骤如下：

1）计算混凝土受压区高度 x。

由式（13-3）可得 $x = \dfrac{f_y A_s}{\alpha_1 f_c b}$

2）计算 M_u。

若 $x \leqslant \xi_b h_0$ 且 $\rho \geqslant \rho_{\min}$，则为适筋梁，由式（13-4）得 $M_u = \alpha_1 f_c b x \left(h_0 - \dfrac{x}{2} \right)$

若 $x > \xi_b h_0$ 则说明该梁属于超筋梁，此时

$$M_u = M_{u,\max} = \alpha_1 f_c b h_0^2 \xi_b (1 - 0.5\xi_b)$$

若 $\rho < \rho_{\min}$，则为少筋梁，应修改设计。

3）与弯矩设计值 M 比较，求出 M_u。若 $M_u \geqslant M$，截面安全；若 $M_u < M$，截面不安全。

[**例 13-1**] 已知钢筋混凝土单筋矩形截面梁截面尺寸 $b \times h = 250\text{mm} \times 500\text{mm}$，纵向受拉钢筋可一排放置，安全等级二级，环境类别为一类。混凝土强度等级为 C25（$f_c = 11.9\text{N/mm}^2$），已配受拉钢筋 3 Φ 20（$f_y = 360\text{N/mm}^2$），承受的弯矩设计值 $M = 130\text{kN} \cdot \text{m}$，试验算此梁是否安全。（已查表得到 $\alpha_1 = 1.0$，梁的有效高度 $h_0 = (500 - 45)\text{mm} = 455\text{mm}$，$A_s = 942\text{mm}^2$，$\rho_{\min} = 0.2\%$）

[**解**]（1）计算混凝土受压区高度 x

由式（13-3）可得 $x = \dfrac{f_y A_s}{\alpha_1 f_c b} = 360 \times 942\text{mm}/1.0 \times 11.9 \times 250 \approx 114\text{mm} < \xi_b h_0 = 0.518 \times$

455mm = 235.7mm，没有超筋。

$bh\rho_{min} = 250 \times 500 mm \times 0.2\% = 250mm^2 < A_s = 942mm^2$，没有少筋。

（2）计算 M_u

梁的正截面受弯承载力为

$$M_u = \alpha_1 f_c bx \left(h_0 - \frac{x}{2}\right) = 1.0 \times 11.9 \times 250 \times 114 \times (455 - 114/2) \text{N} \cdot \text{mm} = 134981700 \text{N} \cdot \text{mm}$$

（3）与弯矩设计值 M 比较

$M_u \approx 135$kN·m $> M = 130$kN·m。该梁安全。

（2）截面设计

已知：截面尺寸 $b \times h$，混凝土强度等级和钢筋类别，弯矩设计值 M。求纵向受拉钢筋截面面积 A_s。

计算步骤如下：

1）查表确定材料强度设计值。

2）确定截面有效高度 h_0（可先假定为一排钢筋）。

3）计算混凝土受压区高度 x，并判断是否属于超筋。

由式（13-4）可得

$$x = h_0 - \sqrt{h_0^2 - \frac{2M}{\alpha_1 f_c b}}$$

若 $x \leq \xi_b h_0$，则为适筋构件。

若 $x > \xi_b h_0$，则属于超筋构件，说明截面尺寸过小，应加大截面尺寸或提高混凝土强度等级重新设计。

4）计算 A_s 并验算是否属于少筋梁。

将 x 值代入式（13-3），可求得纵向钢筋的截面面积 A_s，即

$$A_s = \alpha_1 \frac{f_c}{f_y} bx$$

若 $A_s \geq \rho_{min} bh$，按计算配筋。

若 $A_s > \rho_{min} bh$，则应按最小配筋率配筋，取 $A_s = \rho_{min} bh$。

若计算需配两排钢筋，则应按两排钢筋时的 h_0 重新计算 A_s。

[例 13-2] 已知单筋矩形梁截面尺寸 $b \times h = 250mm \times 550mm$，荷载产生的弯矩设计值 $M = 190$kN·m，混凝土强度等级为 C30，采用 ⏀400 级钢筋，可排成一排。安全等级二级，环境类别为一类。求所需纵向受拉钢筋截面面积 A_s。（已查表得 $f_c = 14.3$N/mm^2；$\alpha_1 = 1.0$；$f_y = 360$N/mm^2；$\xi_b = 0.518$；已知截面有效高度 $h_0 = (550-40)$ mm = 510mm，$\rho_{min} = 0.2\%$）

[解]（1）查表确定材料强度设计值

$f_c = 14.3$N/mm^2；$\alpha_1 = 1.0$；$f_y = 360$N/mm^2；$\xi_b = 0.518$。

（2）确定截面有效高度 h_0

由已知得截面有效高度 $h_0 = (550-40)$ mm = 510mm，可排成一排。

（3）计算混凝土受压区高度 x

由式（13-4）得截面受压区高度为

$$x = h_0 - \sqrt{h_0^2 - \frac{2M}{\alpha_1 f_c b}}$$

$$= 510 - \sqrt{510^2 - \frac{2\times190\times10^6}{1.0\times14.3\times250}}\ \text{mm}$$

$$= 117.83\text{mm} < \xi_b h_0 = 0.518\times510\text{mm} = 264.18\text{mm}$$

(4) 计算 A_s 并验算是否属于少筋梁

将 $x = 117.83$mm 代入式（13-3），得出受拉钢筋的截面面积：

$$A_s = \alpha_1 \frac{f_c}{f_y}bx = 1.0\times\frac{14.3}{360}\times250\times117.83\text{mm}^2 = 1170\text{mm}^2$$

选用 4 Φ 20（$A_s = 1256\text{mm}^2$），排成一排。

验算最小配筋率：$\rho = \dfrac{A_s}{bh_0} = \dfrac{1256}{250\times510}\times100\% = 0.98\% > \rho_{\min} = 0.2\%$，符合构造要求。

[**例 13-3**] 正常使用下钢筋混凝土受弯构件的正截面受力工作状态为（　　）。
A. 混凝土无裂缝且纵向受拉钢筋未屈服　　B. 混凝土有裂缝且纵向受拉钢筋屈服
C. 混凝土有裂缝且纵向受拉钢筋未屈服　　D. 混凝土无裂缝且纵向受拉钢筋屈服

13.2 △受弯构件斜截面受力性能

矩形截面简支梁，在对称集中荷载作用下，在梁支座附近，有弯矩和剪力的共同作用，有可能在剪力和弯矩的共同作用下，梁支座附近区段沿着斜向裂缝发生斜截面破坏。因此，在保证正截面受弯承载力的同时，还应保证斜截面承载力，即斜截面受剪承载力和受弯承载力。

在工程设计中，斜截面受剪承载力是通过计算来满足的，而斜截面受弯承载力则通过纵向钢筋和箍筋的构造要求加以保证。

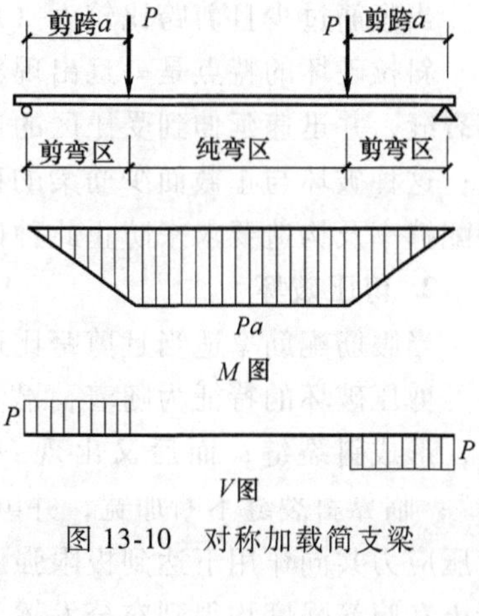

13.2.1 受弯构件斜截面受剪承载力主要影响因素

1. 剪跨比和跨高比

对承受集中荷载作用的梁而言，剪跨比是影响其斜截面受力性能的主要因素之一。如果以 λ 表示剪跨比，集中荷载作用下梁某一截面的剪跨比等于该截面的弯矩值与截面的剪力值和有效高度乘积之比，即 $\lambda = M/(Vh_0)$。

图 13-10 对称加载简支梁

对于如图 13-10 所示承受两个对称集中荷载的梁，梁端的剪跨比为 $\lambda = Pa/(ph_0) = a/h_0$。即等于集中荷载作用点至支座或节点边缘的距离 a 与截面有效高度 h_0 之比。

试验表明，对于承受集中荷载的梁，随着剪跨比的增大，受剪承载力下降。

2. 腹筋的数量

箍筋和弯起钢筋可以有效地提高斜截面的承载力。因此，腹筋的数量增多时，斜截面的承载力增大。

3. 混凝土强度等级

从斜截面剪切破坏的几种主要形态可知，斜拉破坏主要取决于混凝土的抗拉强度，剪压破坏和斜压破坏则主要取决于混凝土的抗压强度。因此，在剪跨比和其他条件相同时斜截面受剪承载力随混凝土强度的提高而增大。

4. 纵筋配筋率

纵筋配筋率越大，斜截面承载力也越大。试验表明，两者也大致呈线性关系。这是因为，纵筋配筋率越大则破坏时的剪压区高度越大，从而提高了混凝土的抗剪能力；同时纵筋可以抑制斜裂缝的开展，增大斜裂面间的骨料咬合作用；纵筋本身的横截面也能承受少量剪力。

13.2.2 受弯构件斜截面破坏形态

试验表明，受弯构件有腹筋梁沿斜截面的破坏形态有下列三种（图13-11）：

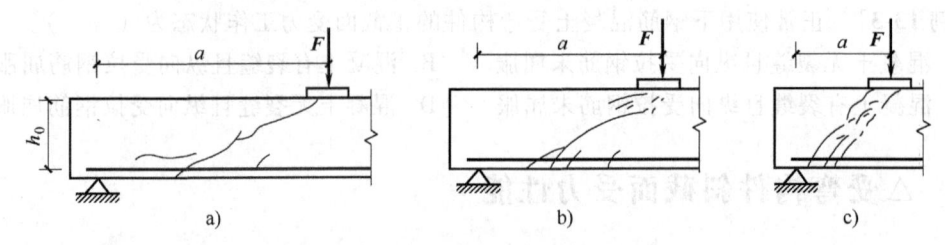

图13-11 受弯构件斜截面破坏形态

1. 斜拉破坏

当腹筋过少且剪跨比较大（$\lambda>3$）时，可能发生斜拉破坏。

斜拉破坏的特点是一旦出现斜裂缝，与其相交的腹筋随即达到屈服强度，很快形成临界斜裂缝，并迅速延伸到受压区的边缘，使梁很快裂为两部分，破坏过程急骤，具有明显的脆性；这种破坏与正截面少筋梁的破坏相似，如图13-11a所示。在实际工程中通过限制最小的配箍率及构造要求来防止此种破坏发生。

2. 剪压破坏

当腹筋配筋率适当且剪跨比适中（$1 \leqslant \lambda \leqslant 3$）时，常发生剪压破坏。

剪压破坏的特征为随着荷载的增加，首先在弯剪段受拉区出现垂直裂缝，随后斜向延伸，形成斜裂缝；而后又出现一条延伸较长、开展较宽的主要斜裂缝，称为"临界斜裂缝"；临界斜裂缝不断加宽，并继续向上延伸，最后使斜裂缝顶端剪压区的混凝土在剪应力及压应力共同作用下达到极限强度而破坏；此时与临界斜裂缝相交的腹筋达到屈服强度，混凝土和腹筋强度均得到充分发挥，如图13-11b所示。这种破坏与正截面适筋梁的破坏相似，斜截面受剪承载力计算，以剪压破坏为依据。在实际工程中通过计算，配置足够的腹筋来防止此种破坏发生。

3. 斜压破坏

斜压破坏多发生在剪跨比较小（$\lambda<1$）、配置的腹筋很多或薄腹梁中。

斜压破坏的特征是梁腹部出现若干条大体互相平行的斜裂缝，随着荷载的增加，这些斜裂缝将梁腹部分割成若干个受压短柱，最后因混凝土短柱被压碎而导致梁斜压破坏；此时腹筋往往达不到屈服强度，钢筋的强度不能充分利用，属于脆性破坏，如图13-11c所示。这种破坏与正截面超筋梁的破坏相似，在实际工程中通过限制最小的截面尺寸来防止。

[例13-4] 正常设计的钢筋混凝土受弯构件，其斜截面极限状态时出现的破坏形态是（   ）。

A. 斜压破坏　　　　　　　　B. 斜拉破坏
C. 剪压破坏　　　　　　　　D. 斜截面受弯破坏

13.3 ★受弯构件构造要求

13.3.1 板的构造要求

1. 板的厚度

板的跨度与板厚之比：钢筋混凝土单向板不大于30，双向板不大于40；无梁支承的有柱帽板不大于35；无梁支承的无柱帽板不大于30；当荷载、跨度较大时，板的跨厚比宜适当减小。有柱帽无梁楼盖，如图13-12所示。

板的厚度除应满足承载力、刚度和抗裂的要求外，现浇钢筋混凝土板尚应满足表13-4的要求。

图13-12 有柱帽无梁楼盖

表13-4 现浇钢筋混凝土板的最小厚度 （单位：mm）

板的类别		最小厚度
单向板	屋面板	60
	民用建筑楼板	60
	工业建筑楼板	70
	行车道下的楼板	80
双向板		80
密肋板	面板	50
	肋高	250
悬臂板（根部）	悬臂长度不大于500mm	60
	悬臂长度1200mm	100
无梁楼板		150
现浇空心楼盖		200

房屋的顶层楼盖厚度不宜小于120mm，普通地下室顶板厚度不宜小于160mm，地下室顶板作为上部结构的嵌固部位时，其楼板厚度不宜小于180mm。工程中现浇板的板厚通常

以 10mm 为模数。

2. 受力钢筋

受力钢筋的作用主要是承受弯矩产生的拉力，沿受力方向设置在板的受拉区，其数量通过计算确定。

受力钢筋宜采用 HRB400、HRB500、HRBF400、HRBF500 钢筋，也可采用 HPB300、HRB335、HRBF335、RRB400 钢筋。

直径：常用钢筋直径为 6mm、8mm、10mm 和 12mm，现浇板的板面钢筋直径不宜小于 8mm，以便施工时保证钢筋的正确位置。

间距：为便于绑扎钢筋、保证混凝土的密实性，钢筋间距不宜太密；为使钢筋受力均匀，钢筋间距也不宜过大。当板厚不大于 150mm 时，不宜大于 200mm，也不宜小于 70mm；当板厚大于 150mm 时，不宜大于板厚的 1.5 倍，且不宜大于 250mm，也不宜小于 70mm。

此外，地下室顶板作为上部结构的嵌固部位时，应采用双层双向配筋，且每层每个方向的配筋率不宜小于 0.25%。

3. 分布钢筋

当按单向板设计时，除沿受力方向布置受拉钢筋外，还应在受拉钢筋的内侧布置与其垂直的分布钢筋；分布钢筋的作用是将板承受的荷载均匀地传给受力钢筋，承受温度变化及混凝土收缩在垂直板跨方向所产生的拉应力，在施工中固定受力钢筋的位置。

分布钢筋宜采用 HPB300 或 HRB335 热轧钢筋。常用直径为 6mm 和 8mm。单位宽度上分布钢筋的截面面积不宜小于单位宽度上受力钢筋截面面积的 15%，且不宜小于该方向板截面面积的 0.15%；分布钢筋的间距不宜大于 250mm，直径不宜小于 6mm；对于集中荷载较大的情况，分布钢筋的截面面积应适当加大，其间距不宜大于 200mm。

在温度、收缩应力较大的现浇板区域，应在板的表面双向配置防裂构造钢筋。配筋率均不宜小于 0.10%，间距不宜大于 200mm。防裂构造钢筋可利用原有钢筋贯通布置，也可另行设置钢筋并与原有钢筋按受拉钢筋的要求搭接或在周边构件中锚固。

在楼板转角，宜沿两个方向正交、斜向平行或按放射状布置附加钢筋。楼板平面的瓶颈部位宜适当增加板厚和配筋。沿板的洞边、凹角部位宜加配防裂构造钢筋，并采取可靠的锚固措施，如图 13-13 所示。

混凝土厚板及卧置于地基上的基础筏板，当板的厚度大于 2m 时，除应沿板的上、下表面布置纵、横方向钢筋外，尚宜在板厚度不超过 1m 范围内设置与板面平行的构造钢筋网片，网片钢筋直径不宜小于 12mm，纵横方向的间距不宜大于 300mm。

图 13-13 板内阴角钢筋

13.3.2 梁的构造要求

1. 截面尺寸

梁常用的截面形式有矩形、T 形和工字形等，如图 13-14 所示。
梁的截面高度与跨度及荷载大小有关，当为建筑的外围梁时还与建筑设计的门窗尺寸、

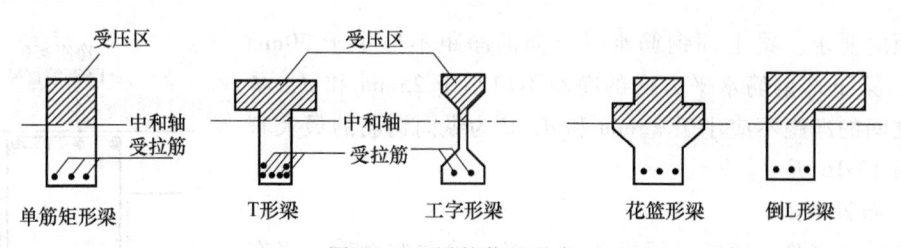

图 13-14 梁的截面形式

标高有关。从刚度要求出发，对一般荷载作用下的梁可参照表 13-5 初定梁高。

表 13-5 不需做挠度计算梁的截面最小高度

项次	构 件 种 类		简支梁	两端连续梁	悬臂梁
1	整体肋形梁	次梁	$l_0/15$	$l_0/20$	$l_0/8$
		主梁	$l_0/12$	$l_0/15$	$l_0/6$
2	独立梁		$l_0/12$	$l_0/15$	$l_0/6$

注：表中 l_0 为梁的计算跨度，当梁的计算跨度大于 9m 时表中的数值应乘以 1.2。

梁的截面高度常为 300~800mm，800mm 以下以 50mm 为模数增加，大于 800mm 时宜以 100mm 为模数增加。

梁截面宽度与截面高度的比值，对于矩形截面宜为 1/3.5~1/2。

梁的截面宽度常为 120mm、180mm、200mm、220mm、250mm、300mm、350mm 等，大于 250mm 时，宜以 50mm 为模数增加。梁净跨与截面高度之比不宜小于 4。梁的截面宽度不宜小于梁截面高度的 1/4，也不宜小于 200mm。

2. 纵向受力钢筋

（1）钢筋级别和直径

纵向受力钢筋用以承受弯矩在梁内产生的拉力，设置在梁受拉一侧。纵向受力钢筋的数量通过计算确定，如图 13-15 所示。

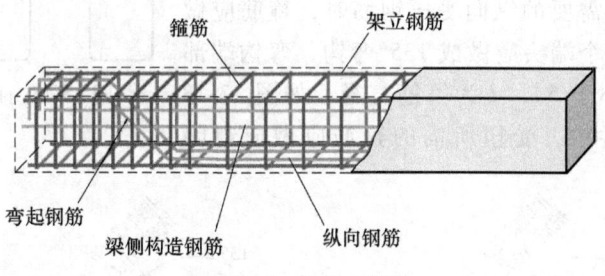

图 13-15 梁纵向钢筋

梁内纵向受力钢筋应采用 HRB400、HRB500、HRBF400、HRBF500 级别钢筋。

当梁高不小于 300mm 时，纵向钢筋直径应大于 10mm；梁高小于 300mm 时，纵向钢筋直径应大于 8mm。

梁内纵向受力钢筋的常用直径有 12mm、14mm、16mm、18mm、20mm、22mm、25mm 等。

（2）钢筋的净距

为保证混凝土浇筑的密实性、保证混凝土与钢筋之间有良好的粘结性能，必须满足钢筋最小净距的要求。梁上部钢筋水平方向的净距不应小于 30mm 和 1.5d；梁下部钢筋水平方向的净距不应小于 25mm 和 d，各层钢筋之间的净距不应小于 25mm 和 d，d 为纵向钢筋的最大直径，如图 13-16 所示。

（3）布置原则

纵向受力钢筋，通常沿梁宽均匀布置，并左右对称；当有两种规格的钢筋时，宜将直径大的钢筋布置在梁的外侧；为提高梁的抗弯能力，应尽可能将钢筋排成一排；只有当钢筋的根数较多，排成一排不能满足钢筋净距和混凝土保护层厚度要求时，才考虑将钢筋排成两排；梁下部纵向受力钢筋布置多于两排时，自第三排起，水平方向中距应比下面两排的中距增大一倍。上下排钢筋应对齐，不能错列，以方便混凝土的浇捣，根据计算结果选择纵向钢筋时，钢筋直径应适中，直径太大不易加工，也不易满足锚固要求；直径太小则钢筋根数过多，在截面内不易布置。梁一侧钢筋的根数不应少于两根，当梁宽小于 100mm 时，可为一根。

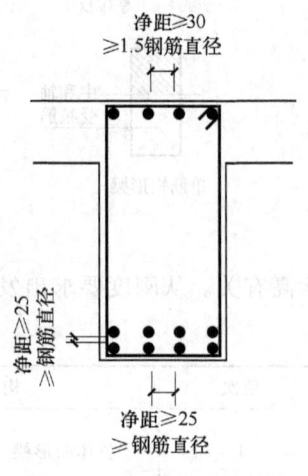

图 13-16 钢筋净距示意图

3. 箍筋

箍筋用以承受梁的剪力，固定纵向受力钢筋，并和其他钢筋一起形成钢筋骨架。

梁的箍筋宜采用 HRB400、HRB500、HRBF400、HRBF500、HPB300 级别钢筋，也可采用 HRBF335、HRB335 级别钢筋。

（1）箍筋的形式

箍筋有封闭式和开口式两种，如图 13-17 所示。箍筋多采用双肢箍筋。当梁宽 b>400mm 且在一层内纵向受压钢筋多于 3 根时，或当梁的宽度 b≤400mm 但一层内的纵向受压钢筋多于 4 根时，应设置复合箍筋。

当梁中配有计算需要的纵向受压钢筋时，箍筋应做成封闭式，箍筋的两个端头应做成 135°弯钩，弯钩端部的平直段长度不应小于 5d，d 为箍筋直径，如图 13-18 所示。在弯剪扭构件中，受扭所需的箍筋应做成封闭

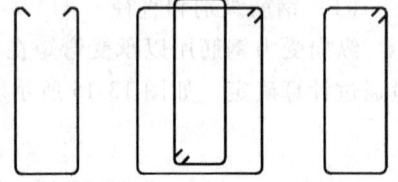

图 13-17 箍筋的形式和肢数

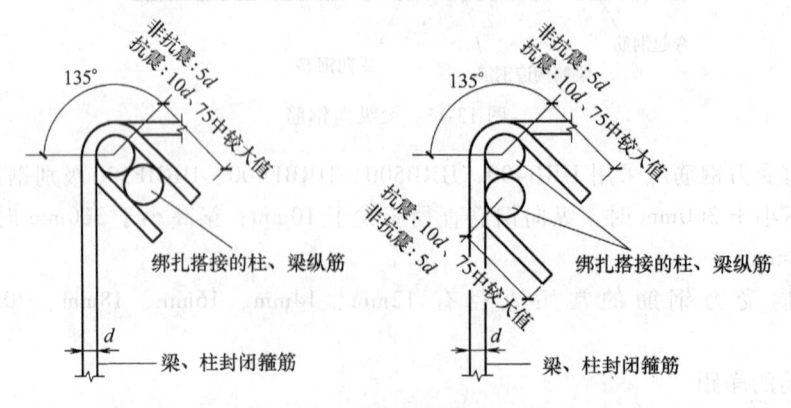

图 13-18 封闭箍筋弯钩构造

式，且应沿截面周边布置。当采用复合箍筋时，位于截面内部的箍筋不应计入受扭所需的箍筋面积。受扭所需箍筋的末端应做成135°弯钩，弯钩端头平直段长度不应小于10d，d为箍筋直径。

(2) 箍筋的直径

为了使钢筋骨架具有一定的刚度，箍筋直径不应太小。梁的高度大于800mm时，箍筋直径不宜小于8mm；截面高度不大于800mm时，箍筋直径不宜小于6mm。当梁中配有计算需要的纵向受压钢筋时，箍筋直径尚不应小于1/4d，d为纵向受压钢筋的最大直径。

(3) 箍筋的间距

箍筋的间距除按计算要求确定外，尚应符合最小配箍率要求及最大间距要求。梁中箍筋的最大间距见表13-6。

表 13-6 梁中箍筋的最大间距 （单位：mm）

梁　高	$V>0.7f_tbh_0$	$V \leqslant 0.7f_tbh_0$
150<h≤300	150	200
300<h≤500	200	300
500<h≤800	250	350
h>800	300	400

对于按承载力计算不需要箍筋的梁，当梁高大于300mm时，仍应沿梁全长设置构造箍筋；当梁高150~300mm时，可仅在构件端部各1/4跨度范围内设置构造箍筋，但当在构件中部1/2跨度范围内有集中荷载时，则应沿梁全长设置箍筋；当梁高小于150mm时，可以不设置箍筋。

4. 架立钢筋

架立钢筋设置在梁受压区的角部，与纵向受力钢筋平行。其作用是固定箍筋的位置，与纵向受力钢筋构成骨架，并承受温度变化、混凝土收缩在梁受压区产生的拉应力，防止、减少裂缝的产生。

架立钢筋的直径：当梁的跨度 l<4m 时，不宜小于8mm；当梁的跨度 l=4~6m 时，不宜小于10mm；当梁的跨度 l>6m 时，不宜小于12mm。

5. 弯起钢筋

弯起钢筋在跨中承受正弯矩产生的拉力，在靠近支座的弯起段则用来承受弯矩和剪力共同产生的主拉应力。梁角部钢筋不能弯起，必须伸入支座。

弯起钢筋的弯起角：当梁高 h≤800mm 时，采用45°；当梁高 h>800mm 时，采用60°。为了防止弯起钢筋因锚固不足而发生滑动，弯起钢筋的弯终点外应留有足够的锚固长度。当锚固在受压区时，其锚固长度大于或等于10d；当锚固在受拉区时，其锚固长度大于或等于20d。

6. 梁侧构造钢筋及拉筋

当梁的腹板高度 h_w≥450mm 时，在梁的两个侧面应沿高度配置纵向构造钢筋，每侧纵向构造钢筋（不包括上、下部受力钢筋及架立钢筋）的截面面积不应小于腹板截面面积的0.1%，且间距不宜大于200mm。其作用是承受温度变化、混凝土收缩在梁侧面引起的拉应力，防止产生裂缝。梁两侧的纵向构造钢筋用拉筋连接。拉筋直径与箍筋直径相同，其间距常为箍筋间距的两倍，如图 13-19 所示。

13.3.3 混凝土保护层厚度

混凝土保护层是结构构件中最外层钢筋外边缘至构件表面范围用于保护钢筋的混凝土厚度。构件中普通钢筋及预应力筋的保护层厚度应满足钢筋的粘结锚固要求及结构的耐久性要求。混凝土保护层厚度与构件的使用环境、构件类型及混凝土的强度等级有关。构件中受力钢筋的保护层厚度不应小于钢筋的公称直径 d，设计使用年限为 50 年的混凝土结构，最外层钢筋的保护层厚度应符合表 13-7 的规定；设计使用年限为 100 年的混凝土结构，不应小于表 13-7 中数值的 1.4 倍。

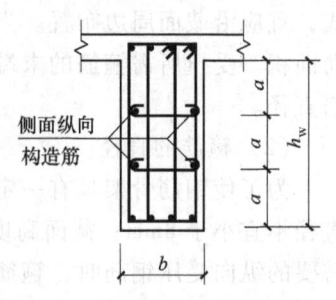

图 13-19 梁侧构造钢筋示意图

表 13-7 混凝土保护层的最小厚度　　　　　　　　　　（单位：mm）

环境等级	板、墙、壳	梁、柱、杆
一	15	20
二 a	20	25
二 b	25	35
三 a	30	40
三 b	40	50

注：1. 混凝土强度等级不大于 C25 时，表中保护层厚度数值应增加 5mm。
　　2. 钢筋混凝土基础应设置混凝土垫层，基础中钢筋的混凝土保护层厚度应从垫层顶面算起，且不应小于 40mm。

[例 13-5]　关于混凝土保护层厚度，下列说法正确的是（　　）。
A. 现浇混凝土柱中钢筋的混凝土保护层厚度是指纵向主筋至混凝土外表面的距离
B. 基础中钢筋的混凝土保护层厚度应从垫层顶面算起，且不应小于 39mm
C. 混凝土保护层厚度与混凝土结构设计使用年限无关
D. 混凝土构件中受力钢筋的保护层厚度不应小于钢筋的公称直径

13.4 ○受弯构件的裂缝

13.4.1 裂缝的产生和开展

受弯构件未出现裂缝时，由于钢筋与混凝土之间存在粘结力，因而钢筋拉应力、拉应变沿纯弯曲段长度大致相同。随着混凝土受弯构件内力的加大，当在混凝土受拉区外边缘最薄弱的截面处达到其极限拉应变值后，就会出现第一批裂缝。混凝土一开裂，裂缝处的受拉混凝土退出工作，于是钢筋承担的拉力突然增加。配筋率越低，钢筋应力增量越大。混凝土一开裂，裂缝两侧的混凝土就开始回缩，但是由于受到钢筋的约束，这种回缩是不自由的，回缩到一定量即被阻止。在回缩的那一段长度 l 中，钢筋与混凝土之间有相对滑移，产生粘结应力，并通过粘结应力的作用，随着离裂缝截面距离的增大，钢筋的拉应力逐渐传递给混凝土而减小；混凝土拉应力由裂缝处的零逐渐增大，达到 l 后，粘结应力消失，混凝土和钢筋又具有相同的拉伸应变，各自的应力又趋于均匀分布。

第一批裂缝出现后，在粘结应力作用长度 l 以外的那部分混凝土仍处于受拉紧张状态，因此当弯矩继续增大时，另一薄弱截面处出现新裂缝。按此规律，随着弯矩的增大，裂缝将逐条出现。可见，裂缝的开展是由于混凝土的回缩和钢筋的伸长，导致混凝土与钢筋之间不断产生相对滑移的结果。

由于受弯构件承受荷载引起开裂后，在荷载长期作用下，由于混凝土的滑移徐变和拉应力的松弛，裂缝间受拉混凝土不断退出工作，使裂缝开展宽度增大；混凝土的收缩使裂缝间混凝土的长度缩短，这也会引起裂缝的进一步开展。此外，由于荷载的变化使钢筋直径时胀时缩等因素，也将引起粘结强度的降低，导致裂缝宽度的增大。而过大的裂缝宽度将使钢筋生锈，从而影响结构的安全性与耐久性。

13.4.2 影响裂缝宽度的主要因素

1）纵筋的应力。裂缝宽度与钢筋应力近似成正比。
2）纵筋的直径。当构件内受拉纵筋截面面积相同时，采用直径较细而根数较多的钢筋，则会增大钢筋表面积，因而使钢筋与混凝土的粘结力增大，减小裂缝宽度。
3）纵筋表面形状。带肋钢筋的粘结强度较光圆钢筋大得多，可减小裂缝宽度。
4）纵筋配筋率。构件受拉区混凝土截面的纵筋配筋率越大，裂缝宽度越小。
5）混凝土保护层厚度。保护层越厚，裂缝宽度越大。

13.4.3 裂缝宽度的限值

结构构件正截面的受力裂缝控制等级分为三级。在直接作用下，结构构件的裂缝控制等级划分及要求如下：

1）一级。严格要求不出现裂缝的构件，按荷载标准组合计算时，构件受拉边缘混凝土不应产生拉应力。

2）二级。一般要求不出现裂缝的构件，按荷载标准组合计算时，构件受拉边缘混凝土拉应力不应大于混凝土抗拉强度的标准值。

3）三级。允许出现裂缝的构件，对钢筋混凝土构件，按荷载准永久组合并考虑长期作用影响计算时，构件的最大裂缝宽度 ω_{max} 不应超过表13-8规定的最大裂缝宽度限值 ω_{lim}，即 $\omega_{max} \leqslant \omega_{lim}$。

表13-8 结构构件的裂缝控制等级及最大裂缝宽度限值 ω_{Lim}

环境类别	钢筋混凝土结构		预应力混凝土结构	
	裂缝控制等级	ω_{lim}/mm	裂缝控制等级	ω_{lim}/mm
一	三级	0.30(0.40)	三级	0.20
二 a				0.10
二 b		0.20	二级	—
三 a、三 b			一级	—

13.5 ○受弯构件的变形

13.5.1 受弯构件的截面刚度

1. 短期刚度

荷载短期作用下的截面弯曲刚度称为短期刚度,用 B_s 表示。

2. 长期刚度

结构构件在荷载长期作用下,构件截面弯曲刚度将会降低,致使构件的挠度增大。在实际工程中,总是有部分荷载长期作用在构件上,这种按荷载效应的标准组合并考虑荷载效应的长期作用影响的刚度称为长期刚度,用 B 表示。长期刚度用于计算构件的挠度和裂缝。

13.5.2 受弯构件的变形限值

为了保证建筑的使用功能,避免出现过大的变形,防止变形对结构构件产生不良影响,应限制受弯构件的变形。受弯构件的挠度应按荷载效应标准组合并考虑荷载长期作用影响的刚度 B 进行计算,所求得的挠度计算值不应超过表 13-9 的限值。

表 13-9 受弯构件的挠度限值

构件类型		挠度限值
吊车梁	手动吊车	$l_0/500$
	电动吊车	$l_0/600$
屋盖、楼盖及楼梯构件	$l_0<7m$	$l_0/200$($l_0/250$)
	$7m \leq l_0 \leq 9m$	$l_0/250$($l_0/300$)
	$l_0>9m$	$l_0/300$($l_0/400$)

注:1. 表中 l_0 为构件的计算跨度。计算悬臂构件的挠度限值时,l_0 按实际悬臂长度的 2 倍取用。
2. 如果构件制作时预先起拱,且使用上也允许,则在验算挠度时,可将计算所得的挠度值减去起拱值。
3. 表中括号内的数值适用于使用对挠度有较高要求的构件。

习 题

一、选择题

1. 单筋矩形截面梁,正截面抗弯承载力设计时,下列（ ）计算步骤的排序不仅正确且计算过程最简便。
①计算受压区高度 x;②验算 x;③计算钢筋截面面积;④计算实际配筋率;
⑤验算最大配筋率;⑥验算最小配筋率。
A. ①③④⑤⑥ B. ①②③⑥ C. ①③④⑤ D. ①③④⑥

2. 单筋矩形截面梁,截面尺寸 $b \times h = 250mm \times 550mm$,有效高度 $h_0 = 505mm$,混凝土强度等级为 C25,箍筋 $\phi 8@200$,一类环境。经计算梁下部所需纵向受拉钢筋截面面积 $A_s = 1160mm^2$,下列配筋中符合规范且经济合理的一项是（ ）。

A. 6 Φ 16 B. 4 Φ 18+1 Φ 14
C. 2 Φ 18+1 Φ 20+1 Φ 22 D. 2 Φ 22+1 Φ 25

3. 单位板宽（取 1m）计算所需钢筋截面面积为 365 mm²，下列配筋中符合规范且经济合理的一项是（　　）。
A. Φ 8@ 100 B. Φ 8@ 125 C. Φ 8@ 150 D. Φ 8@ 200

4. 单筋矩形截面梁截面尺寸 $b \times h$ = 250mm×400mm，当采用 C30 混凝土，HRB400 钢筋，有效截面高度 h_0 = 360mm 时，该梁的正截面极限抗弯承载力为（　　）kN·m。
A. 120 B. 148.1 C. 177.8 D. 219.6

5. 对于一般受弯构件，当 $V \leq 0.7 f_t b h_0$ 时，可以不进行（　　）。
A. 斜截面受剪承载力计算 B. 斜截面受弯承载力计算
C. 梁的最小截面尺寸验算 D. 梁的最小配筋率验算

6. 受弯构件斜截面受剪承载力计算公式中没有体现（　　）的影响因素。
A. 剪跨比 B. 材料强度 C. 截面尺寸 D. 纵筋配筋量

7. 某钢筋混凝土现浇板的厚度为 120mm，则该板中受力钢筋的最大间距不宜大于（　　）mm。
A. 70 B. 200 C. 225 D. 250

8. 受弯构件斜截面受剪承载力计算时，首先应验算的斜截面位置是（　　）。
A. 支座边缘处的截面 B. 集中力作用处的截面
C. 弯起钢筋弯起点处的截面 D. 箍筋直径或间距改变处的截面

9. 单跨简支梁在竖向荷载作用下，斜向裂缝首先产生的部位是（　　）。
A. 跨中受压区 B. 跨中受拉区 C. 支座截面上边缘 D. 支座截面下边缘

10. 下列关于限制裂缝宽度的目的，错误的是（　　）。
A. 防止受力钢筋的锈蚀 B. 避免使用者产生不安全感
C. 避免钢筋与混凝土的粘结力消失 D. 保证结构的耐久性，满足使用要求

11. 钢筋混凝土屋面梁，在室内正常环境下，其最大裂缝宽度限值是（　　）mm。
A. 0.1 B. 0.2 C. 0.3 D. 0.4

12. 下列关于提高梁的截面刚度、减小挠度的措施中最有效的是（　　）。
A. 增加截面高度 B. 增加截面宽度
C. 增加截面配筋率 D. 提高混凝土强度等级

13. 钢筋混凝土楼盖（屋盖）梁，当计算跨度 l_0 小于 7m 时，一般情况下其挠度限值是（　　）。
A. $l_0/400$ B. $l_0/300$ C. $l_0/250$ D. $l_0/200$

14. 梁中下列钢筋起抗剪作用的是（　　）。
A. 箍筋 B. 纵向受力钢筋 C. 侧向构造钢筋 D. 架立筋

15. 《混凝土结构设计规范》（GB 50010—2010）（2015 年版）将适筋梁的（　　）应力状态，作为受弯构件正截面承载力计算的依据。
A. 第 I_a 阶段 B. 第 II 阶段 C. 第 II_a 阶段 D. 第 III_a 阶段

16. 单筋矩形截面梁正截面受弯承载能力复核时，若 $X > \xi_b h_0$，则该梁为（　　）。
A. 少筋梁 B. 适筋梁 C. 超筋梁 D. 双筋梁

17. 已知钢筋混凝土单筋矩形截面梁 $b×h=250\text{mm}×500\text{mm}$，梁的有效高度 $h_0=455\text{mm}$。混凝土强度等级为 C25（$f_c=11.9\text{N/mm}^2$），已配受拉钢筋 3⌀20（$f_y=360\text{N/mm}^2$），则该梁的正截面受弯承载力（　　）kN·m。

  A. 90　　　　　　B. 115　　　　　　C. 135　　　　　　D. 155

18. 已知单筋矩形梁截面尺寸 $b×h=250\text{mm}×550\text{mm}$，截面有效高度 $h_0=510\text{mm}$，荷载产生的弯矩设计值 $M=190\text{kN}·\text{m}$，混凝土强度等级为 C30（$f_c=14.3\text{N/mm}^2$），采用⌀400 级钢筋（$f_y=360\text{N/mm}^2$），则所需纵向受拉钢筋截面面积 A_s 是（　　）mm^2。

  A. 500　　　　　　B. 800　　　　　　C. 1170　　　　　　D. 2000

二、计算题

1. 已知钢筋混凝土单筋矩形截面梁 $b×h=300\text{mm}×600\text{mm}$，纵向受拉钢筋可一排放置，安全等级二级，环境类别为一类。混凝土强度等级为 C30（$f_c=14.3\text{N/mm}^2$），已配受拉钢筋 4⌀20（$f_y=360\text{N/mm}^2$），求该梁承受的弯矩设计值。（已知：$\alpha_1=1.0$，梁的有效高度 $h_0=(600-40)\text{mm}=560\text{mm}$，$\rho_{\min}=0.2\%$）

2. 已知钢筋混凝土单筋矩形截面梁 $b×h=300\text{mm}×550\text{mm}$，纵向受拉钢筋可一排放置，安全等级二级，环境类别为一类。混凝土强度等级为 C35（$f_c=16.7\text{N/mm}^2$），已配受拉钢筋 4⌀25（$f_y=360\text{N/mm}^2$），承受的弯矩设计值 $M=200\text{kN}·\text{m}$，试验算此梁是否安全。（已知：$\alpha_1=1.0$，梁的有效高度 $h_0=(550-40)\text{mm}=510\text{mm}$，$\rho_{\min}=0.2\%$）

3. 已知单筋矩形梁截面尺寸 $b×h=300\text{mm}×600\text{mm}$，荷载产生的弯矩设计值 $M=250\text{kN}·\text{m}$，混凝土强度等级为 C35（$f_c=16.7\text{N/mm}^2$），采用⌀400 级钢筋（$f_y=360\text{N/mm}^2$），可排成一排。安全等级二级，环境类别为一类。求所需纵向受拉钢筋截面面积 A_s，并选配钢筋。（已知：$\alpha_1=1.0$；$\xi_b=0.518$；截面有效高度 $h_0=(600-40)\text{mm}=560\text{mm}$，$\rho_{\min}=0.2\%$）

第14章 钢筋混凝土梁板结构

14.1 ★钢筋混凝土梁板结构的分类

钢筋混凝土梁板结构是由钢筋混凝土梁和板组成的结构,是土建工程中应用最为广泛的一种结构,如房屋中的楼板、屋盖、楼梯、筏形基础以及阳台、雨篷等,其中楼板和屋盖是最典型的梁板结构。楼(屋)盖结构的分类如下:

1. 按施工方法分类

1) 现浇整体式。现浇整体式楼盖整体性好,防水性好,抗震、抗冲击性能好,可适应各种特殊的结构布置要求。缺点是需要大量的模板且周转较慢,现场施工的作业量大,工期较长,施工受季节性气候影响比较大。

2) 装配式。装配式楼盖是将预制板搁置在梁或墙体上而形成的一种楼盖结构,主要用于多层砌体房屋,但不宜在有抗震设防要求的建筑中使用。

3) 装配整体式。装配整体式楼盖最常见的做法是在预制板上做50mm厚的钢筋混凝土现浇层,从而使楼盖形成一个整体,是提高装配式楼盖刚度、整体性和抗震性能的一种改进措施,用于高层民用建筑以及有抗震设防要求的建筑。

2. 按预加应力情况分类

按预加应力情况可分为钢筋混凝土楼盖和预应力混凝土楼盖两种。常用预应力混凝土楼盖是无粘结预应力混凝土平板楼盖。

14.2 ★钢筋混凝土楼板

14.2.1 现浇钢筋混凝土楼板

现浇钢筋混凝土楼板是在施工现场支模,绑扎钢筋,浇筑混凝土并养护,当混凝土强度达到规定的拆模强度,并拆除模板后形成的楼板。由于是在现场施工又是湿作业,且施工工序多,因而劳动强度较大,施工周期相对较长,但现浇钢筋混凝土楼盖具有整体性好,平面形状可以根据需要任意选择,防水、抗震性能好等优点,在一些房屋特别是高层建筑中经常被采用。现浇钢筋混凝土楼板主要分为以下四种：

1. 板式楼板

板式楼板是整块板厚度相同的平板。根据周边支承情况及板平面长短边边长的比值，又可把板式楼板分为单向板、双向板和悬挑板。

单向板（长短边比值大于或等于3，四边支承）仅短边受力，该方向所配钢筋为受力筋，另一方向所配钢筋（一般在受力筋上方）为分布筋。板的厚度一般为跨度的1/40~1/35且不小于80mm。

双向板（长短边比值小于3，四边支承）是双向受力，按双向配置受力钢筋。

悬挑板只有一边支承，其主要受力筋摆在板的上方，分布筋放在主要受力筋的下方，板厚为挑长的1/35，且根部不小于80mm。由于悬挑的根部与端部承受弯矩不同，悬挑板的端部厚度比根部厚度要小些。

房屋中跨度较小的房间（如厨房、厕所、储藏室、走廊）及雨篷、遮阳等常采用现浇钢筋混凝土板式楼板。

2. 梁板式肋形楼板

梁板式肋形楼板由主梁、次梁（肋）和板组成，具有传力线路明确、受力合理的特点。当房屋的开间、进深较大，楼面承受的弯矩较大时，常采用这种楼板。

梁板式肋形楼板的主梁沿房屋的短跨方向布置，其经济跨度为5~8m，梁高为跨度的1/14~1/8，梁宽为梁高的1/3~1/2，且主梁的高与宽均应符合有关模数的规定。

次梁与主梁垂直，并把荷载传递给主梁。主梁间距即为次梁的跨度。次梁的跨度比主梁跨度要小，一般为4~6m，次梁高为跨度的1/16~1/12，梁宽为梁高的1/3~1/2，次梁的高与宽均应符合有关模数的规定。

板支承在次梁上，并把荷载传递给次梁。其短边跨度即为次梁的间距，一般为1.7~3.0m，板厚一般为板跨的1/40~1/35，常用厚度为60~80mm，并符合模数规定。

梁和板搁置在墙上，应满足规范规定的搁置长度。板的搁置长度不小于120mm，梁在墙上的搁置长度与梁高有关，梁高小于或等于500mm，搁置长度不小于180mm；梁高大于500mm时，搁置长度不小于240mm。通常，次梁搁置长度为240mm，主梁的搁置长度为370mm。当梁上的荷载较大，梁在墙上的支承面积不足时，为了防止梁下墙体因局部抗压强度不足而被破坏，需设置混凝土梁垫或钢筋混凝土梁垫，以扩散由梁传来的过大集中荷载。

3. 井字形肋楼板

井字形肋楼板没有主梁，都是次梁（肋），且肋与肋间的跨度较小，通常只有1.5~3.0m，肋高也只有180~250mm，肋宽为120~200mm。当房间的平面形状近似正方形，跨度在10m以内时，常采用这种楼板。井字形肋楼板具有顶棚整齐美观、有利于提高房屋的净空高度等优点，常用于门厅、会议厅等处。

4. 无梁式楼板

对于平面尺寸较大的房间或门厅，也可以不设梁，直接将板支承于柱上，这种楼板称为无梁式楼板。无梁式楼板分为无柱帽和有柱帽两种类型。当荷载较大时，为避免楼板太厚，应采用有柱帽无梁楼板，以增加板在柱上的支承面积。无梁式楼板的柱网一般布置成方形或矩形，以方形柱网较为经济，跨度一般不超过6m，板厚通常不小于120mm。无梁式楼板的底面平整，增加了室内的净空高度，有利于采光和通风，但楼板厚度较大，这种楼板比较适用于荷载较大、管线较多的商店和仓库等。有柱帽楼板如图14-1所示。

图14-1 有柱帽楼板

14.2.2 装配式钢筋混凝土楼板

装配式钢筋混凝土楼板是把楼板在预制厂预先制作好，然后在施工现场进行安装。根据不同的施工安装方式，分为预制装配式钢筋混凝土楼板和装配整体式钢筋混凝土楼板。

1. 预制装配式钢筋混凝土楼板

预制装配式钢筋混凝土楼板是在工厂或现场预制好楼板，然后人工或机械吊装到房屋上经坐浆灌缝而成。此做法可节省模板，改善劳动条件，提高效率，缩短工期，促进工业化水平。但预制楼板的整体性不好，灵活性也不如现浇板，更不宜在楼板上穿洞。

目前，被经常选用的钢筋混凝土楼板有普通型和预应力型两类。

1) 普通型就是把受力钢筋置于板底，保证其有足够的保护层，浇筑混凝土，并经养护而成。由于普通板在受弯时较预应力板先开裂，使钢筋锈蚀，因而跨度较小，在建筑物中仅用作小型配件。

2) 预应力型就是给楼板的受拉区预先施加压力，以达到延缓板在受弯后受拉区开裂时限。目前，预应力钢筋混凝土楼板常采用先张法建立预应力，即先在张拉平台上张拉板内受力筋，使钢筋具有所需的弹性回缩力，浇筑混凝土并养护，当混凝土强度达到规定值时，剪断钢筋，由钢筋回缩力给板的受拉区施加预压力。与普通型钢筋混凝土构件相比，预应力钢筋混凝土构件可节约钢材30%~50%，节约混凝土10%~30%，因而被广泛采用。

预制装配式钢筋混凝土板的类型有实心平板、槽形板和空心板等。

2. 装配整体式钢筋混凝土楼板

装配整体式钢筋混凝土楼板是将楼板中的部分构件预制安装后，再通过现浇的部分连接成整体。这种楼板的整体性较好，可节省模板，施工速度较快。

（1）叠合楼板

叠合楼板是由预制板和现浇钢筋混凝土层叠合而成的装配整体式楼板。预制板既是楼板结构的组成部分，又是现浇钢筋混凝土叠合层的永久性模板，现浇叠合层内应设置负弯矩钢筋，并可在其中敷设水平设备管线，叠合楼板的预制部分，可以采用预应力实心薄板，也可采用钢筋混凝土空心板，如图14-2所示。

（2）密肋填充块楼板

密肋填充块楼板的密肋小梁有现浇和预制两种。现浇密肋填充块楼板以陶土空心砖、矿渣混凝土空心块等作为肋间填充块，然后现浇密肋和面板。填充块与肋和面板相接触的部位

图 14-2 装配整体式叠合楼板

带有凹槽,用来与现浇肋或板咬接,使楼板的整体性更好。密肋填充块楼板底面平整,隔声效果好,能充分利用不同材料的性能,节约模板且整体性好。

[例 14-1] 现浇钢筋混凝土楼板主要分为(   )。
A. 板式楼板   B. 梁板式肋形楼板
C. 井字形肋楼板   D. 无梁式楼板

[例 14-2] 对荷载较大、管线较多的商场,比较适合采用的现浇钢筋混凝土楼板是(   )。
A. 板式楼板   B. 梁板式肋形楼板
C. 井字形肋楼板   D. 无梁式楼板

[例 14-3] 某宾馆门厅 9m×9m,为了提高净空高度,宜优先选用(   )。
A. 普通板式楼板   B. 梁板式肋形楼板
C. 井字形肋楼板   D. 普通无梁楼板

[例 14-4] 房屋中跨度较小的房间,通常采用现浇钢筋混凝土(   )。
A. 井字形肋楼板   B. 梁板式肋形楼板
C. 板式楼板   D. 无梁式楼板

[例 14-5] 厨房、厕所等小跨度房间多采用的楼板形式是(   )。
A. 现浇钢筋混凝土板式楼板   B. 预制钢筋混凝土楼板
C. 装配整体式钢筋混凝土楼板   D. 现浇钢筋混凝土梁板式肋形楼板

14.3 ★钢筋混凝土楼梯

14.3.1 概述

建筑空间的竖向交通联系,主要依靠楼梯、电梯、自动扶梯、台阶、坡道以及爬梯等设施进行。其中,楼梯作为竖向交通和人员紧急疏散的主要交通设施,使用最为广泛。

楼梯的宽度、坡度和踏步级数都应满足人们通行和搬运家具、设备的要求。楼梯的数量,取决于建筑物的平面布置、用途、大小及人流的多少。楼梯应设在明显易找和通行方便的地方,以便在紧急情况下能迅速安全地将室内人员疏散到室外。

楼梯按承重构件所用材料,可分为钢筋混凝土楼梯、钢楼梯和木楼梯。其中,钢筋混凝土楼梯由于经济耐用、防火性能好而被广泛应用。

钢筋混凝土楼梯按施工方法不同,主要分为现浇整体式和预制装配式两类。

14.3.2 现浇整体式钢筋混凝土楼梯

现浇钢筋混凝土楼梯是在施工现场支模绑扎钢筋并浇筑混凝土而形成的整体楼梯。楼梯段与休息平台整体浇筑,因而楼梯的整体刚性好,坚固耐久。现浇钢筋混凝土楼梯按楼梯段传力的特点可以分为板式和梁式两种。

1. 现浇板式楼梯

板式楼梯由梯段板、平台板和平台梁组成,如图14-3所示。带锯齿形的梯段板斜向支承在平台梁上,梯段板的侧面不能伸入墙内。其优点是梯段板底平整美观,施工方便。

板式楼梯荷载传递路径:

$$平台板 \downarrow$$

梯段板→平台梁→墙(或柱)

梯段板和平台板承受均布面荷载,平台梁承受由梯段板和平台板传来的均布线荷载。

1)梯段板。梯段板的荷载有梯段板及装饰层自重、栏杆自重和可变荷载等,为保证梯段板具有一定的刚度,梯段板的厚度常取80~120mm。

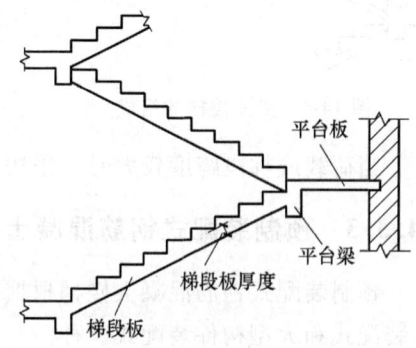

图 14-3 板式楼梯的组成

2)平台板。平台板应根据实际支承情况,按单向板或双向板计算,当平台板与支承梁整体浇筑时,考虑到支座处实际存在一定的负弯矩,应配置支座负钢筋。其构造要求与单、双向板相同。

3)平台梁。平台梁一般两端支承在楼梯间两侧的横墙(或柱)上,承受由板传来的均布线荷载,其构造要求同一般简支受弯构件。

板式楼梯的梯段底面平整,外形简洁,便于支撑施工,当梯段跨度不大时采用。当梯段跨度较大时,梯段板厚度增加,自重较大,不经济。

2. 现浇梁式楼梯

梁式楼梯由踏步板、斜梁、平台板和平台梁组成,如图14-4所示。

梁式楼梯荷载传递路径:

$$平台板 \downarrow$$

踏步板→斜梁→平台梁→墙(或柱)

踏步板和平台板承受均布面荷载,斜梁承受由踏步板传来的均布线荷载,平台梁承受由平台板传来的均布线荷载和斜梁传来的集中荷载,如图14-5所示。

1)踏步板。踏步板按两端支在斜梁上的单向板考虑,板厚一般在30~40mm。

2)斜梁。斜梁两端支承在平台梁上,梁式楼梯的斜梁与前述板式楼梯的梯段板内力分析相同。斜梁的构造要求与一般简支受弯构件的要求相同。

3)平台板。梁式楼梯平台板与前述板式楼梯平台板的要求相同。

4)平台梁。平台梁的构造要求与一般简支受弯构件相同。

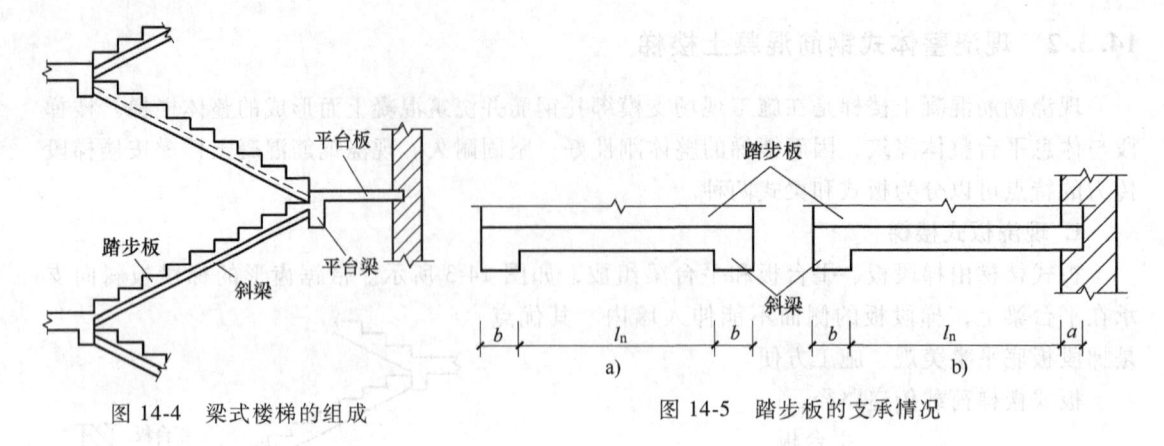

图 14-4 梁式楼梯的组成　　　　图 14-5 踏步板的支承情况

当荷载或梯段跨度较大时，采用梁式楼梯比较经济。

14.3.3 预制装配式钢筋混凝土楼梯

预制装配式钢筋混凝土楼梯根据构件尺寸的差别，大致可分为小型构件装配式、中型构件装配式和大型构件装配式三种。

1. 小型构件装配式楼梯

小型构件装配式楼梯是将梯段、平台分割成若干部分，分别预制成小构件装配而成。按照预制踏步的支承方式分为悬挑式、墙承式、梁承式三种。

1）悬挑式楼梯。这种楼梯的每一踏步板为一个悬挑构件，踏步板的根部压砌在墙体内，踏步板挑出部分多为 L 形断面，压在墙体内的部分为矩形断面。由于踏步板不把荷载直接传递给平台，这种楼梯不需要设平台梁，只设有平台板，因而楼梯的净空高度大。

2）墙承式楼梯。预制踏步的两端支承在墙上，荷载直接传递给两侧的墙体。墙承式楼梯不需要设梯梁和平台梁。平台板为简支空心板、实心板、槽形板等。踏步断面为 L 形或一字形。它适宜于直跑式楼梯，若为双跑楼梯，则需要在楼梯间中部砌墙，用于支承踏步。两跑间加设一道墙后，阻挡上下楼行人视线，为此要在这道隔墙上开洞。这种楼梯不利于搬运大件物品。

3）梁承式楼梯。预制踏步支承在梯梁上，形成梁式梯段，梯梁支承在平台梁上。平台梁一般为 L 形断面。梯梁的断面形式，视踏步构件的形式而定。三角形踏步一般采用矩形梯梁；楼梯为暗步时，可采用 L 形梯梁；L 形和一字形踏步应采用锯齿形梯梁。预制踏步在安装时，踏步之间以及踏步与梯梁之间应用水泥砂浆坐浆。L 形和一字形踏步预留孔洞应与锯齿形梯梁上预埋的插件套接，孔内用水泥砂浆填实。

2. 中型构件装配式楼梯

中型构件装配式楼梯一般由楼梯段和带有平台梁的休息平台板两大构件组合而成，楼梯段直接与楼梯休息平台梁连接，楼梯的栏杆与扶手在楼梯结构安装后再进行安装。带梁休息平台形成一类似槽形板构件，在支承楼梯段的一侧，平台板肋断面加大，并设计成 L 形断面以利于楼梯段的搭接。楼梯段与现浇钢筋混凝土楼梯类似，有梁板式和板式两种。

3. 大型构件装配式楼梯

大型构件装配式楼梯是将楼梯段与休息平台一起组成一个构件，每层由第一跑及中间休息平台和第二跑及楼层休息平台板两大构件组合而成。

[**例 14-6**] 按楼梯段传力的特点区分，预制装配式钢筋混凝土中型楼梯的主要类型包括（　　）。

A. 墙承式　　　　　　B. 梁板式　　　　　　C. 梁承式
D. 板式　　　　　　　E. 悬挑式

[**例 14-7**] 现浇钢筋混凝土楼梯按楼梯段传力特点划分为（　　）。

A. 墙承式楼梯　　　　B. 梁式楼梯　　　　　C. 梁板式楼梯
D. 板式楼梯　　　　　E. 悬挑式楼梯

[**例 14-8**] 将楼梯段与休息平台组成一个构件组合的预制钢筋混凝土楼梯是（　　）。

A. 大型构件装配式楼梯　　　B. 中型构件装配式楼梯
C. 小型构件装配式楼梯　　　D. 悬挑装配式楼梯

习　题

选择题

1. 现浇钢筋混凝土整体式楼盖的缺点是（　　）。

A. 模板用量大　　　　　　　B. 整体刚度小
C. 防水性能差　　　　　　　D. 抗震性能差

2. 装配整体式楼盖最常见的做法是在预制板上做（　　）mm 厚的钢筋混凝土现浇层，从而使楼盖形成一个整体，这是提高装配式楼盖刚度、整体性和抗震性能的一种改进措施。

A. 30　　　　B. 50　　　　C. 80　　　　D. 100

3. 双向板是双向受力，按双向配置受力钢筋，双向板长短边比值小于（　　）。

A. 3　　　　B. 4　　　　C. 5　　　　D. 6

4. 房屋中跨度较小的房间（如厨房、厕所等）常采用的楼板形式是（　　）。

A. 预制钢筋混凝土楼板　　　B. 现浇钢筋混凝土板式楼板
C. 装配整体式钢筋混凝土楼板　D. 现浇钢筋混凝土梁板式肋形楼板

5. 当房屋的开间、进深较大，楼面承受的弯矩较大，具有传力线路明确、受力合理的特点，常采用的现浇钢筋混凝土楼板是（　　）。

A. 普通板式楼板　　　　　　B. 梁板式肋形楼板
C. 井字形肋楼板　　　　　　D. 普通无梁楼板

6. 具有顶棚整齐美观，有利于提高房屋的净空高度等优点，常用于门厅、会议厅的现浇钢筋混凝土楼板是（　　）。

A. 普通板式楼板　　　　　　B. 梁板式肋形楼板
C. 井字形肋楼板　　　　　　D. 普通无梁楼板

7. 小型构件装配式楼梯按照预制踏步的支承方式主要类型包括（　　）。

A. 墙承式　　B. 梁板式　　C. 梁承式　　D. 板式　　E. 悬挑式

8. 现浇钢筋混凝土楼梯按楼梯段传力特点划分为（　　）。

A. 墙承式　　B. 梁式　　　C. 梁承式　　D. 板式　　E. 悬挑式

第 15 章

多层及高层钢筋混凝土结构

我国高层钢筋混凝土结构的现行标准为《高层建筑混凝土结构技术规程》（JGJ 3），该标准规定，高层建筑是指层数在 10 层及 10 层以上或房屋高度超过 28m 的住宅建筑以及房屋高度大于 24m 的其他民用建筑（如办公楼、酒店、综合楼、商场、会议中心等）。除高层与单层建筑外，一般称为多层建筑。

超高层建筑是指 40 层以上，高度 100m 以上的建筑物。2021 年 7 月 6 日，国家发展和改革委员会发布《关于加强基础设施建设项目管理，确保工程安全质量的通知》明确不得新建 500m 以上超高层建筑。

15.1 ○ 多层及高层钢筋混凝土房屋结构体系

结构是指能承受和传递作用并具有适当刚度的由各连接部件组合而成的整体，又称承重骨架。随着房屋高度的不断增大，水平作用（主要包括风荷载与水平地震作用）越来越起控制作用，对结构的抗侧刚度要求也越来越高。

目前，多层及高层钢筋混凝土房屋常用的结构体系有框架结构、剪力墙结构、框架-剪力墙结构、筒体结构和新型结构体系等。

15.1.1 框架结构

框架结构是指由梁和柱以刚接或铰接相连接成为承重体系的房屋建筑结构。框架节点一般为刚性节点，也可将部分节点设计为铰接或半铰接。柱底一般为固定支座。

框架结构具有以下特点：

1）承重结构和围护、分隔构件完全分开。
2）平面布置灵活，便于满足生产工艺和使用要求。
3）施工简便，造价经济。
4）便于构件标准化，施工工业化。
5）具有较高的承载力和较好的整体性。
6）在水平荷载作用下抗侧移刚度小，水平位移大，属于柔性结构。

7）对支座不均匀沉降较敏感。

框架结构被广泛地应用于多层工业厂房及多高层办公楼、医院、旅馆、教学楼、住宅等建筑中，图15-1所示为多层框架结构民用建筑。

随着房屋层数的增加，水平荷载逐渐增大，框架结构将因侧移过大而不能满足要求，或形成"肥梁胖柱"而变得不经济。框架结构的适用高度宜为15层以下建筑。

框架柱的截面形式一般为矩形、方形或圆形，其截面边长或直径比墙厚要大，以致使用面积减小并给使用带来一些不便，尤其是在住宅结构中。若柱截面宽度与墙等厚，上述问题便可得到解决。异形柱结构，柱截面形式一般为L形、T形、十字形和Z形且肢长与肢厚之比不大于4，如图15-2所示，柱截面宽度与墙厚相同（一般为180~300mm），在住宅结构中得到广泛的应用。异形柱结构的最大优点是柱截面宽度等于墙厚，室内墙面平整，便于布置。但其抗震性能较差，目前一般用于多层及小高层的住宅建筑中。

图15-1 多层框架结构民用建筑

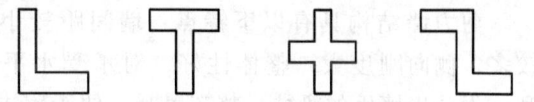

图15-2 典型异形柱截面形式

框架结构按施工方法可分为现浇式框架、装配式框架（全装配式框架和装配整体式框架），常用的有现浇式框架和装配整体式框架两种。

（1）现浇式框架

现浇式框架是指全部的框架梁、柱均在施工现场支模、绑扎钢筋、浇筑混凝土而成的混凝土结构。一般做法是每层的柱与其上部的梁板同时支模、绑扎钢筋，然后一次浇筑混凝土。板中钢筋伸入梁内锚固，梁的纵向钢筋伸入柱内锚固。因此，现浇式框架整体性强、抗震性能好，缺点是模板消耗量大，现场湿作业多，施工周期长，在寒冷地区冬期施工困难等。

（2）装配整体式框架

装配整体式框架是指全部或部分框架梁、柱采用预制构件构建而成的装配整体式混凝土结构。

装配整体式框架既具有较好的整体性与抗震能力，又可采用预制构件，保证了质量，减少了现场混凝土浇筑的工作量，但节点区现场浇筑混凝土施工较复杂。装配整体式混凝土结构有利于实现建筑工业化，是今后发展的方向。

15.1.2 剪力墙结构

剪力墙是利用建筑外墙和内隔墙位置布置的钢筋混凝土结构墙，是下端固定在基础顶面的竖向悬臂板。竖向荷载在墙体内主要产生向下的压力，侧向力在墙体内产生水平剪力与弯矩。由于在其平面的刚度很大、侧移小，具有较大的承受侧向力（水平剪力）的能力，故被称为剪力墙。在地震区，侧向力主要为水平地震作用，因此剪力墙在抗震规范中又称为抗震墙。

剪力墙结构是由剪力墙组成的能承受竖向和水平作用的结构，如图15-3所示。

剪力墙按墙肢截面高度（h_w）与墙厚（b_w）之比分为柱（$h_w/b_w ≤ 4$）、短肢剪力墙（厚不大于300mm、各肢截面高度与厚度之比的最大值大于4但不大于8的剪力墙，即$4<h_w/b_w≤8$）、普通剪力墙（墙肢的截面高度与厚度之比大于8时的剪力墙，即$h_w/b_w>8$）。

一般情况下，剪力墙结构楼盖内可不设梁，楼板直接支承在墙上，墙体既是承重构件，又起围护、分隔作用。在实际工程中，为了加强楼板与墙的连接，通常在楼板处设置一些加强构件，比如暗梁（暗梁不是通常的梁，只是加强带，以防止墙体的劈裂破坏）。

图15-3 剪力墙结构

剪力墙结构具有以下特点：墙间距较小，数量较多，侧向刚度大，整体性好，对承受水平作用有利；无凸出墙面的梁柱，整齐美观，便于室内家具的布置；可使用大模板、隧道模、桌模、滑升模板等先进施工方法，利于缩短工期，节省人力。但剪力墙体系的空间划分受到较大限制，因而一般用于住宅、旅馆等开间要求较小的建筑；剪力墙结构的适用范围较大，一般可用于十几层至四五十层高的建筑。

当剪力墙结构的底部要求有较大空间时，可将底部一层或几层部分剪力墙设计为框支剪力墙（不落地的剪力墙不能设置在房屋周边），形成部分框支剪力墙体系。部分框支剪力墙结构属于竖向不规则结构，上、下层不同结构的内力和变形通过转换层传递，抗震性能较差。

15.1.3 框架-剪力墙结构

为了弥补框架结构随房屋层数增加，水平荷载迅速增大而抗侧移刚度不足的缺点，可在框架结构中部分跨间布置钢筋混凝土剪力墙，形成由框架和剪力墙共同承受竖向和水平作用的结构，即框架-剪力墙结构（图15-4）。剪力墙可以是单片墙体，也可以是电梯井、楼梯井、管道井组成的封闭式井筒。框架-剪力墙结构也可理解为将剪力墙结构中的部分剪力墙抽掉改成框架结构。框架-剪力墙体系的侧向刚度比框架结构大，大部分水平作用由剪力墙承担，而竖向荷载主要由框架承受，因而用于高层房屋比框架结构更为经济合理；同时由于它只在部分位置上设置剪力墙，保持了框架结构易于分割空间、立面易于变化等优点；此外，这种体系的抗震性能也较好。所以，框架-剪力墙结构体系在多层及高层办公楼、旅馆等建筑中得到了广泛应用。框架-剪力墙结构体系的适用高度一般为10~40层。

15.1.4 筒体结构

由竖向筒体为主组成能承受竖向和水平作用的高层建筑结构称为筒体结构。筒体分为剪力墙围成的薄壁筒和由密柱框架或壁式框架围成的框筒（由布置在房屋四周的密集立柱与

标准层结构平面图

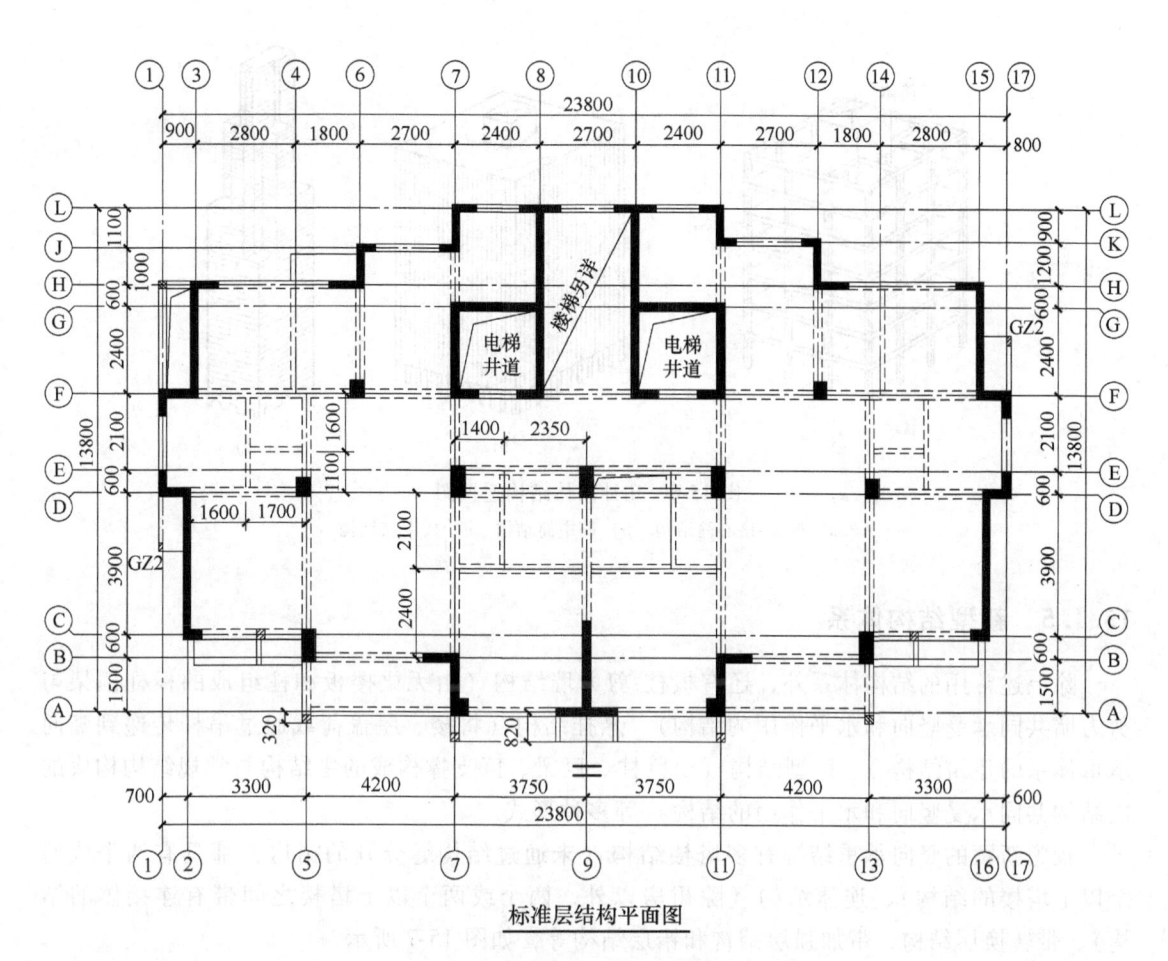

图 15-4　框架-剪力墙结构

高跨比很大的窗间梁所组成的多孔筒体，犹如四榀平面框架在房屋的四角组合而成，故称为框筒结构，属于空腹筒）等，其受力与一个固定于基础上的筒形悬臂构件相似。

筒体结构的种类很多，常见的结构形式有框架-核心筒结构（由核心筒与外围的稀柱框架组成的筒体结构，主要抗侧力结构为核心筒）、筒中筒结构（由核心筒与外围框筒组成的筒体结构）、成束筒结构、框筒结构等（图15-5）。

筒体结构是空间结构，是抵抗水平荷载最有效的结构体系之一，特别适合在超高层建筑中采用。目前，世界最高的100幢高层建筑约2/3采用筒体结构。如图15-6所示为几种筒体结构透视图。

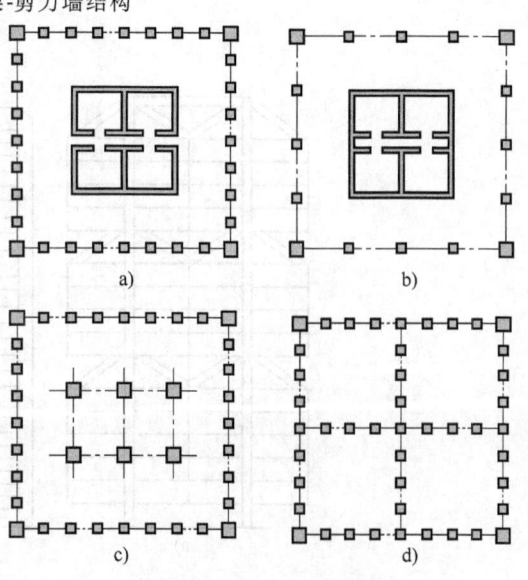

图 15-5　筒体示意图
a) 筒中筒结构　b) 框架-核心筒结构
c) 框筒结构　d) 成束筒结构

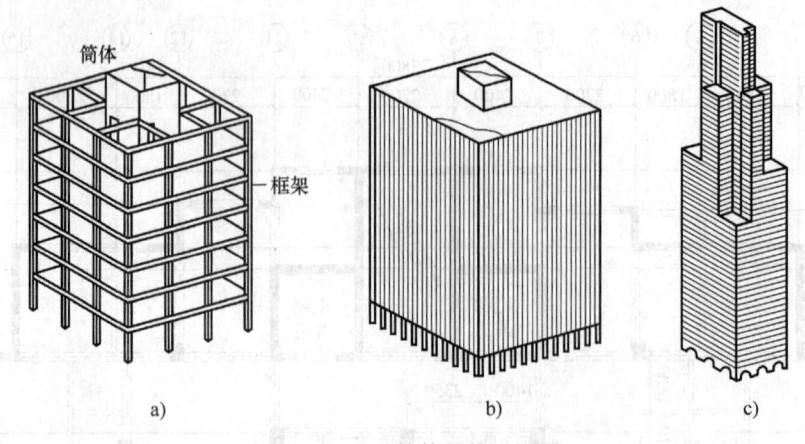

图 15-6 几种筒体结构透视图
a) 框架-核心筒结构　b) 筒中筒结构　c) 成束筒结构

15.1.5 新型结构体系

除上述常用的结构体系外，还有板柱-剪力墙结构（由无梁楼板和柱组成的板柱框架与剪力墙共同承受竖向和水平作用的结构）、悬挂结构（将楼、屋盖荷载通过吊杆传递到竖向承重体系的建筑结构）、巨型结构（由巨柱、巨梁、巨支撑构成的主结构与常规结构构成的次结构共同承受竖向和水平作用的结构）等多种形式。

较为新颖的竖向承重结构有多塔楼结构（未通过结构缝分开的裙房上部具有两个或两个以上塔楼的结构）、连体结构（除裙房以外，两个或两个以上塔楼之间带有连接体的结构）、带转换层结构、带加强层结构和错层结构等，如图 15-7 所示。

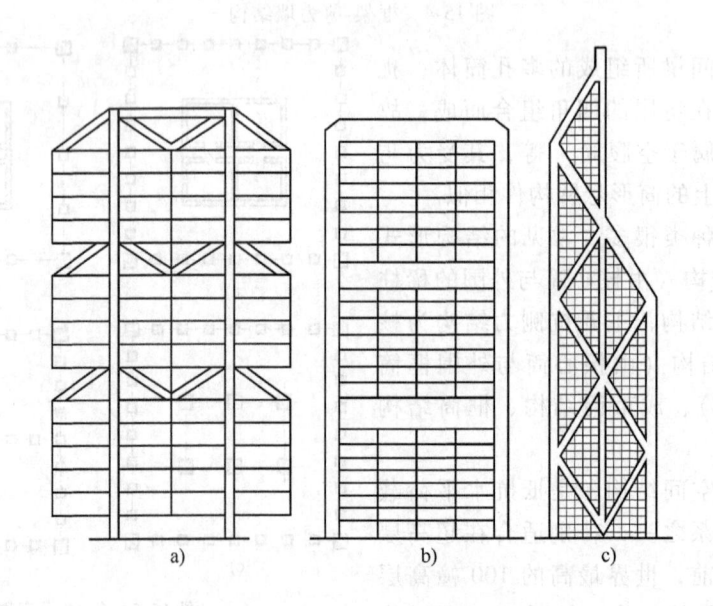

图 15-7 新型竖向承重结构体系
a) 悬挂结构　b) 巨型框架结构　c) 巨型桁架结构

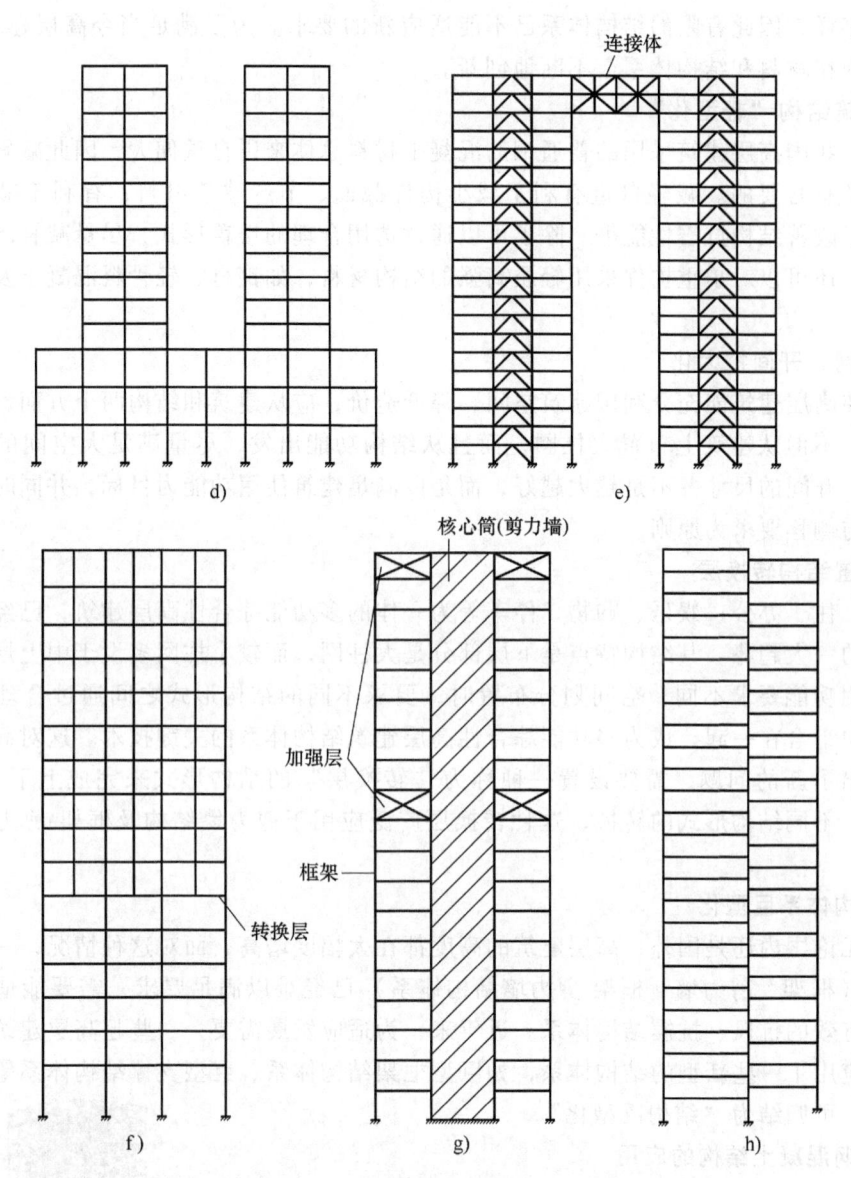

图 15-7 新型竖向承重结构体系（续）
d）多塔楼结构　e）连体结构　f）带转换层结构
g）带加强层结构　h）错层结构

[例 15-1] 高层建筑抵抗水平荷载最有效的结构是（　　）。
A. 剪力墙结构　　　　　　　　B. 框架结构
C. 筒体结构　　　　　　　　　D. 混合结构

15.2 ○ 多层及高层钢筋混凝土结构发展趋势

多层及高层钢筋混凝土结构常见的类型如框架结构、剪力墙结构、框架-剪力墙结构、筒体结构等。随着高层建筑的迅速发展，层数越来越高，结构体系越来越新颖，建筑造型越来越丰富多样，因此有限的结构体系已不能适应新的要求。为了满足当今高层建筑的要求，设计者必须在材料和结构体系上不断地创新。

1. 建筑结构"轻型化"

目前，我国高层建筑采用的普通钢筋混凝土材料总体来讲自重偏大，因此减轻建筑物的自重是非常有必要的。减轻自重有利于减小构件截面、节约建筑材料；有利于减小基础投资；有利于改善结构抗震性能等。除了可以通过选用合理的楼盖形式、尽量减轻墙体的自重等措施外，还可以对承重构件采用轻质高强的结构材料，如钢材、轻骨料混凝土及高强混凝土等。

2. 柱网、开间扩大化

为了使高层建筑能充分利用建筑空间、降低造价，应从建筑和结构两个方面着手扩大空间利用率。不但从建筑上布置大柱网，而且从结构功能出发，尽量满足大空间的要求。当然，柱网、开间的尺寸并不是越大越好，而是以满足建筑使用功能为目标，并同时以满足结构承载力与侧移要求为原则。

3. 设置结构转换层

集吃、住、办公、娱乐、购物、停车等为一体的多功能综合性高层建筑，已经成为现代高层建筑的一大趋势。其结构特点是下层部分是大柱网，而较小柱网多设于中上层部分。由于建筑使用功能要求不同，空间划分布置时，要求不同的结构形式之间通过合理地转换过渡，沿竖向组合在一起，成为多功能综合性高层建筑结构体系的关键技术。这对高层建筑结构设计提出了新的问题，需要设置一种称为"转换层"的结构形式来完成上下不同柱网、不同开间、不同结构形式的转换，这种转换层广泛应用于剪力墙结构及框架-剪力墙结构等体系中。

4. 结构体系巨型化

当前无论国内还是国外，高层建筑的高度都在大幅度增高，面对这种情况，一般传统的结构体系（框架、剪力墙、框架-剪力墙结构体系）已经难以满足要求，需要能适应超高且更加经济有效的抗风、抗震结构体系。近年来，为适应发展需要，一些超高层建筑工程实践中已成功应用了一些新型的结构体系，如巨型框架结构体系、巨型支撑结构体系等，根据其主要特点，可归结为"结构巨型化"。

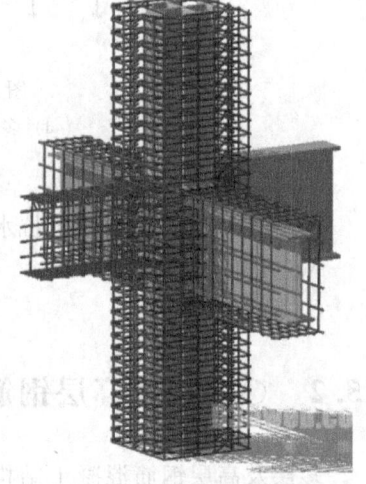

5. 型钢混凝土结构的应用

型钢混凝土结构又称钢骨混凝土结构（图15-8），它是指梁、柱、墙等杆件和构件以型钢为骨架，外包钢筋混凝土所形成的组合结构。在这种结构体系中，钢筋混凝土与型钢形成整体共同受力；而包裹在型钢外面的钢筋混凝土不仅能在刚度和强度上发挥作用，而且可以取代型钢外涂的防锈和防火材料，使材料更耐久。随着我国钢产量迅速增加，高层建筑层数增多，高度加大，要求更为复杂，加之型钢混凝土截面小、自重轻、抗震性能好，因而已从局部应用发展到在多个楼层，甚至整座建筑的主要结构采用型钢混凝土。对于型钢混凝土结构，可供选择的结构体系更加广泛。

图15-8 型钢混凝土结构

第16章 砌体结构

16.1 ★砌体材料及力学性能

由块体和砂浆砌筑而成的墙、柱作为建筑物主要受力构件的结构,称为砌体结构,它是砖砌体、砌块砌体和石砌体结构的统称。

16.1.1 块材

砌体结构中常用的块材有砖、砌块和石材三种。块材的强度等级是块材力学性能的基本标志,用符号"MU"表示。

砌体材料

1. 砖

我国目前用于砌体结构的砖主要有以下三类:

(1) 烧结砖

经焙烧而制成的砖称为烧结砖,常结合主要原材料命名,如烧结黏土砖、烧结粉煤灰砖、烧结页岩砖等。按规格尺寸及空心率,烧结砖有烧结普通砖、烧结多孔砖、烧结空心砖等。

1) 烧结普通砖。其外形为直角六面体,标准尺寸为240mm×115mm×53mm。烧结普通砖强度划分五个等级:MU30、MU25、MU20、MU15、MU10。烧结普通砖具有较高的强度,良好的绝热性、耐久性、透气性和稳定性且原料广泛,生产工艺简单,因而可用作墙体材料,砌筑柱、拱、窑炉、烟囱、沟道及基础等。

2) 烧结多孔砖。其是以黏土、页岩、煤矸石、粉煤灰等为主要原料烧制的主要用于结构承重的多孔砖。多孔砖大面有孔,孔多而小,孔洞垂直于大面(即受压面),孔洞率不小于25%。烧结多孔砖主要用于6层以下建筑物的承重墙体。

3) 烧结空心砖。其是以黏土、页岩、煤矸石、粉煤灰等为主要原料烧制的主要用于非承重部位的空心砖。其顶面有孔,孔大而少,孔洞为矩形条孔或其他孔形,孔洞率不小于40%。由于其孔洞平行于大面和条面,垂直于顶面,使用时大面承压,承压面与孔洞平行,所以这种砖强度不高,而且自重较轻,多用于非承重墙。如多层建筑内隔墙或框架结构的填充墙等。

163

砖的耐久性应符合规范规定，其耐久性包括抗风化性、泛霜和石灰爆裂等指标。抗风化性通常以其抗冻性、吸水率及饱和系数等来进行判别。而泛霜和石灰爆裂均与砖中石灰夹杂有关。

（2）蒸养（压）砖

蒸养（压）砖属于硅酸盐制品，是以石灰和含硅原料（砂、粉煤灰、炉渣、矿渣、煤矸石等）加水拌和，经成型、蒸养（压）而制成的。目前使用的主要有粉煤灰砖、灰砂砖和炉渣砖。根据国家标准《蒸压灰砂砖实心砖和实心砌块》（GB/T 11945—2019），蒸压灰砂砖以石灰和砂为原料，经制坯成型、蒸压养护而成，这种砖与烧结普通砖尺寸规格相同。按抗压、抗折强度值可划分为 MU30、MU25、MU20、MU15、MU10 五个强度等级。MU15 以上者可用于基础及其他建筑部位。MU10 砖可用于防潮层以上的建筑部位。这种砖均不得用于长期经受 200℃ 高温、急冷急热或有酸性介质侵蚀的建筑部位。

（3）混凝土砖

分为混凝土实心砖和混凝土多孔砖。混凝土实心砖其主规格尺寸为 240mm×115mm×53mm、240mm×115mm×90mm 等；混凝土多孔砖其主规格尺寸为 240mm×115mm×90mm、240mm×190mm×90mm、190mm×190mm×90mm 等。强度等级分为 MU30、MU25、MU20 和 MU15 共四级。

2. 砌块

砌块按主规格尺寸可分为小砌块、中砌块和大砌块。按其空心率大小砌块又可分为空心砌块和实心砌块两种。空心率小于 25% 或无孔洞的砌块为实心砌块；空心率大于或等于 25% 的砌块为空心砌块。砌块又可按其所用主要原料及生产工艺命名，如水泥混凝土砌块、加气混凝土砌块、粉煤灰砌块、石膏砌块、烧结砌块等。常用的砌块有普通混凝土小型空心砌块、轻骨料混凝土小型空心砌块和蒸压加气混凝土砌块等。

（1）普通混凝土小型空心砌块

根据国家标准《普通混凝土小型砌块》（GB/T 8239—2014），普通混凝土小型砌块出厂检验项目有尺寸偏差、外观质量、最小壁肋厚度和强度等级。空心砌块按其强度等级分为 MU5.0、MU7.5、MU10、MU15、MU20 和 MU25 六个等级；实心砌块按其强度等级分为 MU10、MU15、MU20、MU25、MU30、MU35 和 MU40 七个等级。

砌块的主规格尺寸为 390mm×190mm×190mm。其孔洞设置在受压面，有单排孔、双排孔、三排孔及四排孔。砌块除主规格外，还有若干辅助规格，共同组成砌块基本系列。

普通混凝土小型空心砌块作为烧结砖的替代材料，可用于承重结构和非承重结构。目前主要用于单层和多层工业与民用建筑的内墙和外墙，如果配置钢筋，可用于建造高层砌块建筑。

混凝土砌块吸水率小、吸水速度慢，砌筑前不允许浇水，以免发生"走浆"现象，影响砂浆饱满度和砌体的抗剪强度。但在气候条件特别干燥炎热时，可在砌筑前稍喷水湿润。与烧结砖砌体相比，混凝土砌块墙体较易产生裂缝，应注意在构造上采取抗裂措施。另外，还应注意防止外墙面渗漏，粉刷时应做好填缝，并压实、抹平。

（2）轻骨料混凝土小型空心砌块

轻骨料混凝土小型空心砌块按密度划分为 700kg/m^3、800kg/m^3、900kg/m^3、1000kg/m^3、1100kg/m^3、1200kg/m^3、1300kg/m^3 和 1400kg/m^3 八个等级。按强度等级可采用 MU2.5、

MU3.5、MU5.0、MU7.5 和 MU10.0 五个等级。同一强度等级砌块的抗压强度和密度等级范围应同时符合规定方为合格。

与普通混凝土小型空心砌块相比，轻骨料混凝土小型空心砌块密度较小，热工性能较好，但干缩值较大，使用时更容易产生裂缝，目前主要用于非承重的隔墙和围护墙。

（3）蒸压加气混凝土砌块

根据国家标准《蒸压加气混凝土砌块》（GB/T 11968—2020），砌块按干密度分为 B03、B04、B05、B06 和 B07 共五个级别；按抗压强度分为 A1.5、A2.0、A2.5、A3.5 和 A5.0 五个强度级别；按尺寸偏差分为Ⅰ型和Ⅱ型。加气混凝土砌块广泛用于一般建筑物墙体、多层建筑物的非承重墙及隔墙，也可用于低层建筑的承重墙。体积密度级别低的砌块还可用于屋面保温。

3. 石材

天然石材资源丰富，强度高，耐久性好，色泽自然，在土木建筑工程中常用作砌体材料、装饰材料及混凝土的骨料。

石材可分为料石和毛石。料石按加工后的外形规则程度又可分为细料石、粗料石和毛料石。无明显风化的天然石材抗压强度高，抗冻性、抗水性、抗气性、耐久性均较好。石材的强度等级分为 MU100、MU80、MU60、MU50、MU40、MU30、MU20、MU15 和 MU10 共九级。

16.1.2　建筑砂浆

砂浆是由胶凝材料、细骨料、掺和料和水配制而成的材料，在建筑工程中起粘结、衬垫和传递应力的作用。按用途可分为砌筑砂浆、抹面砂浆、其他特种砂浆等；按所用胶凝材料可分为水泥砂浆、石灰砂浆、水泥石灰混合砂浆等；按生产形式可分为现场拌制砂浆和预拌砂浆。

1. 砂浆的材料组成

砂浆的材料组成包括胶凝材料、细骨料、掺和料、水、外加剂和纤维等。

（1）胶凝材料

常用的胶凝材料有水泥、石灰、石膏等。在选用时应根据使用环境、用途等合理选择。在干燥条件下使用的砂浆既可选用气硬性胶凝材料（石灰、石膏），也可选用水硬性胶凝材料（水泥）；若在潮湿环境或水中使用的砂浆，则必须选用水泥作为胶凝材料。水泥宜采用通用硅酸盐水泥或砌筑水泥；M15 及以下强度等级的砌筑砂浆宜选用 32.5 级的通用硅酸盐水泥或砌筑水泥；M15 以上强度等级的砌筑砂浆宜选用 42.5 级的通用硅酸盐水泥。

（2）细骨料

对于砌筑砂浆用砂，优先选用中砂，即可满足和易性要求，又可节约水泥。毛石砌体宜选用粗砂。砂的技术质量标准应符合有关的标准规定。砂浆用砂还可根据原材料情况，采用人工砂、山砂、海砂、特细砂等，但应根据经验并经试验后，确定其技术要求。在保温砂浆、吸声砂浆和装饰砂浆中，还采用轻砂（如膨胀珍珠岩）、白色砂或彩色砂等。

（3）掺和料

掺和料是指为改善砂浆和易性而加入的无机材料，如石灰膏、电石膏、黏土膏、粉煤灰、沸石粉等。掺和料对砂浆强度无直接影响。

（4）水

拌制砂浆的水应是不含有害物质的洁净水，食用水可用来拌制各类砂浆。若用工业废水和矿泉水时，需经化验合格后才能使用。

（5）外加剂

常见的外加剂一般包括以下几种：调凝剂、引气剂、早强剂、减水剂等，外加剂可促使砂浆性能更优越，品质更稳定。

（6）纤维

为改善砂浆韧性，提高抗裂性，常在砂浆中加入纤维，如纸筋、麻刀、木纤维、合成纤维等。

2. 砌筑砂浆的主要技术性能

在土木建筑工程中，新拌砌筑砂浆应具有良好的和易性，硬化后应具有一定的强度和良好的耐久性。

（1）流动性

砂浆的流动性是指砂浆在自重或外力作用下流动的性能，用稠度表示。稠度是以砂浆稠度测定仪的圆锥体沉入砂浆内的深度（单位为 mm）表示。圆锥沉入深度越大，砂浆的流动性越大。

砂浆稠度的选择与砌体材料的种类、施工条件及气候条件等有关。对于吸水性强的砌体材料和高温干燥的天气，要求砂浆稠度要大些，反之对于密实不吸水的砌体材料和湿冷天气，砂浆稠度可小些。影响砂浆稠度的因素有所用胶凝材料种类及数量；用水量；掺和料的种类与数量；砂的形状、粗细与级配；外加剂的种类与掺量、搅拌时间。

（2）保水性

保水性是指砂浆拌和物保持水分的能力，用分层度表示砂浆的保水性，分层度不得大于 30mm。通过保持一定数量的胶凝材料和掺和料，或采用较细砂并加大掺量，或掺入引气剂等，可改善砂浆保水性。

（3）抗压强度与强度等级

砂浆的强度等级是以边长为 70.7mm 的立方体试件，在标准养护条件下，用标准试验方法测得 28d 龄期的抗压强度值（单位为 MPa）来确定。水泥砂浆及预拌砂浆的强度等级可分为 M5、M7.5、M10、M15、M20、M25、M30；水泥混合砂浆的强度等级可分为 M5、M7.5、M10、M15。影响砂浆强度的因素很多，除了砂浆的组成材料、配合比、施工工艺、施工及硬化时的条件等因素外，砌体材料的吸水率也会对砂浆强度产生影响。

16.1.3 影响砌体抗压强度的因素

影响砌体抗压强度的因素主要有以下几个：

（1）块材和砂浆强度

块材和砂浆强度是决定砌体抗压强度的最主要因素之一。当块材强度提高时，其抗弯、抗剪的能力随之加大，砌体抗压强度也就提高了。砂浆强度提高时，使砂浆与砖的横向变形系数更加接近，砌体内块材拉应力减少，砌体抗压强度随之提高，但提高块材强度效果更为明显。

（2）砂浆的性能

砂浆的流动性和保水性好，容易铺砌成厚度均匀、密实性好的水平灰缝，降低砌体内块材的弯剪应力，从而提高了砌体的强度。但流动性过大，使砂浆在硬化时的横向变形加大，反而会降低砌体的强度。

(3) 块材的尺寸、形状及灰缝厚度

厚度大的块体，其抗弯、抗剪、抗拉的能力增大，会推迟砌体的开裂；长度较大时，块体在砌体中引起的弯、剪应力也较大，易引起块体开裂破坏。因此，砌体强度随块材厚度的增大而提高，随块材的平面尺寸增加而降低。块材的外形比较规则、平整时，砌体中块材受弯、剪应力的不利影响减少，从而使砌体强度相对得到提高。灰缝越厚，越容易铺砌均匀，但砂浆的横向变形增大，使得砌体抗压强度降低。灰缝太薄又难以铺设均匀，砌体强度也将降低。因此，对砖和小型砌块砌体的灰缝厚度应控制在8~12mm；对石砌体中的细料石砌体不宜大于5mm，毛料石和粗料石砌体不宜大于20mm。

(4) 砌筑质量

砌筑质量影响因素是多方面的，如块材砌筑时的含水率、工人的技术水平、砂浆搅拌方式、灰缝质量等。其中灰缝质量包括灰缝的均匀性、密实度和饱满度等，灰缝均匀、密实、饱满可显著改善块体在砌体中的复杂应力状态，使砌体抗压强度明显提高。

[例16-1] 烧结多孔砖的孔洞率不应小于（　　）。
A. 20%　　　　　　　　　　　　B. 25%
C. 30%　　　　　　　　　　　　D. 40%

[例16-2] 烧结普通砖的耐久性指标包括（　　）。
A. 抗风化性　　　　　　　　　　B. 抗侵蚀性
C. 抗碳化性　　　　　　　　　　D. 泛霜
E. 石灰爆裂

[例16-3] 在水泥石灰砂浆中，适当掺入粉煤灰是为了（　　）。
A. 提高和易性　　　　　　　　　B. 提高强度和塑性
C. 减少水泥用量　　　　　　　　D. 缩短凝结时间

[例16-4] 不可用于六层以下建筑物承重墙体砌筑的墙体材料是（　　）。
A. 烧结黏土多孔砖　　　　　　　B. 烧结黏土空心砖
C. 烧结页岩多孔砖　　　　　　　D. 烧结煤矸石多孔砖

16.2 ★构造柱、圈梁、过梁和挑梁

16.2.1 构造柱

构造柱是一种与砌筑墙体浇筑在一起的现浇钢筋混凝土柱。各层的构造柱必须在竖向上下贯通，在横向与钢筋混凝土圈梁连系在一起，从而将墙体箍住，提高墙体的抗剪强度、延性和房屋结构的整体性。构造柱设置在结构连接且构造较薄弱、易应力集中的部位。施工时，必须先砌筑墙体，后浇筑构造柱。

钢筋混凝土构造柱的一般做法如图16-1所示，构造柱与墙体连接处应砌成马牙槎，从柱脚开始，先退后进，并应沿墙高每隔500mm设2Φ6拉结钢筋，拉结钢筋每边伸入墙内的

长度不宜小于 1m；构造柱与圈梁连接处，构造柱的纵筋应穿过圈梁，以保证构造柱纵筋上下贯通。

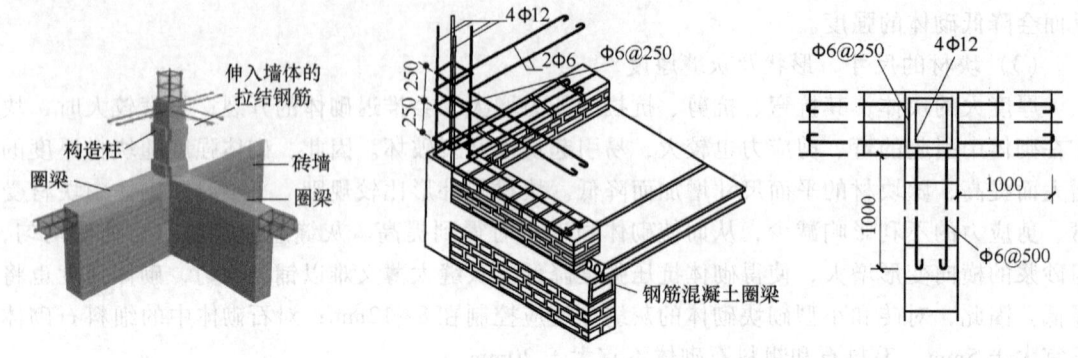

图 16-1 钢筋混凝土构造柱基本构造

钢筋混凝土构造柱的最小截面可采用 240mm×180mm，纵向钢筋宜采用 4Φ12，箍筋间距不宜大于 250mm，并且在柱上、下端处宜适当加密。构造柱可不单独设置基础，但应伸入室外地面下 500mm，或锚入浅于 500mm 的基础圈梁内。

16.2.2 圈梁

圈梁是在房屋的檐口、楼层或基础顶面标高处沿墙体水平方向设置的封闭状的钢筋混凝土连续构件。

1. 圈梁的作用和布置

圈梁的作用是可以增强砌体房屋的整体刚度，防止由于地基不均匀沉降，或较大振动荷载等对房屋引起的不利影响，也是砌体房屋抗震的有效措施。

圈梁的布置应根据地基情况、房屋类型、层数以及所受的振动荷载等确定。如 3~4 层多层砌体民用房屋，应在底层和檐口标高处各设置圈梁一道；当层数超过 4 层时，除应在底层和檐口标高处各设置一道圈梁外，至少应在所有纵横墙上隔层设置。对于多层工业砌体房屋则应每层设置。为防止由于地基不均匀沉降，圈梁设置在基础顶面和檐口部位时最为有效。

2. 圈梁的构造要求

1）圈梁宜尽量设在同一水平面上，并形成封闭状；当圈梁被门窗洞口截断时，应在洞口上部增设相同截面的附加圈梁。附加圈梁与圈梁的搭接长度不应小于其垂直间距的 2 倍，且不得小于 1m（图 16-2）。

2）纵横墙交接处的圈梁应有可靠的连接。刚弹性和弹性方案房屋，圈梁应与屋架、大梁等构件有可靠连接。

3）钢筋混凝土圈梁的宽度宜与墙厚相同，当墙厚 $h \geqslant 240mm$ 时，其宽度不宜小于 $2h/3$。圈梁高度不应小于 120mm。纵向钢筋不应少于 4Φ10，绑扎接头的搭接长度按受拉钢筋考虑，箍筋间距不应大于 300mm。

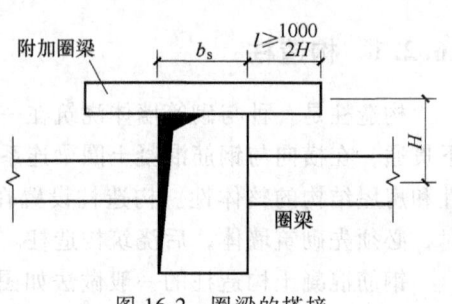

图 16-2 圈梁的搭接

16.2.3 过梁

为了承受门、窗洞口以上砌体的自重及楼盖（屋盖）传来的荷载，常在洞口顶部设置过梁。

1. 过梁的形式

常用的过梁有砖砌平拱过梁、砖砌弧拱过梁、钢筋砖过梁、半圆砖拱、钢筋混凝土过梁等（图16-3）。在有较大振动荷载或可能产生较大不均匀沉降的墙体结构中，应采用钢筋混凝土过梁。

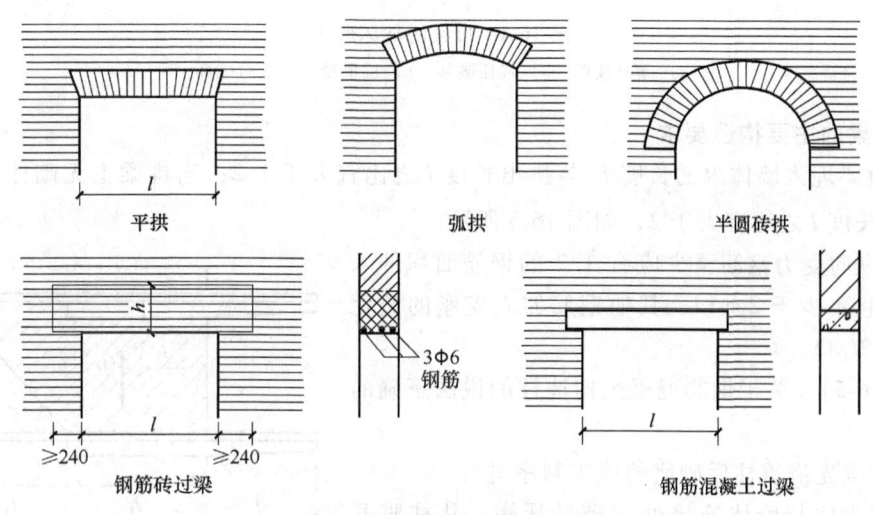

图 16-3 过梁的几种形式

2. 几种常见过梁的主要构造要求

1）砖砌平拱过梁：跨度不宜超过 1.20m，竖砖砌筑部分的高度不应小于 240mm，砖砌过梁截面计算高度内的砂浆不宜低于 M5。

2）钢筋砖过梁：跨度不宜超过 1.50m。在施工时要求在过梁下皮设置支撑和模板，并在砌砖前在模板上铺一层厚度不小于 30mm 的水泥砂浆层，埋入砂浆层的钢筋，其直径不应小于 5mm，间距不宜大于 120mm，两端伸入支座砌体内的长度不宜小于 240mm。

3）钢筋混凝土过梁：按钢筋混凝土受弯构件设计计算，其截面高度一般不小于 3 皮砖（即 180mm），截面宽度与墙体厚度相同，两端伸入墙体的长度不小于 180mm。

16.2.4 挑梁

挑梁是指一端嵌入砌体墙体内，另一端挑出墙体外面的悬挑构件。

1. 挑梁的破坏形式

在荷载作用下，挑梁可能发生的破坏形式有以下几种：

1）挑梁倾覆破坏。挑梁倾覆力矩大于抗倾覆力矩，挑梁尾端墙体斜裂缝不断开展，挑梁绕倾覆点发生倾覆破坏（图16-4a）。

2）挑梁下砌体局部破坏。当挑梁埋入墙体较深、梁上墙体高度较大时，挑梁下靠近墙边小部分砌体由于压力过大发生局部受压破坏（图16-4b）。

3）挑梁自身弯曲破坏或剪切破坏。挑梁本身在倾覆点附件因正截面受弯承载力或斜截面受剪承载力不足引起弯曲或剪切破坏。

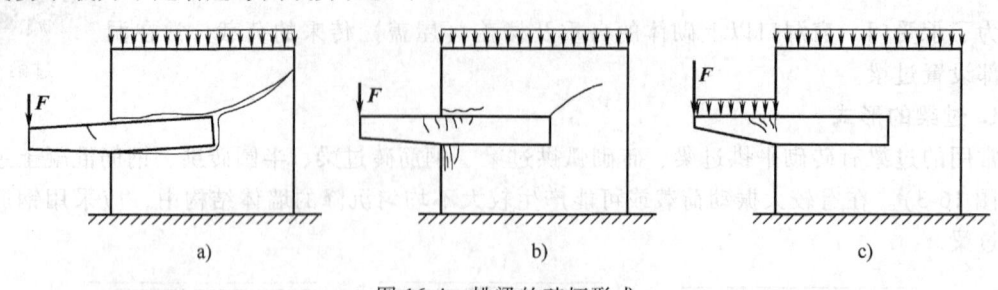

图 16-4 挑梁的破坏形式
a）倾覆破坏 b）局压破坏 c）挑梁受弯、受剪破坏

2. 挑梁的主要构造要求

1）挑梁埋入墙体内的长度 l_1 与挑出长度 l 之比宜大于 1.2；当挑梁上无砌体时，长度 l_1 与挑出长度 l 之比宜大于 2，如图 16-5 所示。

2）纵向受力钢筋至少应有 1/2 的钢筋面积伸入梁尾端，且不少于 2Φ12；其他钢筋伸入支座的长度不应小于 $2l_1/3$。

[例 16-5] 关于钢筋混凝土构造柱的说法正确的是（　　）。

A. 应按先浇筑柱后砌墙的施工顺序进行

B. 构造柱与墙体连接处应砌马牙槎，从柱脚开始，先进后退

C. 沿墙高每 500mm 设 2Φ6 拉结钢筋，每边深入墙内不宜小于 500mm

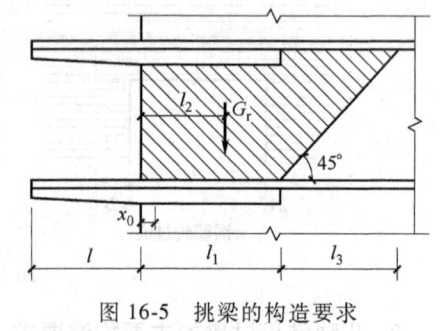

D. 构造柱混凝土可分段浇筑，每段高度不宜大于 3m，在施工条件较好并能确保浇筑密实时，也可每层一次浇筑。

图 16-5 挑梁的构造要求

16.3 ★防止或减轻墙体开裂的主要措施

墙体除了因荷载引起内力外，温度变化、材料收缩、地基不均匀沉降等间接作用也会在墙体内产生内力。由于砌体的抗拉强度很低，若设计处理不当，上述这些复杂因素引起的内力很可能导致墙体各种裂缝的形成。目前，尚难以定量计算这些复杂因素引起的墙体内力，必须采取适当的构造措施以防止或减轻墙体开裂。

16.3.1 防止或减轻由于收缩和温度变形引起墙体开裂

1. 产生裂缝的原因

结构构件由温度变化引起热胀冷缩的变形为温度变形。钢筋混凝土的线膨胀系数一般为 10×10^{-4}，砖砌体的线膨胀系数为 5×10^{-4}，可见在相同的温差下钢筋混凝土的变形要比砖砌体的变形大两倍以上。钢筋混凝土楼（屋）盖与砖砌体组成的砖混结构房屋，由于构件间

的相互约束,温度变化或材料发生收缩时,各自的变形不能自由地进行而引起应力。两种材料均为抗拉强度较低的脆性材料,当拉应力超过其抗拉强度时,就会出现不同形式的裂缝。房屋长度方向较长时,当大气温度改变,墙体的伸缩变形受到基础的约束,也会产生裂缝。对于砌块砌体房屋,虽然线膨胀系数相差较小(混凝土小型砌块砌体为 10×10^{-4}),但干缩较大,而且即使干缩稳定后,当再次被雨水或潮气浸湿后还会产生较大的再次干缩。因此,由于温度变形和砌块的干缩而引起的墙体裂缝比较普遍。

2. 温度变形和收缩引起房屋裂缝的主要形式

1)平屋顶下边外墙的水平裂缝和包角裂缝(图 16-6)。
2)顶层内外纵墙和横墙的八字形裂缝(图 16-7)。
3)房屋错层处墙体的局部垂直裂缝(图 16-8)。

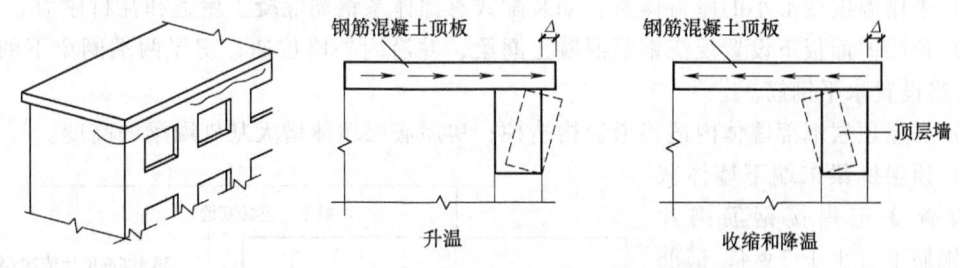

图 16-6 平屋顶下边外墙的水平裂缝和包角裂缝

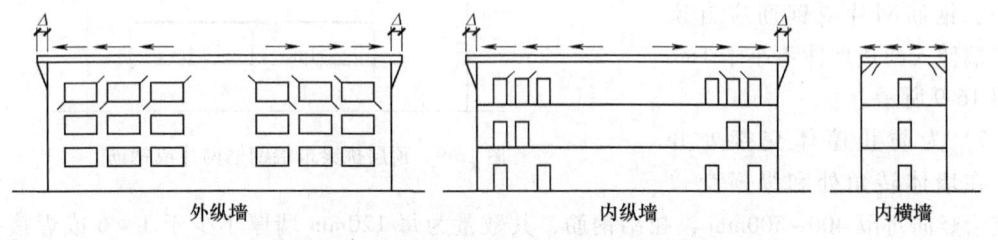

图 16-7 顶层内外纵墙和横墙的八字形裂缝

4)对砌块砌体房屋,由于基础的约束,使房屋的底部几层较长的实墙体的中部,即山墙、楼梯的墙中部出现竖向干缩裂缝,此裂缝越向顶层也越轻。

3. 防止或减轻由于收缩和温度变形引起墙体开裂的主要措施

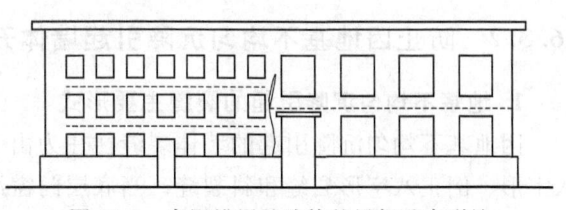

图 16-8 房屋错层处墙体的局部垂直裂缝

墙体裂缝的防止或减轻措施宜材料、设计、施工相结合,采用防、放、抗相结合的综合措施,具体如下:

1)设置伸缩缝。为了防止或减轻房屋在正常使用条件下,由温度和砌体干缩引起的墙体竖向裂缝,应在墙体中设置伸缩缝。伸缩缝应设置在因温度和收缩变形可能引起应力集中、砌体产生裂缝可能性最大的地方。伸缩缝的最大间距可按表 16-1 采用。

2)采用整体式或装配整体式钢筋混凝土屋盖时,宜在屋盖上设置保温层或隔热层。屋面保温(隔热)层或屋面刚性面层及砂浆找平层应设置分隔缝,分隔缝间距不宜大于 6m,并与女儿墙隔开,其缝宽不小于 30mm。

表 16-1　砌体房屋伸缩缝的最大间距　　　　　　　　　　　（单位：m）

屋盖或楼盖类别		间　距
整体式或装配整体式钢筋混凝土结构	有保温层或隔热层的屋盖、楼盖	50
	无保温层或隔热层的屋盖	40
装配式无檩体系钢筋混凝土结构	有保温层或隔热层的屋盖、楼盖	60
	无保温层或隔热层的屋盖	50
装配式有檩体系钢筋混凝土结构	有保温层或隔热层的屋盖	75
	无保温层或隔热层的屋盖	60
瓦材屋盖、木屋盖或楼盖、轻钢屋盖		100

3）采用温度变形小的屋盖体系，如装配式有檩体系钢筋混凝土屋盖和瓦材屋盖。

4）顶层屋面板下设置现浇钢筋混凝土圈梁，并沿内外墙拉通，房屋两端圈梁下的墙体内宜适当设置水平钢筋。

5）房屋顶层端部墙体内适当增设构造柱；房屋底层墙体增大基础圈梁的高度。

6）顶层挑梁末端下墙体灰缝内设置 3 道焊接钢筋网片（纵向钢筋不宜少于 2Φ4，横筋间距不宜大于 200mm）或 2Φ6 钢筋，钢筋网片或钢筋应自挑梁末端伸入两边墙体不小于 1m，如图 16-9 所示。

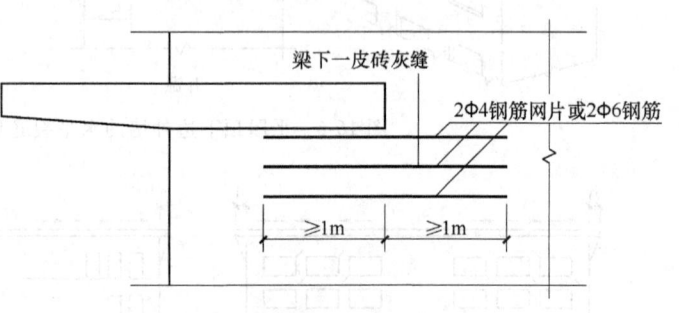

图 16-9　顶层挑梁末端钢筋网片或钢筋

7）为防止墙体交接处开裂，在墙体转角处和纵横交接处宜沿竖向每隔 400~500mm 设拉结钢筋，其数量为每 120mm 墙厚不少于 1Φ6 或焊接钢筋网片，埋入长度从墙的转角或交接处算起，每边不小于 600mm。

16.3.2　防止因地基不均匀沉降引起墙体开裂

1. 地基不均匀沉降引起的裂缝主要形式

因地基不均匀沉降引起的墙体裂缝往往为由下而上指向沉降较大处，裂缝形式主要有正八字形、倒正八字形裂缝和斜裂缝，当底层门窗洞口较大时还可能出现窗台下墙体的垂直裂缝等。

2. 防止或减轻因地基不均匀沉降引起墙体开裂的主要措施

1）设置沉降缝。在地基土性质相差较大处，房屋高度、荷载、结构刚度变化较大处，房屋结构形式变化处，高低层的施工时间不同处设置沉降缝，将房屋分割为若干长高比较小、体型规则、整体刚度较好的独立单元。

2）加强房屋整体刚度。如合理布置承重墙体、增大基础圈梁刚度、增设钢筋混凝土圈梁等。

3）对处于软土地区或土质变化较复杂地区，利用天然地基建造房屋时，房屋体型力求简单，采用对地基不均匀沉降不敏感的结构形式和基础形式。

4）合理安排施工顺序，先施工层数多、荷载大的单元，后施工层数少、荷载小的单元。

16.4 ○框架填充墙

框架结构的墙体是填充墙，起围护和分隔作用，重量由梁柱承担，填充墙不承重。

16.4.1 填充墙构造柱的设置

填充墙的构造柱设置通常不会在设计图上明确，需要施工单位根据内装图纸和结构总说明中关于构造柱设置的相关要求以及规范要求进行深化。通常情况下，结构总说明中墙内构造柱按以下原则设置：

1）墙长大于5m时，沿墙长方向每隔4m设置一根构造柱。
2）外墙转角、楼梯间墙转角、电梯井角部以及无翼墙或混凝土墙（柱）的填充墙端部应设置构造柱。
3）砌筑填充墙时应错缝搭砌；两墙相交时，若因砌块模数等原因而无法错缝搭砌时，则在其相交处设置构造柱。
4）构造柱截面为墙宽乘以200mm，纵筋为4Φ12，箍筋Φ6@200。

16.4.2 填充墙的构造设计

框架填充墙墙体除应满足稳定要求外，尚应考虑水平风荷载及地震作用的影响。填充墙的构造设计，应符合下列规定：

1）填充墙宜选用轻质块体材料。
2）填充墙砌筑砂浆的强度等级不宜低于M5（Mb5、Ms5）。
3）填充墙墙体墙厚不应小于90mm。
4）用于填充墙的夹心复合砌块，其两肢块体之间应有拉结。

16.4.3 填充墙与框架的两种连接方式

填充墙与框架的连接，可根据设计要求采用脱开（柔性连接）或不脱开（刚性连接）的方法。有抗震设防要求时宜采用填充墙与框架脱开的方法。

1. 填充墙与框架采用脱开的方法

当填充墙与框架采用脱开的方法，宜符合下列规定：

1）填充墙两端与框架柱，填充墙顶面与框架梁之间留出不小于20mm的间隙。
2）填充墙端部应设置构造柱，柱间距宜不大于20倍墙厚且不大于4000mm，柱宽度不小于100mm。柱竖向钢筋直径不宜小于10mm，箍筋直径宜为5mm，竖向间距不宜大于400mm。竖向钢筋与框架梁或其挑出部分的预埋件或预留钢筋连接，绑扎接头时不小于30d，焊接时（单面焊）不小于10d（d为钢筋直径）。柱顶与框架梁（板）应预留不小于15mm的缝隙，用硅酮胶或其他弹性密封材料封缝。当填充墙有宽度大于2100mm的洞口时，洞口两侧应加设宽度不小于50mm的单筋混凝土柱。
3）填充墙两端宜卡入设在梁、板底及柱侧的卡扣铁件内，墙侧卡口板的竖向间距不宜大于500mm，墙顶卡口板的水平间距不宜大于1500mm。

4）墙体高度超过4m时宜在墙高中部设置与柱连通的水平系梁。水平系梁的截面高度不小于60mm。填充墙高不宜大于6m。

5）填充墙与框架柱、梁的缝隙可采用聚苯乙烯泡沫塑料板条或聚氨酯发泡剂材料填充，并用硅酮胶或其他弹性密封材料封缝。

6）所有连接用钢筋、金属配件、铁件、预埋件等均应作防腐防锈处理，嵌缝材料应能满足变形和防护要求。

2. 填充墙与框架采用不脱开的方法

当填充墙与框架采用不脱开的方法时，宜符合下列规定：

1）沿柱高每隔500mm配置2根直径6mm的拉结钢筋（墙厚大于240mm时配置3根），钢筋伸入填充墙长度不宜小于700mm，且拉结钢筋应错开截断，相距不宜小于200mm。填充墙墙顶应与框架梁紧密结合。顶面与上部结构接触宜用一皮砖或配砖斜砌楔紧。

2）当填充墙有洞口时，宜在窗洞口的上端或下端、门洞口的上端设置钢筋混凝土带，钢筋混凝土带应与过梁的混凝土同时浇筑，其过梁的断面及配筋由设计确定。钢筋混凝土带的混凝土强度等级不小于C20。当有洞口的填充墙尽端至门窗洞口边距离小于240mm时，宜采用钢筋混凝土门窗框。

3）填充墙长度超过5m或墙长大于2倍层高时，墙顶与梁宜有拉结措施，墙体中部应加设构造柱；墙高超过4m时宜在墙高中部设置与柱连接的水平系梁，墙高超过6m时，宜沿墙高每2m设置与柱连接的水平系梁，梁的截面高度不小于60mm。

习　题

选择题

1. 关于砌体抗压强度的影响因素，下列叙述错误的是（　　）。

A. 块材的强度越高，砌体的抗压强度越高

B. 砂浆的流动性和保水性越好，砌体的抗压强度越高

C. 施工时灰缝越饱满、均匀，砌体的抗压强度越高

D. 块材的平面尺寸越大，砌体的抗压强度越高

2. 防止或减轻由于收缩和温度变形引起墙体开裂的措施中，下列叙述与此无关的一项是（　　）。

A. 顶层屋面板下设置现浇钢筋混凝土圈梁，并沿内外墙拉通

B. 墙体材料宜采用黏土砖

C. 增大基础圈梁的高度

D. 设置伸缩缝

3. 钢筋混凝土构造柱在砌体房屋中的主要作用是（　　）。

A. 约束墙体和防止墙体裂缝的延伸，使砌体能够维持竖向承载力，避免墙体倒塌

B. 承受砌体房屋的倾覆力矩

C. 提高砌体的抗压承载力

D. 承受上部荷载

4. 关于构造柱的截面尺寸、配筋的下列叙述中，不符合规范的是（   ）。

A. 构造柱的纵筋应穿过圈梁，以保证构造柱纵筋上下贯通

B. 构造柱最小截面（墙厚240mm时），可采用180mm×240mm

C. 纵向钢筋宜采用4Φ10，箍筋间距不宜大于250mm，且在柱上下端应适当加密

D. 构造柱可不单独设置基础，但应伸入室外地面下500mm，或锚入浅于500mm的基础圈梁内

5. 抗震设计时，构造柱与墙体连接的下列要求中，错误的是（   ）。

A. 沿墙高每隔500mm设置拉结筋

B. 拉结筋每边伸入墙内不宜小于0.7m

C. 拉结筋采用2Φ6水平钢筋和Φ4mm分布短筋平面内点焊组成

D. 构造柱与墙连接处应砌成马牙槎，先砌墙后浇柱

6. 下列关于构造柱与圈梁、基础连接的叙述中，错误的是（   ）。

A. 构造柱与圈梁连接处，柱纵筋应上下贯通且柱上下端箍筋应适当加密

B. 构造柱可不单独设置基础，但与埋深小于500mm的基础圈梁相连

C. 构造柱与圈梁连接处，构造柱的纵筋应穿过圈梁，构造柱纵筋不贯通

D. 构造柱可不单独设置基础，但应伸入室外地面下500mm

7. 下列关于房屋设置圈梁的主要作用的叙述，不正确的是（   ）。

A. 增强房屋的整体性、整体刚度

B. 减轻地基不均匀沉降对房屋的影响

C. 提高抗震能力

D. 提高承载力

8. 圈梁构造要求的下列叙述中，不符合规范的是（   ）。

A. 圈梁纵筋不应小于4Φ10

B. 一般情况下，圈梁的截面高度不应小于240mm

C. 纵横墙交接处的圈梁应有可靠的连接

D. 圈梁应闭合，遇有洞口圈梁应上下搭接

第17章 钢筋混凝土结构施工图识读

17.1 概述

17.1.1 建筑工程施工图的组成与作用

1. 建筑工程施工图的组成

建筑工程施工图通常由建筑施工图、结构施工图、设备施工图、建筑节能、绿色建筑设计等内容组成。

（1）建筑施工图（简称建施图）

建施图主要表达房屋建筑的规划位置、内部各空间的功能布置、立面造型、内外装修、建筑高度、节点构造及施工要求等。由建筑设计总说明、建筑总平面图、各层平面图、立面图、剖面图及详图等组成。

（2）结构施工图（简称结施图）

结施图主要表达房屋的基础类型、基础平面、基础详图，梁、板、柱（墙）等各构件布置，构件的材料、截面尺寸、配筋以及构件间的连接、构造要求。结施图中除标高以米为单位外，其余均以毫米为单位。

（3）设备施工图

设备施工图一般按工种分为给水排水施工图、电气施工图、采暖通风施工图、办公智能化施工图等。设备施工图由各设备的平面布置图、系统图和施工说明等组成。

2. 混凝土结构施工图的组成

结构施工图是结构设计的最终成果，是一套表达建筑物结构类型、结构构件布置及详图、结构材料的图纸。混凝土结构施工图一般由结构设计总说明、结构构件布置图（含配筋）及详图组成。

（1）结构设计总说明

结构设计说明一般位于结施图的首页，主要内容有以下几方面：

1）结构概况。如建设地点、结构的安全等级、设计使用年限、建筑抗震设防类别、地基基础设计等级、桩基设计等级、抗震等级、砌体施工质量控制等级、混凝土结构构件裂缝控制等级、设计耐火等级、结构类型、层数、结构总高度、人防工程设计等级、±0.000相对应的绝对标高等。

2）主要设计依据。如设计采用的有关规范、上部结构的荷载取值、采用的地质勘察报告、设计计算所采用的软件、抗震设防烈度、场地土的类别、环境类别等。

3）地基及基础。基础类型、持力层的选用、基坑开挖、验槽要求、基坑土方回填要求、沉降观测点设置与沉降观测要求；若采用桩基础，还应注明桩的类型、所选用桩端持力层、桩端进入持力层的深度、桩身配筋、桩长、单桩承载力、桩基施工控制要求、桩身质量检测的方法及数量要求；地下室防水等级等。

4）材料的选用。如混凝土的强度等级，钢筋的强度等级、焊条、基础砌体的材料及强度等级，上部结构砌体的材料及强度等级等。

5）有关构造及施工要求。如钢筋的连接、锚固长度要求，后浇带的施工要求，主体结构与围护的连接要求，预制构件的制作、起吊、运输、安装要求，梁板中开洞的洞口加强措施，梁、板、柱及剪力墙各构件的构造要求等。

6）采用标准图集的名称与编号。

7）其他需要说明的内容。

结构设计说明的内容具有全局性、纲领性，是施工的重要依据，需逐条认真阅读。

(2) 结构构件布置平面图及配筋图

结构构件布置平面图及配筋图主要表达基础、梁、板、柱（墙）等构件的平面布置，各构件的截面尺寸、配筋。结构平面图一般由以下几部分组成：

1）基础平面图（桩基础时还包括桩位平面图、承台平面图）。

2）各标准层结构平面图，当为现浇楼（屋）盖时在平面图中同时表示板的配筋。

3）梁、柱、剪力墙各标准层平面及配筋详图。

(3) 详图

详图包括基础详图，楼梯、电梯间结构详图，节点详图。

结构施工图图号一般按施工顺序排序，依次为图纸目录、结构设计总说明、基础平面图（含基础详图）、楼（屋）面结构平面图图（自下而上按层排列）、柱（剪力墙）平面及配筋图（自下而上按层排列）、梁平面及配筋图（自下而上按层排列）、楼梯及构件详图等。

3. 施工图的作用

建筑工程设计文件是工程技术界的通用语言，是有关工程技术人员进行信息传递的载体，是具有法律效力的正式文件，是建筑工程重要的技术档案。

结构施工图是设计人员综合考虑建筑的规模、使用功能、业主的要求、当地材料的供应情况、场地周边的现状、抗震设防要求等因素，根据国家及省市有关现行规范、规程、规定，以经济合理、技术先进、确保安全为原则而形成的结构工种设计文件。

结构施工图，是建筑工程主体结构施工的指导性文件，是进行结构构件制作、安装、编制预算和施工进度计划的依据，是监理单位工程质量检查与验收的依据。

建筑工程竣工后，施工单位必须根据工程施工图及设计变更文件，认真绘制竣工图交给业主，作为今后使用与维修、改建、鉴定的重要依据。

17.1.2 混凝土结构施工图平面整体表示方法

现行混凝土结构施工图一般按混凝土结构施工图平面整体表示方法制图规

施工图制图规则和构造详图

则绘制。《混凝土结构施工图平面整体表示方法制图规则和构造详图》（22G101）由中国建筑标准设计研究院编制（以下简称平法），由制图规则与构造详图两部分组成。

1. 平法施工图的表达方式与特点

混凝土结构施工图平面整体表示方法，概括来讲，就是将结构构件的尺寸和配筋等，按照平面整体表示方法制图规则，整体、直接表达在各类构件的结构平面布置图上，再与标准构造详图配合，即构成一套新型完整的结构设计文件。

构造详图是根据现行有关《混凝土结构设计规范》（GB 50010）、《高层建筑混凝土结构技术规程》（JGJ 3）、《建筑抗震设计规范》（GB 50011）等有关规定，对各类构件的保护层厚度、锚固长度、钢筋连接、节点构造给出标准做法。设计人员也可根据工程实际情况，按国家有关规范对其做出必要的修改，并在结构施工说明中加以注明。

《混凝土结构施工图平面整体表示方法制图规则和构造详图》（22G101）供设计、施工单位直接选用。平法施工图具有以下几个特点：

1）采用平法制图规则，单张施工图的信息量大，易修改、校审，有利于提高工程设计质量，便于施工管理。

2）构件分类明确，采用标准化的构造详图，可避免节点详图的重复绘制、漏绘、错绘，有利于减少设计差错，保证工程质量。

3）有利于提高设计效率，降低设计成本，有利于节能减排。

2. 平法施工图一般规定

平法制图规则适用于各种现浇混凝土结构的柱、剪力墙、梁、板等构件的结构施工图设计。按平法制图规则绘制结构施工图时，必须按照各类构件的平法制图规则，在按结构层（标准层）绘制的平面布置图上直接表示各构件的尺寸和配筋。在平面布置图上表示各构件的尺寸和配筋的方式有平面注写方式、列表注写方式和截面注写方式三种。

按平法制图规则绘制结构施工图时，应当用表格或其他方式注明包括地下和地上各层的结构层楼（地）面标高、结构层高及相应的结构层号，注明上部结构嵌固部位位置；结构层楼面标高与结构层高在单项工程中必须统一，并应将其分别放在柱、墙、梁等各类构件的平法施工图中。结构层号应与建筑楼层号一致。

按平法制图规则绘制结构施工图时，应将所有柱、墙、梁、板等构件进行编号，编号中含有类型代号和序号。其中，类型代号的作用是指明所选用的标准构造详图；在标准构造详图上，已经按其所属构件类型注明代号，以明确该详图与平法施工图中构件的互补关系，使两者结合构成完整的结构设计图。

当采用平法标准图集时，其标准构造详图可根据具体工程实际，按现行国家标准进行相应修改变更，并在结构施工图中注明。当采用平法设计时，应在结构设计总说明中写明下列内容：

1）注明所选用平法标准图集的图集号。

2）应注明抗震设防烈度及结构抗震等级，以便正确选用相应的标准构造详图。

3）注明各类构件在其所在部位所选用的混凝土强度等级与钢筋级别，以确定钢筋的锚固长度与连接要求。

4）注明不同部位构件所处的环境类别，以便确定相应的混凝土保护层厚度。

5）当采用平法标准图集，其标准详图有多种做法可选择时，应写明在何部位采用何种做法；未注明时，施工人员可以任选一种构造做法进行施工。

6）注明上部结构嵌固端的位置。框架柱的嵌固部位在基础顶面时，可不注；框架柱的嵌固部位不在基础顶面时，应在层高表嵌固部位标高下使用双细线注明，并在层高表下注明嵌固部位标高；框架柱的嵌固部位不在地下室顶板，但仍需考虑地下室顶板对上部结构实际存在的嵌固作用时，可在层高表地下室顶板标高下使用双虚线注明，此时首层柱端箍筋加密区长度范围及纵筋连接位置均按嵌固部位要求设置。

7）设置后浇带时，注明后浇带的位置、浇筑时间、后浇带混凝土强度等级以及其他要求。

8）若对平法标准图集的标准构造详图做出变更时应写明变更的具体内容。

9）其他特殊要求。

17.1.3　混凝土结构施工图识读方法与步骤

建筑单体的施工图，由建施、结施、水施、暖施、电施及智能化设计等施工图组成，图纸数量通常有几十张甚至上百张。施工单位在项目开工前，首先应通过对设计施工图全面、仔细的识读，对建筑的概况、要求有一个全面的了解，及时发现设计中各工种之间存在矛盾的、设计中不明确的、施工中有困难的及设计图中有差错的地方，并通过图纸会审的方式予以提出，便于设计单位对施工图进一步修改与完善，以保证工程施工的顺利进行。

初学者拿到施工图后，通常会感到无从着手，不得要领。要提高识图效率，首先应熟悉施工图制图规则，熟悉房屋建筑构造、结构构造，熟悉有关规范；其次要有正确的识读方法；此外，还应有现场施工与管理经验。只有通过大量的生产实践，才能不断提高识图能力。

结构施工图识读一般宜遵循以下原则：

（1）先建筑，后结构，再设备

结施图与建施图对照看，其他设施图参照看。一般先阅读建施图，了解建筑概况、使用功能及要求、平面布置、层数与层高、门窗尺寸、楼（电）梯间、内外装修、节点构造及施工要求等基本情况。然后再阅读结施图，在阅读结施图的同时应对照相应的建施图，需特别注意梁柱的布置与建施图有无矛盾、梁的截面尺寸与门窗尺寸有无矛盾、结构标高与建筑标高及面层做法是否统一、结构详图与建筑详图有无矛盾。最后阅读设备图，应特别注意设备的布置与建施图有无矛盾、设备的预留孔位置及尺寸与结构布置有无矛盾、结构预留孔的数量及位置是否正确、各设备工种之间有无矛盾。只有将三者结合看，才能正确、全面地了解施工图的全貌，并发现存在的矛盾和问题。

（2）先粗后细，先大后小

先粗看一遍，了解工程的概况、结构方案、设备布置与要求等，然后再细看每一张图纸、每一个构件、每一个节点详图。

施工图难免会存在或多或少的问题，常见的有以下几项：

1）设计遗漏。该表达的没有表达或者表达不清，无法施工。

2）设计矛盾。比如结施图和建施图中应该相符合的地方出现不符合的情况。

3）设计不合理。按图施工造成施工困难或无法施工。

4）设计错误。图纸中存在违反设计、施工规范的内容。

识读过程中要边看边整理汇总，提出图纸中存在的问题，留待技术交底或图纸会审时一并提出来，以便设计单位对设计进一步修改与完善。

17.2 ★结构设计总说明的识读

17.2.1 结构设计总说明的内容

结构设计总说明，是以文字说明为主的、带有全局性的纲领性文件。每一单项工程应编写一份结构设计总说明，对于简单的小型单项工程，设计总说明中的内容可分别写在基础平面图和各层结构平面图上。结构设计总说明包括以下几方面内容：

1）设计依据。
① 本工程结构设计所采用的主要标准与法规。
② 相应的工程地质勘察报告。
③ 采用的设计荷载，包括工程所在地的风荷载与雪荷载、楼（屋）面使用荷载、其他特殊的荷载。

2）设计±0.000 标高所对应的绝对标高值。

3）图纸中标高、尺寸的单位。

4）建筑结构的安全等级和设计使用年限，混凝土结构的耐久性要求和砌体结构施工质量控制等级。

5）建筑场地的类别、地基的液化等级、地基基础设计等级、建筑抗震设防类别、抗震设防烈度（设计基本地震加速度及特征周期）和钢筋混凝土结构构件的抗震等级。

6）人防工程的抗力等级。

7）本工程结构材料的品种、规格、性能及相应的产品标准。如混凝土的强度等级、钢筋的种类以及砌体部分块材和砌筑砂浆的强度等级等；钢结构的结构用钢材、焊条及螺栓的要求等。

8）构造要求。本工程的环境类别，明确各构件混凝土保护层厚度，钢筋锚固、连接、钢结构焊缝等要求，承重结构与非承重结构的连接要求，某些构件或部位的特殊要求。

9）本工程地质概况、对不良地基的处理措施及技术要求、对地基持力层的要求、基础的形式、地基承载力特征值或桩基的单桩承载力设计特征值，桩基检测数量及要求等。

10）本工程对施工顺序、方法、质量标准的要求，与其他工种配合的要求，对水池、地下室等有抗渗要求的混凝土，说明抗渗等级，在施工期间有上浮可能时，应提出抗浮措施。

11）设计选用的标准构件图集。

12）施工中应遵循的施工规范与注意事项。

17.2.2 结构设计总说明的识读要点

结构设计总说明是对结构施工图的补充，很多文字说明又恰恰是图纸无法表达的内容，对标准图集的一些变更也在说明中予以交代。因此，要逐条认真阅读，并结合后面施工图的识读加以全面理解。识读步骤如下：

1）熟悉本工程的结构概况：

结构类型、工程抗震设防烈度、结构构件的抗震等级、基础类型、砌体结构施工质量控制等级等。

2）熟悉本工程所采用的材料：

混凝土的强度等级，钢筋的种类，块材的种类，砌筑砂浆的强度等级，钢结构用钢、焊条及螺栓等。

3）熟悉本工程的构造与施工要求：

各类构件钢筋保护层的厚度，钢筋连接的要求，承重结构与非承重结构的连接要求，施工顺序、质量标准的要求，后浇带的施工要求，与其他工种的配合要求等。

17.3 ★柱平法施工图的识读

17.3.1 柱平法施工图制图规则

柱平法施工图是在柱平面布置图上采用列表注写方式或截面注写方式来表达的施工图。柱平面布置图，可采用适当的比例单独绘制，也可与剪力墙平面布置图合并绘制。柱平法施工图中，应按规定注明各结构层的楼面标高、结构层高及相应的结构层号。

1. 列表注写方式（图 17-1）

列表注写方式，就是在柱平面布置图上，先对柱进行编号，然后分别在同一编号的柱中选择一个（有时需选几个）截面注写几何参数代号（b_1、b_2、h_1、h_2）。在柱表中注写柱编号、柱段起止标高、几何尺寸（含柱截面对轴线的偏心情况）与配筋的具体数值，并配以各种柱截面形状及其箍筋类型图的方式，来表达柱平面整体配筋。一般一个建筑只需绘制一张平面布置图。柱表注写内容规定如下：

列表注写方式

1）注写柱的编号，柱编号由柱类型、代号和序号组成，应符合表 17-1 的规定。

表 17-1 柱编号

柱 类 型	代 号	序 号
框架柱	KZ	××
转换柱	ZHZ	××
芯柱	XZ	××
梁上柱	LZ	××
剪力墙上柱	QZ	××

当柱的高度、分段截面尺寸和配筋均对应相同，仅截面与轴线关系不同时，可将其编为同一柱号，但在平面图中应注明截面与轴线的关系。

2）注写各段柱的起止标高。自柱根部往上以变截面位置或截面未变但配筋改变处为界分段注写。框架柱和框支柱的根部标高是指基础顶面标高；芯柱的根部标高是指根据结构实际需要而定的起始位置标高；梁上柱的根部标高为梁顶面标高；剪力墙上柱的根部标高为墙顶部标高（分柱筋锚在剪力墙顶部或柱与剪力墙重叠一层两种做法，其根部标高均为墙顶部标高）。截面尺寸或配筋改变处一般为楼板面。

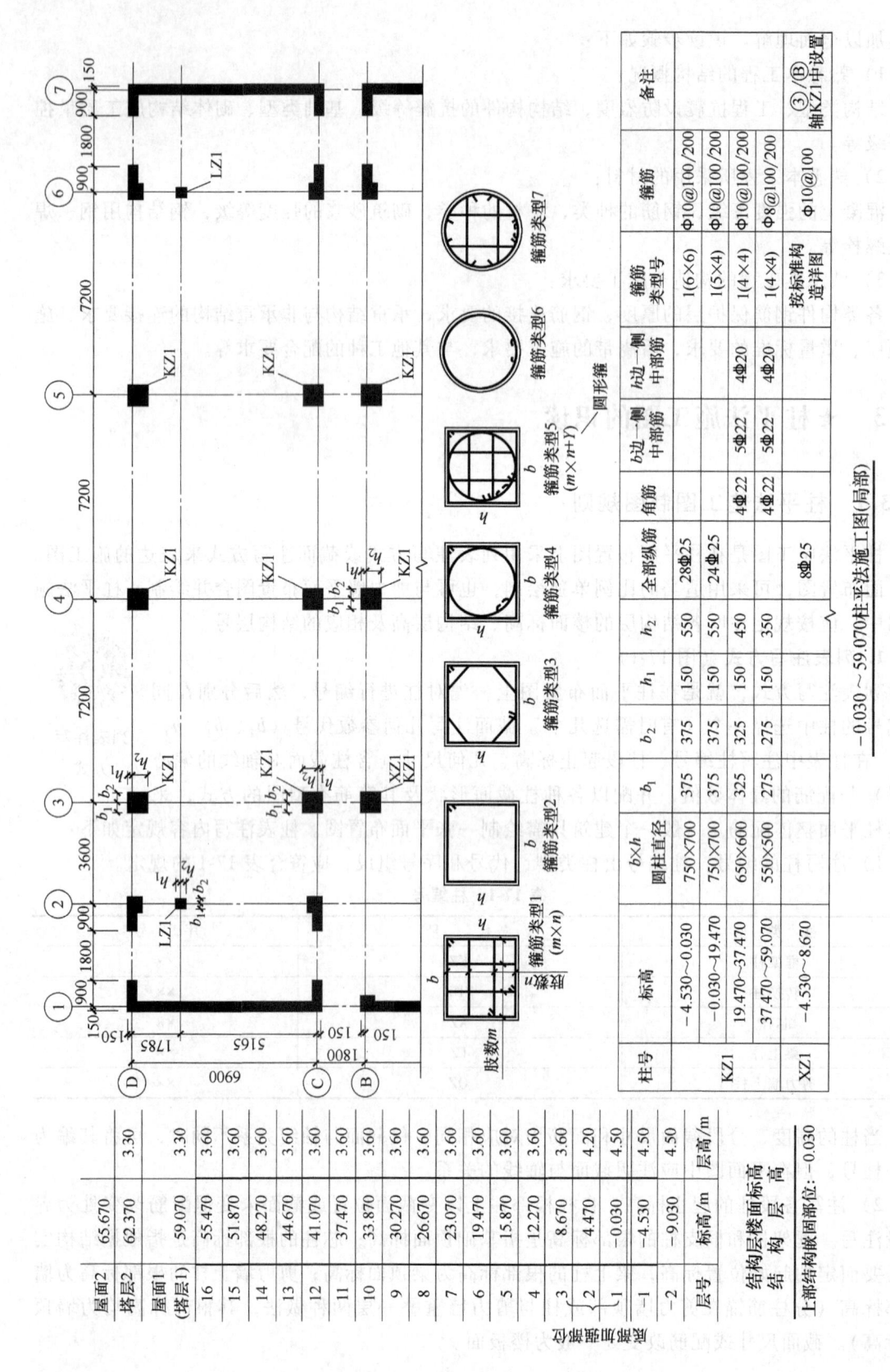

图 17-1 柱平法施工图列表注写方式示例

3）对于矩形柱，注写柱截面尺寸 $b \times h$ 及与轴线关系的几何参数代号 b_1、b_2 和 h_1、h_2 的具体数值，须对应于各段柱分别注写。其中 $b=b_1+b_2$，$h=h_1+h_2$。当截面的收缩变化至与轴线重合或偏到轴线的另一侧时，b_1、b_2、h_1、h_2 中的某项为零或为负值。

对于圆柱，表中 $b \times h$ 一栏改用在圆柱直径数字前加 d 表示。与轴线关系同样用 b_1、b_2 和 h_1、h_2 表示，并使 $d=b_1+b_2=h_1+h_2$。

4）注写柱纵筋。当柱的纵筋直径相同，各边根数也相同时（包括矩形柱、圆柱），将纵筋注写在"全部纵筋"一栏中；除此以外，柱纵筋分为角筋、截面 b 边中部筋和 h 边中部筋三项分别注写；对于采用对称配筋的矩形柱，可仅注写一侧中部筋，对称边省略不注。

5）在表中箍筋类型栏内注写箍筋类型号及箍筋肢数。确定箍筋肢数时要满足对纵筋"隔一拉一"以及箍筋肢距的要求。

6）在表中箍筋栏内注写箍筋，包括钢筋级别、直径和间距。用斜线"/"区分柱端箍筋加密区与柱身非加密区长度范围内箍筋的不同间距（加密区长度按构造要求确定）；当框架节点核心区内箍筋与柱端箍筋不同时，应在括号内注明核心区箍筋直径与间距。

例如：Φ10@100/200（Φ12@100）表示箍筋采用 HPB300 级钢筋，直径为 10mm，加密区箍筋间距为 100mm，非加密区箍筋间距为 200mm；框架节点核心区内箍筋采用 HPB300 级钢筋，直径为 12mm，箍筋间距为 100mm。

当箍筋沿柱全高为同一种间距时，则不使用"/"线，例如：Φ10@100 表示箍筋采用 HPB300 级钢筋，直径为 10mm，箍筋间距为 100mm，沿柱全高加密。当圆柱采用螺旋箍筋时，需在箍筋前加"L"。

2. 截面注写方式（图 17-2）

截面注写方式，是在柱平面布置图上，分别在同一编号的柱中选择一个截面，以直接注写截面尺寸和配筋具体数值的方式来表达柱平法施工图。

对除芯柱之外所有柱截面进行编号，从相同编号的柱中选择一个截面，按另一种比例原位放大绘制柱截面配筋图，并在各配筋图上其编号后注写截面尺寸 $b \times h$（对于圆柱改为圆柱直径 d）、角筋或全部纵筋（当纵筋采用同一种直径且能够图示清楚时）、箍筋的具体数值。在柱截面配筋图上标注柱截面与轴线关系 b_1、b_2、h_1、h_2 的具体数值（$b=b_1+b_2$，$h=h_1+h_2$，圆柱时 $d=b_1+b_2=h_1+h_2$）。

当纵筋采用两种直径时，须再注写截面各边中部纵筋的具体数值（对于采用对称配筋的矩形截面柱，可仅在一侧注写中部纵筋，对称边省略不注）。

截面注写方式中，如柱的分段截面尺寸和配筋均相同，仅分段截面与轴线的关系不同时，可将其编为同一柱号，但此时应在未画配筋的柱截面上注写该柱截面与轴线关系的具体尺寸。

以上两种表达方式，在实际工程中均有应用；截面注写方式更直观，在实际工程中应用更普遍。

17.3.2 柱平法施工图的识读要点

先校对平面，后校对构件；先阅读各构件，再查阅节点与连接。识读步骤如下：

1）阅读结构设计说明中的有关内容。

2）检查各柱的平面布置与定位尺寸。根据相应的建筑、结构平面图，查对各柱的平面布置与定位尺寸是否正确。特别应注意变截面处上下截面与轴线的关系。

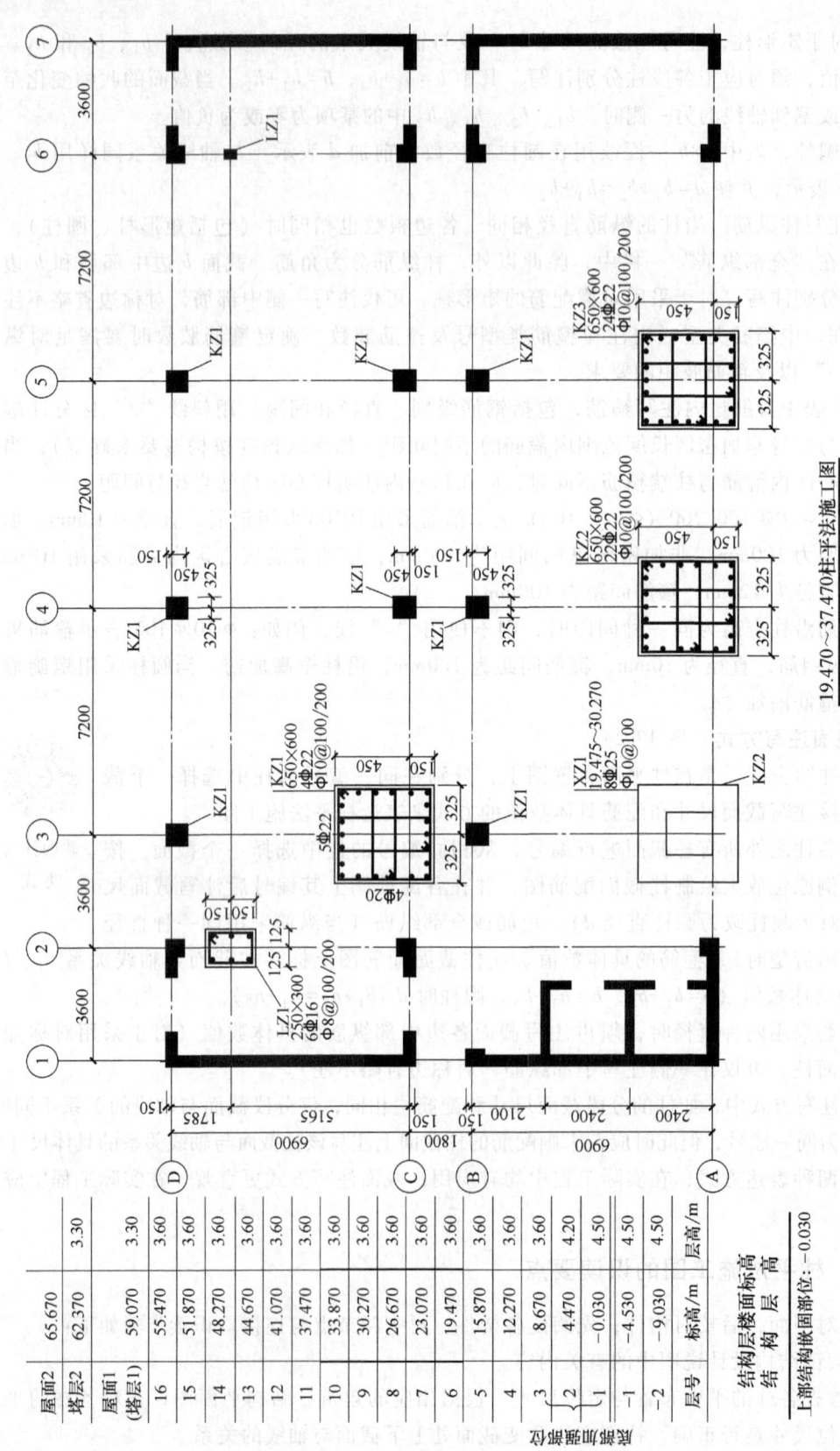

图 17-2 柱平法施工图截面注写方式示例

3）从图中（截面注写方式）及表中（列表注写方式）逐一检查柱的编号、起止标高、截面尺寸、纵筋、箍筋。

4）根据有关规范及设计要求，确定柱纵筋连接接头的位置、连接方法、接头长度。

5）根据有关规范及设计要求，确定柱端箍筋加密区的长度、加密区箍筋的直径与间距，非加密区箍筋的直径与间距。

6）遇变截面、纵筋直径或钢筋数量改变时，宜绘制节点详图。

17.4 △剪力墙平法施工图的识读

17.4.1 剪力墙平法施工图制图规则

剪力墙平法施工图是在剪力墙平面布置图上采用截面注写方式或列表注写方式表达的施工图。

剪力墙平面布置图可按结构标准层采用适当比例单独绘制，当剪力墙比较简单且采用列表注写方法时也可与柱平面布置图合并绘制。对于轴线未居中的剪力墙（包括端柱），应标注其偏心定位尺寸。

在剪力墙平法施工图中，应按规定注明各结构层的楼面标高、结构层高及相应的结构层号。

1. 列表注写方式

为便于简便、清楚地表达，剪力墙可视为由剪力墙柱、剪力墙身和剪力墙梁三类构件构成。

（1）列表注写方式概述

列表注写方式是分别在剪力墙柱表、剪力墙身表和剪力墙梁表中，对应于剪力墙平面布置图上的编号，用绘制截面配筋图并注写几何尺寸与配筋具体数值的方式，来表达剪力墙平法施工图。

（2）编号规定

将剪力墙按剪力墙柱、剪力墙身和剪力墙梁三类构件分别编号。

1）剪力墙柱编号。其由剪力墙柱类型、代号和序号组成，见表17-2。

表17-2 剪力墙柱编号

剪力墙柱类型	代号	序号
约束边缘构件	YBZ	××
构造边缘构件	GBZ	××
非边缘暗柱	AZ	××
扶壁柱	FBZ	××

2）剪力墙身编号。由墙身代号、序号及墙身所配置的水平与竖向分布钢筋的排数组成，其中，排数注写在括号内。表达形式为Q××（×排）。

在编号中，如若干墙柱的截面尺寸与配筋相同，仅截面与轴线的关系不同时，可将其编为同一墙柱号；如若干墙身的厚度尺寸与配筋相同，仅墙厚与轴线的关系不同时或墙身长度不同，也可将其编为同一墙身号。对于分布钢筋网的排数规定如下：

当剪力墙厚度不大于400mm时，应配置双排；当剪力墙厚度大于400mm，但不大于700mm时，宜配置三排；当剪力墙厚度大于700mm时，宜配置四排。

各排水平分布钢筋与竖向分布钢筋的直径与间距应保持一致。

当剪力墙配置的分布钢筋多于两排时，剪力墙拉筋两端应同时钩住外排水平纵筋和竖向纵筋，还应与剪力墙内排水平纵筋和竖向纵筋绑扎在一起。

3）剪力墙梁编号。其由剪力墙梁类型、代号和序号组成，见表17-3。

表17-3 剪力墙梁编号

剪力墙梁类型	代号	序号
连梁	LL	××
连梁（对角暗撑配筋）	LL（JC）	××
连梁（交叉斜筋配筋）	LL（JX）	××
连梁（集中对角斜筋配筋）	LL（DX）	××
连梁（跨高比不小于5）	LLk	××
暗梁	AL	××
边框梁	BKL	××

在具体工程中，当某些墙身需设置暗梁或边框梁时，宜在剪力墙平法施工图中绘制暗梁或边框梁的平面布置图并编号，以明确其具体位置。

(3) 剪力墙柱表中应表达的内容

1）注写墙柱编号和绘制墙柱的截面配筋图，标注墙柱几何尺寸。

2）注写各段墙柱的起止标高。自墙柱根部往上以变截面位置或截面未变但配筋改变处为界分段注写。根部标高一般是指基础顶面标高（如为框支剪力墙结构则是指框支梁顶面标高）。

3）注写各段墙柱纵向钢筋和箍筋，注写值应与在表中绘制的截面配筋图对应一致。纵向钢筋注总配筋值，箍筋的注写方式同框架柱。对于约束边缘构件还应注写非阴影区布置的拉筋（或箍筋）。

(4) 剪力墙身表中应表达的内容

1）注写剪力墙身编号（含水平与竖向分布筋的排数，注写在括号内，钢筋排数为2排时可省略不注）。

2）注写各段墙身起止标高，自墙身根部往上以变截面位置或截面未变但配筋改变处为界分段注写。根部标高规定同墙柱。

3）注写水平分布筋、竖向分布筋和拉筋的钢筋种类、直径与间距。所注写的数值是指一排水平分布筋和竖向分布筋的规格与间距。拉筋应注明布置方式"矩形"或"梅花"。

(5) 剪力墙梁表中应表达的内容

1）注写墙梁的编号。

2）注写墙梁所在的楼层号。

3）注写墙梁顶面标高的高差。墙梁顶面标高的高差是指墙梁顶面标高与该结构层基准标高的高差，无高差时不注。

4）注写墙梁截面尺寸 b×h，上部纵筋、下部纵筋、箍筋的具体数值。

5）当连梁设有对角暗撑时［代号为 LL（JC）××］，注写暗撑截面尺寸（箍筋外皮尺寸），注写一根暗撑的全部纵筋，并标注×2 表明有两根暗撑相互交叉；注写暗撑箍筋的具体数值。

6）当连梁设有交叉斜筋时［代号为 LL（JX）××］，注写连梁一侧对角斜筋的配筋值，并标注×2 表明对称设置；注写对角斜筋在连梁端部设置的拉筋根数、规格及直径，并标注×4 表示四个角均设置；注写连梁一侧折线筋配筋值，并标注×2 表明对称布置。

7）当连梁设有集中对角斜筋时［代号为 LL（DX）××］，注写一条对角线上的对角斜筋，并标注×2 表明对称布置。

8）墙梁侧面纵筋的配置，当墙身水平分布钢筋满足连梁、暗梁及边框梁的梁侧面纵向钢筋的构造要求时，该配筋值同墙身水平分布钢筋，表中不注，按标准构造详图施工。当不满足时，应在表中注明具体数值。

9）跨高比不小于 5 的连梁，按框架梁设计时（代号为 LLk ××），采用平面注写方式，注写规则同框架梁，纵筋锚固要求同连梁中受力钢筋。

列表注写方式施工图示例如图 17-3、图 17-4 所示。

2. 截面注写方式

截面注写方式，是在分标准层绘制的剪力墙平面布置图上，以直接在墙柱、墙身、墙梁上注写截面尺寸和配筋具体数值的方式来表达剪力墙平法施工图，如图 17-5 所示。

选用适当比例原位放大绘制剪力墙平面布置图，其中对墙柱绘制配筋截面图；对所有墙柱、墙身、墙梁按规定进行编号，并分别在相同编号的墙柱、墙身、墙梁中选择一根墙柱、一道墙身、一根墙梁进行注写，其注写方式按下列规定进行：

1）从相同编号的墙柱中选择一个截面，标注几何尺寸、全部纵筋及箍筋的具体数值。

2）从相同编号的墙身中选择一道墙身，按顺序引注墙身编号（应包括注写在括号内墙身分布筋的排数）、墙身厚度、水平分布钢筋、竖向分布钢筋和拉筋的具体数值。

3）从相同编号的墙梁中选择一根墙梁，注写墙梁编号、截面尺寸 b×h、箍筋、上部纵筋、下部纵筋的数值，以及墙梁顶面标高的高差值。

当墙身水平分布钢筋不满足连梁、暗梁及边框梁的梁侧面纵向钢筋的构造要求时，应补充标注墙梁侧面纵向钢筋的具体数值；注写时，以大写字母 N 打头，直接注写直径与间距。其在支座内的锚固要求同连梁中受力钢筋。

3. 剪力墙洞口的表示方法

无论采用列表注写方式还是截面注写方式，剪力墙上洞口均可在剪力墙体平面布置图上原位表达（采用加阴影线表示）。

洞口的表示方法如下：

1）在剪力墙平面布置图上绘制洞口示意图，并标注洞口中心的平面定位尺寸。

2）在洞口中心位置引注：

① 洞口编号（矩形洞口为 JD××，圆形洞口为 YD××，其中××表示序号）。

② 洞口几何尺寸（矩形洞口为洞宽 b×洞高 h，圆形洞口为洞口直径 D）。

③ 洞口中心相对标高［洞口中心高于楼（地）面结构标高时为正值，反之为负值］。

④ 洞口边的补强钢筋。洞口补强钢筋标注规定如下：

剪力墙梁表

编号	所在楼层号	梁顶相对标高高差	梁截面 b×h	上部纵筋	下部纵筋	箍筋
LL1	2~9	0.800	300×2000	4Φ22	4Φ22	Φ10@100(2)
	10~16	0.800	250×2000	4Φ20	4Φ20	Φ10@100(2)
	屋面1		250×1200	4Φ20	4Φ20	Φ10@100(2)
LL2	3	-1.200	300×2520	4Φ22	4Φ22	Φ10@150(2)
	4	-0.900	300×2070	4Φ20	4Φ20	Φ10@150(2)
	5~9	-0.900	250×1770	4Φ22	4Φ22	Φ10@150(2)
	10~屋面1	-0.900	300×2070	3Φ22	3Φ22	Φ10@100(2)
LL3	3		300×1770	4Φ22	4Φ22	Φ10@100(2)
	4		300×1670	4Φ22	4Φ22	Φ10@100(2)
	5~9		250×1670	3Φ22	3Φ22	Φ10@120(2)
	10~屋面1		250×2070	3Φ20	3Φ20	Φ10@120(2)
LL4	2		250×1770	3Φ20	3Φ20	Φ10@120(2)
	3		250×1670	≤		
AL1	2~9		300×600	3Φ20	3Φ20	Φ8@150(2)
	10~16		250×500	3Φ18	3Φ18	Φ8@150(2)
BKL1	屋面1		500×750	4Φ22	4Φ22	Φ10@150(2)

剪力墙身表

编号	标高	墙厚	水平分布筋	垂直分布筋	拉筋(矩形)
Q1	-0.030~30.270	300	Φ12@200	Φ12@200	Φ6@600@600
	30.270~59.070	250	Φ10@200	Φ10@200	Φ6@600@600
Q2	-0.030~30.270	250	Φ10@200	Φ10@200	Φ6@600@600
	30.270~59.070	200	Φ10@200	Φ10@200	Φ6@600@600

−0.030~12.270剪力墙平法施工图
(剪力墙柱图13.4)

层号	标高/m	层高/m
屋面2	65.670	3.30
塔层2	62.370	3.30
屋面1(塔层1)	59.070	3.60
16	55.470	3.60
15	51.870	3.60
14	48.270	3.60
13	44.670	3.60
12	41.070	3.60
11	37.470	3.60
10	33.870	3.60
9	30.270	3.60
8	26.670	3.60
7	23.070	3.60
6	19.470	3.60
5	15.870	3.60
4	12.270	3.60
3	8.670	3.60
2	4.470	4.20
1	-0.030	4.50
-1	-4.530	4.50
-2	-9.030	4.50

结构层楼面标高
结构层高
上部结构嵌固部位:-0.030

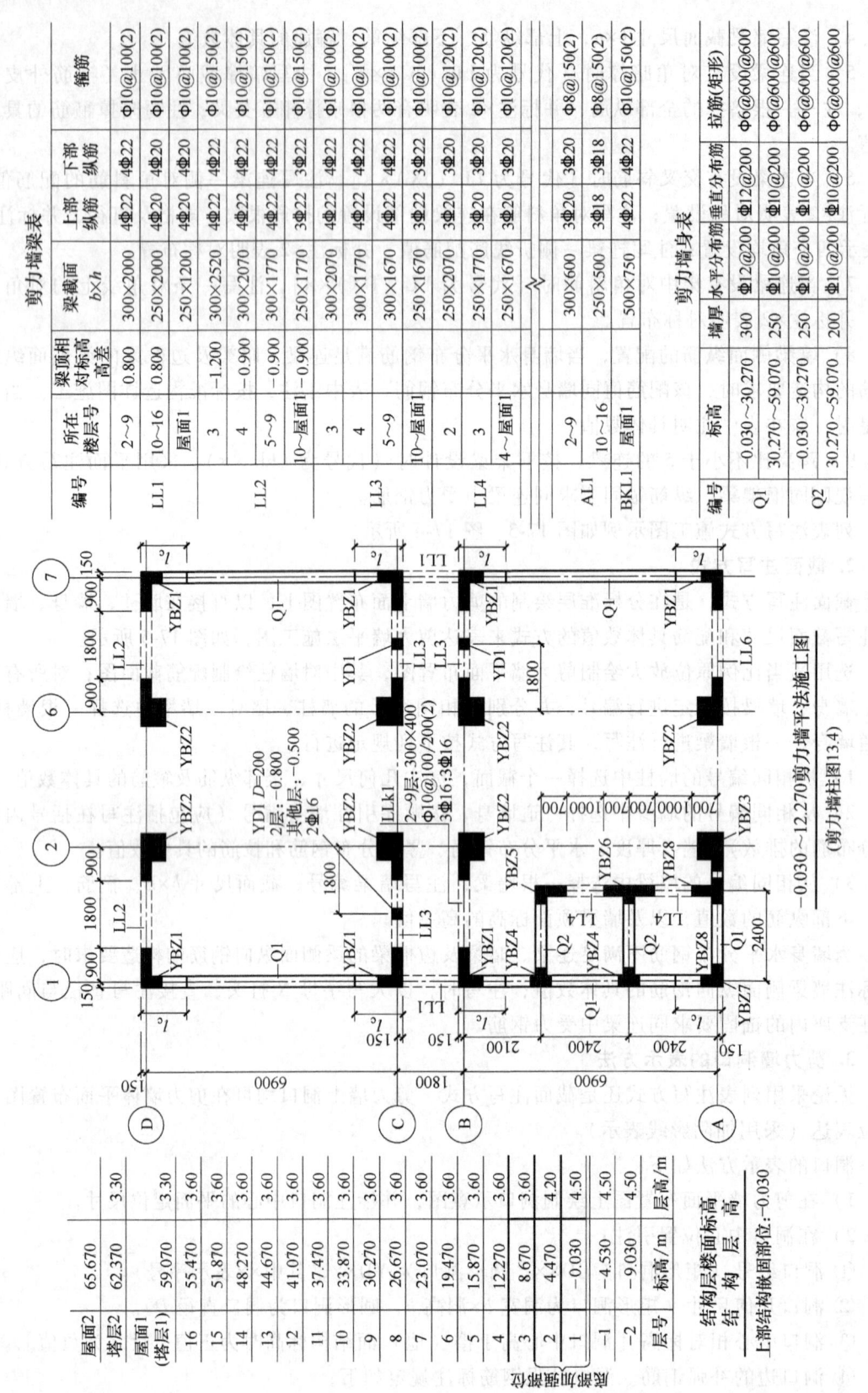

图17-3 剪力墙平法施工图列表注写方式示例(一)

图 17-4 剪力墙平法施工图列表注写方式示例（二）

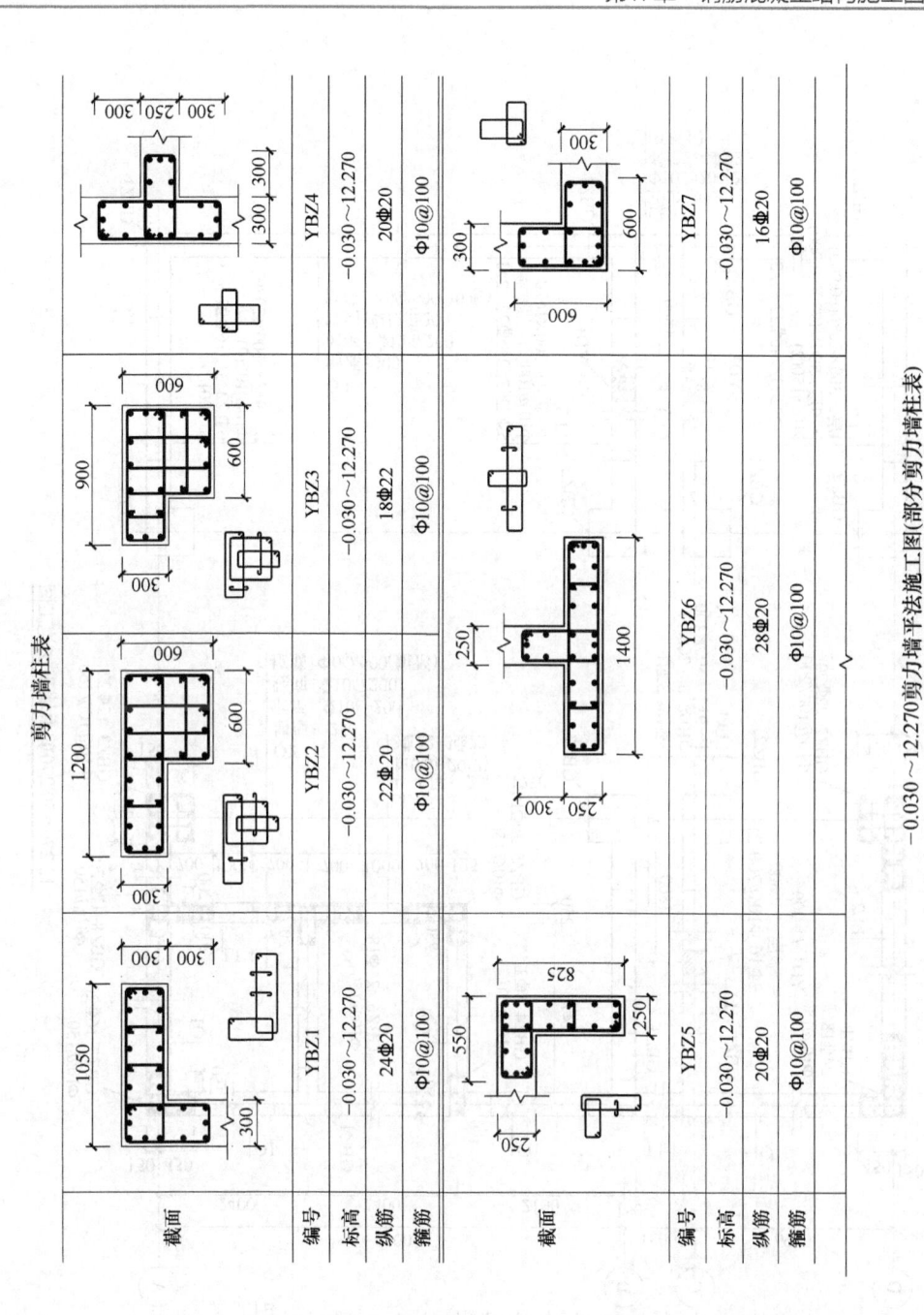

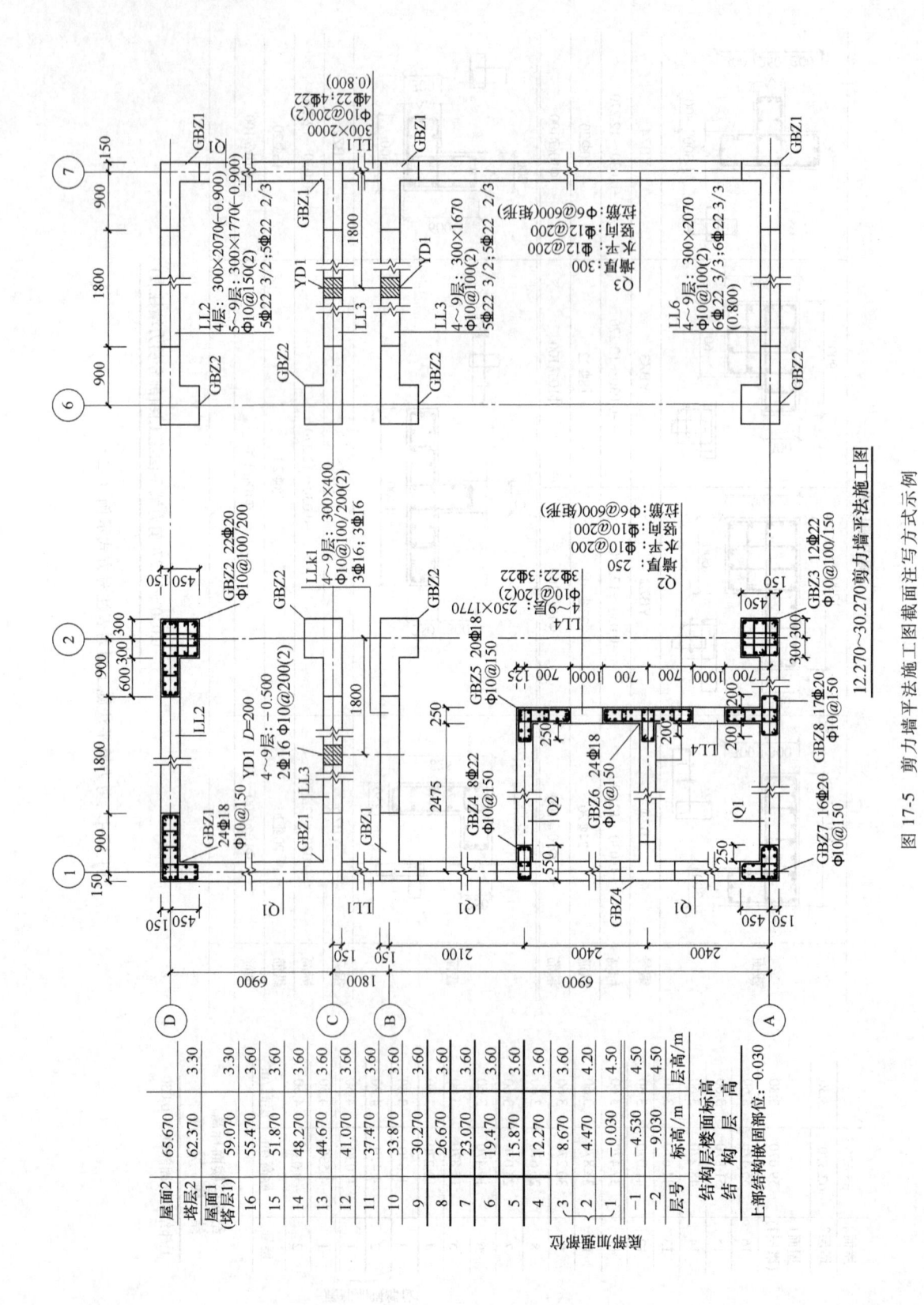

图 17-5 剪力墙平法施工图截面注写方式示例

a. 当矩形洞口的洞宽、洞高均不大于800mm时，此项注写为洞口每边补强钢筋的具体数值。当洞宽、洞高方向补强钢筋不一致时，分别注写洞宽方向、洞高方向补强钢筋，以"/"分隔。

如：JD1 400×300 +2.100，表示1号矩形洞口，洞宽400mm，洞高300mm，洞口中心距本结构层楼面2.1m，洞口每边补强钢筋按构造配置。

如：JD2 500×300 +3.100 3⊉14，表示2号矩形洞口，洞宽500mm，洞高300mm，洞口中心距本结构层楼面3.1m，洞口每边补强钢筋为3⊉14。

如：JD3 800×300 +2.100 3⊉16/3⊉18，表示3号矩形洞口，洞宽800mm，洞高300mm，洞口中心距本结构层楼面2.1m，洞宽方向每边补强钢筋为3⊉16，洞高方向每边补强钢筋为3⊉18。

b. 当矩形或圆形洞口的洞宽或直径大于800mm时，在洞口的上、下需设置补强暗梁，此项注写为洞口上、下每边暗梁的纵筋与箍筋的具体数值（当设计未标注暗梁的高度时，一律取400mm）。圆形洞口时尚需注明环向加强钢筋的数值，当洞口上、下设有连梁时，可不标注。此时，洞口竖向两侧一般设置边缘构件，其截面与配筋详见边缘构件详图。

如：JD4 1800×1000 +1.800 6⊉20 Φ8@150（2），表示4号矩形洞口，洞宽1800mm，洞高1000mm，洞口中心距本结构层楼面1.8m，洞口上、下设补强暗梁，每边暗梁纵筋为6⊉20，箍筋为Φ8@150（双肢）。

如：YD5 1000 +1.800 6⊉20 Φ8@150（2） 2⊉16，表示5号圆形洞口，洞口直径1000mm，洞口中心距本结构层楼面1.8m，洞口上、下设补强暗梁，每边暗梁纵筋为6⊉20，箍筋为Φ8@150（双肢），环向加强钢筋为2⊉16。

c. 当圆形洞口设置在连梁中部1/3范围（圆洞直径不应大于梁高的1/3），需注写在圆洞上、下水平设置的每边补强纵筋与箍筋。

d. 当圆形洞口设置在墙身或暗梁、边框梁位置，且圆洞直径不应大于300mm，注写洞口上下、左右每边布置的补强纵筋具体数值。

e. 当圆形洞口直径大于300mm但不大于800mm时，注写洞口上下、左右每边布置的补强纵筋具体数值，以及环向加强钢筋的数值。

如：YD6 600 +1.800 2⊉20 2⊉16，表示6号圆形洞口，洞口直径600mm，洞口中心距本结构层楼面1.8m，洞口每边补强钢筋为2⊉20，环向加强钢筋为2⊉16。

4. 其他

1）在剪力墙平法施工图中应注明底部加强部位及高度范围。

2）当剪力墙中有偏心受拉墙肢时，竖向钢筋均应采用机械连接或焊接接长，并在设计图中注明。

3）抗震等级为一级的剪力墙，水平施工缝处需设置附加竖向插筋时，设计应注明构件位置，并注写附加竖向插筋的规格、数量及钢筋间距。

17.4.2 剪力墙平法施工图的识读要点

先校对平面，后校对构件；根据构件类型，分类逐一阅读；先阅读各构件，再查阅节点与连接。

具体识读步骤如下：

1)阅读结构设计说明中的有关内容。明确底部加强区在剪力墙平法施工图中的所在部位及高度范围。

2)检查各构件的平面布置与定位尺寸。根据相应的建筑平面图墙柱及洞口布置,查对剪力墙各构件的平面布置与定位尺寸是否正确。特别应注意变截面处上下截面与轴线的关系。

3)从图中(截面注写方式)及表中(列表注写方式)检查剪力墙身、剪力墙柱、剪力墙梁的编号、起止标高(或梁面标高)、截面尺寸、配筋。当采用列表注写方式时,应将表与结构平面图对应看。

4)剪力墙柱的构造详图和剪力墙身水平、垂向分布筋构造详图,结合平面配筋,搞清从基础顶面至屋面的整根柱与整片墙的配筋构造。

5)剪力墙梁的构造详图,结合平面图中梁的配筋,全面理解梁的纵筋锚固、箍筋设置要求、梁侧纵筋的设置要求等。

6)其余构件与剪力墙的连接,剪力墙与填充墙拉结。

7)为全面理解剪力墙的配筋图,读者可自行画出整片剪力墙各构件的配筋立面图。

17.5 ★梁平法施工图的识读

梁断面详图法　　　梁平面集中标注　　　梁平面原位标注　　　梁平面原位标

17.5.1 梁平法施工图制图规则

梁平法施工图是在梁平面布置图上采用平面注写方式或截面注写方式来表达的施工图。

梁平面布置图,应分别按梁的不同结构层(标准层),将全部梁及其相关联的柱、墙、板一起采用适当比例绘制。

对于轴线未居中的梁,除梁边与柱边平齐外,还应标注其偏心定位尺寸。

在梁平法施工图中,应按规定注明各结构层的顶面标高及相应的结构层号。

1. 平面注写方式

平面注写方式,是在梁的平面布置图上,分别在不同编号的梁中各选出一根梁,在其上注写截面尺寸和配筋具体数值的方式。平面注写包括集中标注与原位标注,集中标注表达梁的通用数值,原位标注表达梁的特殊数值。当集中标注中某项数值不适用于梁的某部位时,则应将该项数值在该部位原位标注。施工时,原位标注取值优先。图 17-6 所示为 KL2 梁平面注写方式示例,从梁中任一跨用引出线集中标注通用数值,而在梁各对应位置进行原位标注(图中四个截面图,不是平法施工图的内容,只是为了便于初学者理解)。

梁的编号由梁的类型、代号、序号、跨数及有无悬挑四项组成,见表 17-4。表 17-4 中跨数代号带 A 的表示一端有悬挑,带 B 的表示两端有悬挑,且悬挑部分不计入跨数。例如 KL1(2A) 表示 1 号框架梁、2 跨且一端有悬挑。非框架梁是指没有与框架柱或剪力墙端柱等相连的一般楼面或屋面梁。

表 17-4 梁编号

梁类型	代号	序号	跨数及有无悬挑
楼层框架梁	KL	××	(××)(××A)或(××B)
楼层框架扁梁	KBL	××	(××)(××A)或(××B)
屋面框架梁	WKL	××	(××)(××A)或(××B)
框支梁	KZL	××	(××)(××A)或(××B)
托柱转换梁	TZL	××	(××)(××A)或(××B)
非框架梁	L	××	(××)(××A)或(××B)
悬挑梁	XL	××	
井字梁	JZL	××	(××)(××A)或(××B)

注：非框架梁、井字梁端支座一般按铰接考虑；当非框架梁、井字梁端支座上部纵筋为充分利用钢筋抗拉强度时，在梁代号后加"g"。楼层框架扁梁节点核心区代号为KBH。

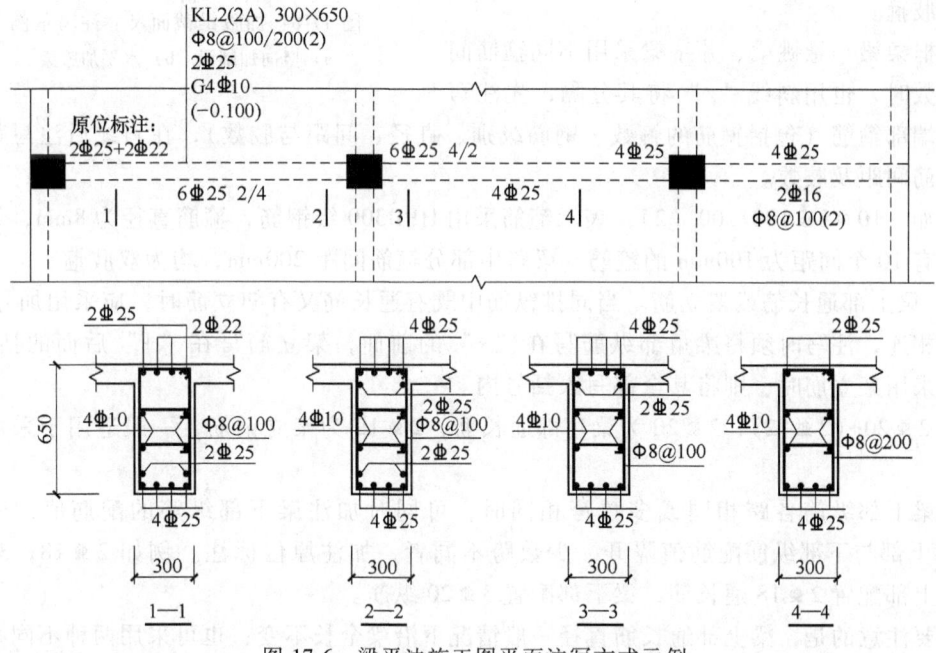

图 17-6 梁平法施工图平面注写方式示例

梁集中标注的内容，按梁的编号、截面尺寸、箍筋、梁上部通长筋（或架立筋）、梁侧向构造钢筋或受扭钢筋、梁顶面标高高差等内容依次标注。最后一项有高差时标注，无高差时不注。具体要求如下：

1）梁的编号。按表17-4规定标注。

2）截面尺寸。当为等截面梁时，用 $b×h$ 表示；当悬臂梁采用变截面时，用斜线分隔根部与端部的高度值，即为 $b×h_1/h_2$，其中 h_1 为根部高度，h_2 为端部较小的高度，如图17-7所示，b 为梁的宽度。

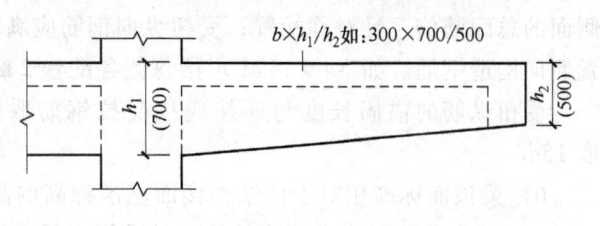

图 17-7 悬臂梁变截面尺寸注写示例

当梁为水平加腋梁时，用 $b×h$ $PYC_1×C_2$ 表示，其中 C_1 为腋长，C_2 为腋宽，加腋部位应在平面图中表示；当梁为竖向加腋梁时，用 $b×h$ $YC_1×C_2$ 表示，其中 C_1 为腋长，C_2 为腋高，如图17-8所示。

3）梁的箍筋。其包括箍筋的钢筋级别、直径、加密区与非加密区间距及肢数。箍筋加密区与非加密区的不同间距及肢数需用斜线"/"分隔，当梁箍筋为同一间距和肢数时不需用斜线；当加密区与非加密区箍筋肢数相同时，则将肢数注写一次；箍筋肢数写在括号内。

例如：Φ8@100/200（2），表示箍筋采用HPB300级钢筋，箍筋直径为8mm，加密区箍筋间距为100mm，非加密区箍筋间距为200mm，均为双肢箍。

非框架梁、悬挑梁、井字梁采用不同箍筋间距及肢数时，也用斜线"/"将其分隔，先注写梁支座端部箍筋（包括箍筋的箍数、钢筋级别、直径、间距与肢数），在斜线后注写跨中部分的箍筋间距及肢数。

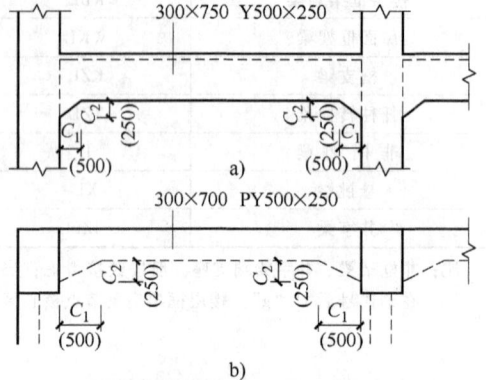

图17-8 加腋梁截面尺寸注写示例
a）竖向加腋梁 b）水平加腋梁

例如：10Φ8@100/200（2），表示箍筋采用HPB300级钢筋，箍筋直径为8mm，梁支座两端各有10个间距为100mm的箍筋，梁跨中部分箍筋间距200mm，均为双肢箍。

4）梁上部通长筋或架立筋。当同排纵筋中既有通长筋又有架立筋时，应采用加号"+"将两者相连，注写时须将梁角部纵筋写在"+"的前面，架立筋写在"+"后面的括号内。当全部采用架立筋时，则将其全部写入括号内。

如 2Φ20+(2Φ12)，2Φ20 为梁角部通长筋，2Φ12 为架立钢筋，一般适用于采用四肢箍的梁。

当梁下部纵筋各跨相同或多数跨相同时，可同时加注梁下部纵筋的配筋值，用分号";"将上部与下部纵筋配筋值隔开，少数跨不同者，加注原位标注。例如 2Φ18；3Φ20，表示梁上部配置 2Φ18 通长筋，梁下部配置 3Φ20 纵筋。

需要注意的是，梁上部通长筋直径一般情况下沿梁全长不变；也可采用两种不同直径的钢筋，此时，集中标注应注写较小直径的钢筋作为梁上部通长筋。

5）梁侧向构造钢筋或受扭钢筋。当梁腹板高度 h_w≥450mm 时，须配置侧向构造钢筋。此项注写以大写字母G打头、注写设置在梁两个侧面的总配筋值，且对称配置。如 G4Φ12 表示梁每侧各配置 2Φ12 侧向构造钢筋。

当梁侧面需配置受扭纵向钢筋时，此项注写值以大写字母N打头、注写配置在梁两个侧面的总配筋值，且对称配置；受扭纵向钢筋应满足梁侧向构造钢筋的要求，并不再重复配置侧向构造钢筋。如 N4Φ14 表示梁每侧各配置 2Φ14 受扭纵筋。

受扭纵筋的锚固长度与连接应按受拉钢筋取值，架立钢筋的锚固长度与搭接长度可取 $15d$。

6）梁顶面标高相对于该结构楼面基准标高的高差值，有高差时，将其写入括号内。如（-0.050）表示梁面标高比该结构层基准标高低 0.05m，（0.100）表示梁面标高比该结构层基准标高高 0.1m；梁面标高与楼层基准标高相同时，该项不注。

梁原位标注。对于多跨梁，由于梁跨度、荷载、截面的不同，各截面的配筋也不一样，当集中标注中某项数值不适用于梁的某部位时，则应将该项数值原位标注。施工时，原位标注优先。梁原位标注内容有梁支座上部纵筋、下部纵筋、附加箍筋或吊筋及对集中标注的原位修正信息等。具体规定如下：

1）梁支座上部纵筋。其是指该部位含通长筋在内的所有纵筋。对于图中水平方向的梁标注在梁的上方、该支座的左侧或右侧；对于图中垂直方向的梁标注在梁的左侧、该支座的上方或下方。

当上部纵筋多于一排时，用斜线"/"将各排纵筋自上而下分开。当同排纵筋有两种直径时，用加号"+"将两种直径的纵筋相连，角部纵筋写在前面。如 6Φ22 4/2 表示上排为 4Φ22，下排为 2Φ22；2Φ25+2Φ22 表示支座上部纵筋共 4 根，角筋为 2Φ25，2Φ22 置于中部。

当梁中间支座两边的上部纵筋不同时，须在支座两边分别标注；当梁中间支座两边的纵筋相同时，可仅在支座的任一边标注配筋值。

2）梁的下部纵筋。对于图中水平方向的梁标注在梁下部跨中位置，对于图中垂直方向的梁标注在梁右侧跨中位置。

当下部纵筋多于一排时，用斜线"/"将各排纵筋自上而下分开，当同排纵筋有两种直径时，用加号"+"将两种直径的纵筋相连，角部纵筋写在前面。当梁下部纵筋配置与集中标注相同时，则不需在梁下部重复做原位标注。如图 17-9 所示，第一跨下部纵筋 6Φ25 2/4，则表示上一排纵筋为 2Φ25，下一排纵筋为 4Φ25，全部伸入支座锚固。

当梁下部纵筋不全部伸入支座时，将梁下部纵筋减少的数量写在括号内；如梁下部纵筋标注 6Φ25 2(-2) /4，则表示上一排纵筋为 2Φ25 且不伸入支座，下一排纵筋为 4Φ25，全部伸入支座锚固。

当梁设置竖向加腋时，加腋部位斜纵筋应在支座下部以 Y 打头注写在括号内（图 17-9）。

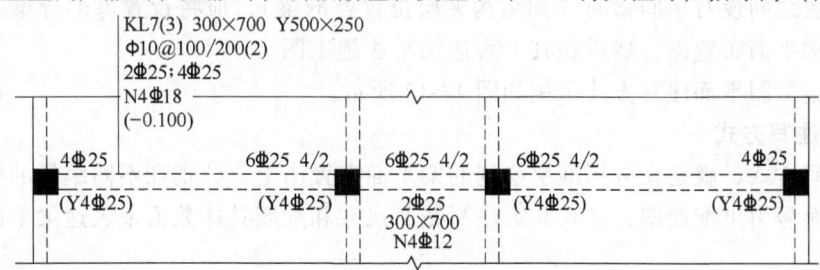

图 17-9 梁竖向加腋平面注写方式示例

当梁设置水平加腋时，水平加腋内上、下部斜纵筋应在加腋支座上部以 Y 打头注写在括号内，上、下部斜纵筋之间用"/"分隔（图 17-10）。

3）附加箍筋或吊筋应直接画在平面图中的主梁上，在引出线上注明其总配筋值，箍筋肢数注写在括号内（图 17-11）。当多数附加横向钢筋或吊筋相同时，可在图纸上统一说明，仅对少数不同值在原位引注。

例如：8Φ8（2）表示在次梁两侧各设置 4 个附加箍筋（梁基本箍筋除外），采用 HPB300 级钢筋，箍筋直径为 8mm，箍筋间距为 50mm，双肢箍。

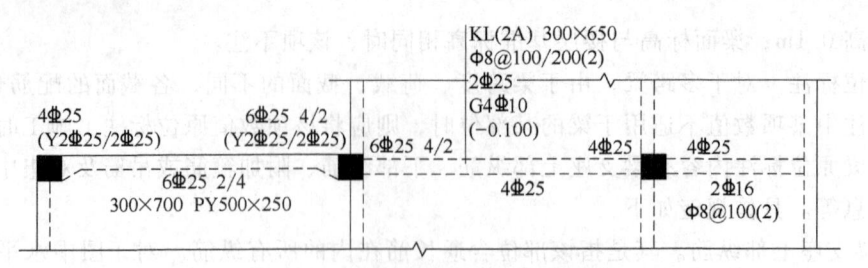

图 17-10　梁水平加腋平面注写示例

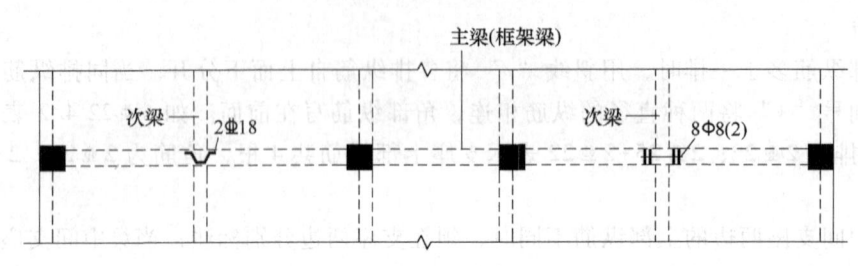

图 17-11　附加横向钢筋注写示例

4）当集中标注的一项或几项不适用于某跨或某悬挑部分时，则将其不同数值原位标注在该跨或该悬臂部位，根据原位标注优先原则，施工时应按原位标注数值取用。

井字梁一般由非框架梁组成，并以框架梁为支座。井字梁可用单粗虚线表示（当井字梁高出板面时可用单粗实线表示，实际施工图中常用双细虚线表示）；作为其支座的框架梁可采用双细虚线表示（当梁高出板面时可用双细实线表示）以便区分。

井字梁的端部支座和中间支座上部纵筋的伸出长度值，应加注在原位标注支座上部纵筋后面的括号内。

在梁平法施工图中，当局部梁布置过密无法注写时，可将过密区域用虚线框出，放大后再用平面注写方式表示。

当两楼层之间设有层间梁时（如结构夹层位置处的梁），应将设置该部分梁的区域画出另行绘制结构平面布置图，然后在其上表达梁平法施工图。

梁平法施工图平面注写方式示例如图 17-12 所示。

2. 截面注写方式

截面注写方式，就是在分标准层绘制的梁平面布置图上，分别在不同编号的梁中各选择一根梁用剖面号引出配筋图，并在其上注写截面尺寸和配筋具体数值来表达梁平面整体配筋（图 17-13）。

对所有梁按表 17-4 规定编号，从相同编号的梁中选一根梁，先将单边截面号及编号画在该梁上，再将截面配筋详图画在本图或其他图上。当某梁的顶面标高与结构层标高不同时，尚应在梁的编号后注写梁顶面标高的高差（注写规定同前）。

在梁截面配筋详图上注写截面尺寸 $b \times h$、上部筋、下部筋、侧面构造筋或受扭筋和箍筋的具体数值时，表达方式同前。

截面注写方式既可单独使用，也可与平面注写方式结合使用。实际工程设计中，常采用平面注写方式，仅对其中梁布置过密的局部或为表达异形截面梁的截面尺寸及配筋时采用截面注写方式表达。

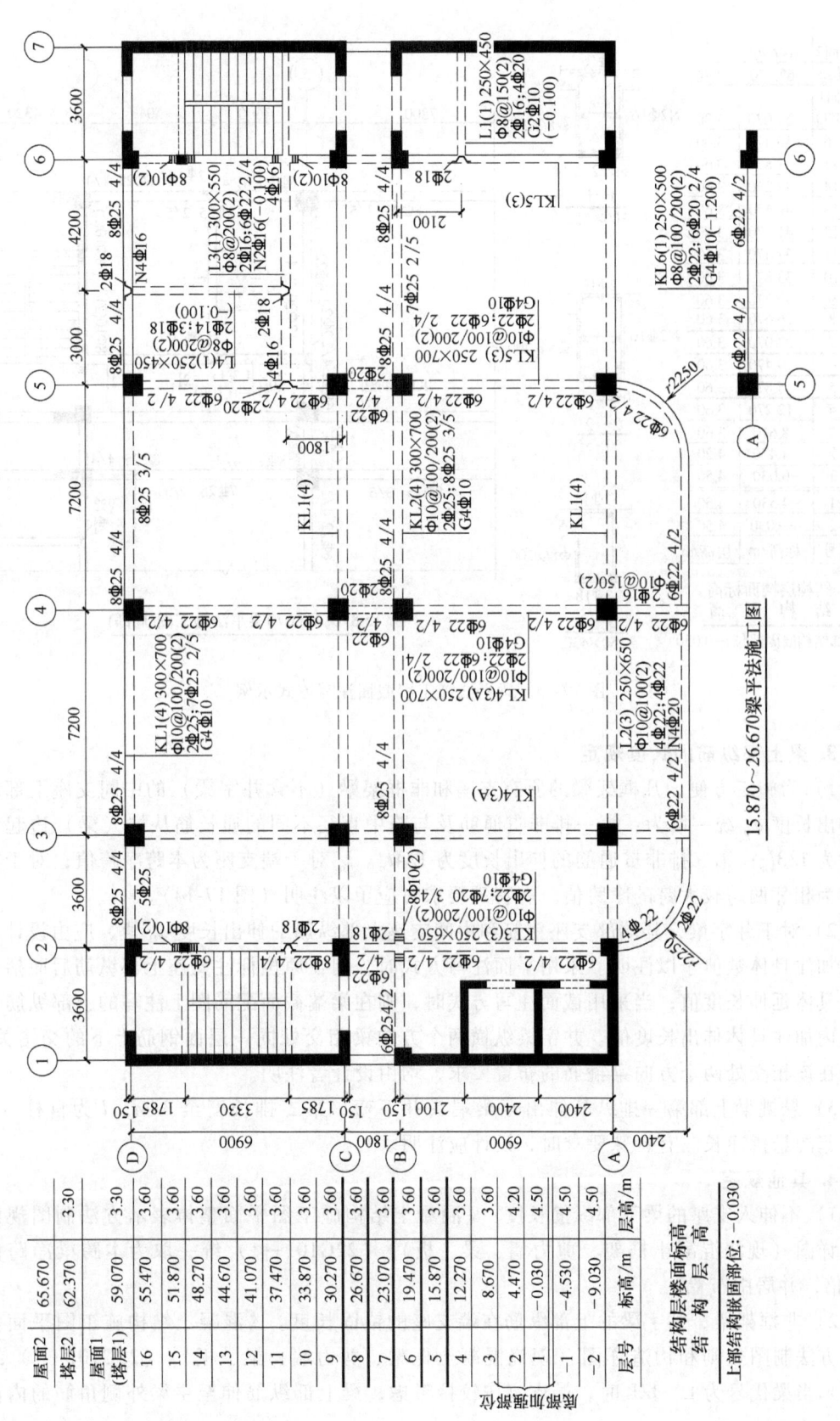

第17章 钢筋混凝土结构施工图识读

图 17-12 梁平法施工图平面注写方式示例

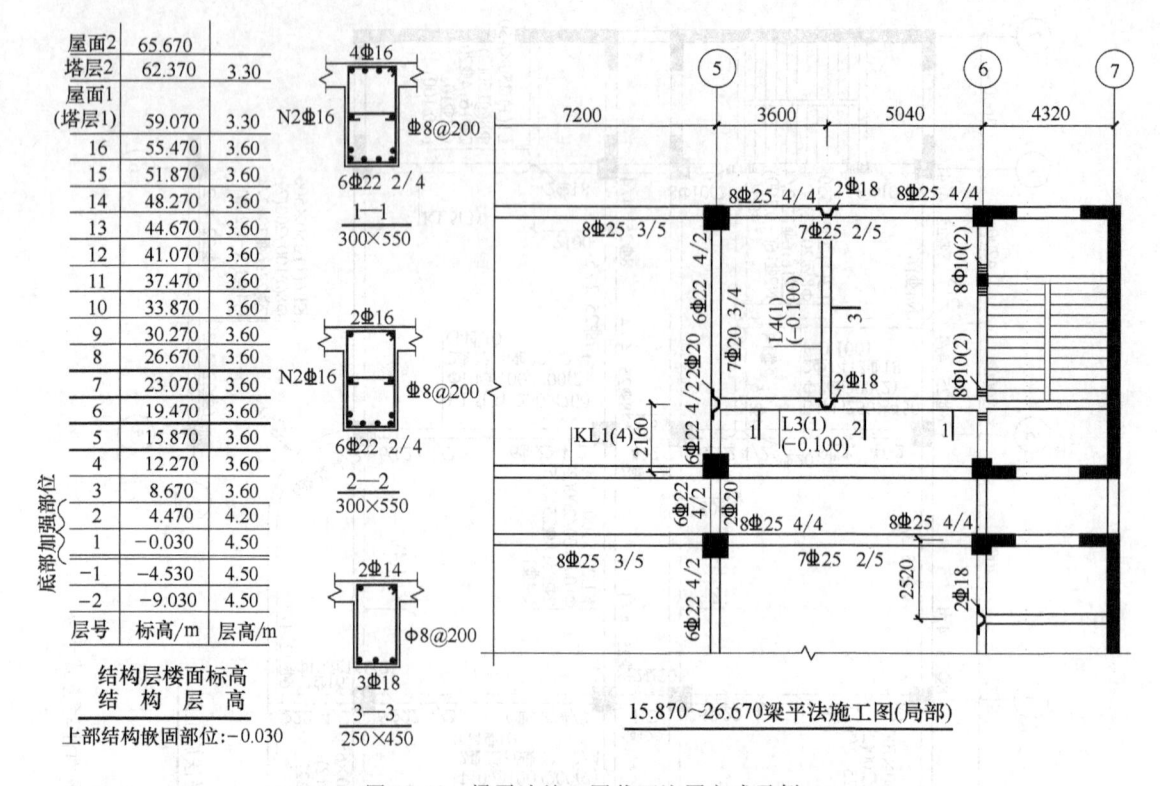

图 17-13 梁平法施工图截面注写方式示例

3. 梁上部纵筋的长度规定

1）为施工方便，凡框架梁的所有支座和非框架梁（不含井字梁）的中间支座上部纵筋的伸出长度 a_0 统一取为：第一排非贯通筋及与跨中直径不同的通长筋从柱（梁）边起伸出长度为 $1/3l_n$；第二排非贯通筋的伸出长度为 $1/4l_n$。l_n 对于端支座为本跨净跨值；对于中间支座为相邻两跨较大跨的净跨值。有特殊要求时应予以注明（图 17-14）。

2）对于井字梁，其端部支座钢筋和中间支座上部纵筋的伸出长度 a_0 值，应由设计者在原位加注具体数值予以注明。采用平面注写方式时，则在原位标注支座上部纵筋后面括号内加注具体延伸长度值；当采用截面注写方式时，则在梁端截面配筋图上注写的上部纵筋后面括号内加注具体伸出长度值。井字梁纵横两个方向梁相交处同一层面钢筋上下的交错关系，以及在该相交处两个方向梁箍筋的布置要求，均由设计者注明。

3）悬挑梁上部第一排纵筋伸出至梁端头并下弯，第二排长度至 $3/4l$。l 为自柱（梁）边算起的悬挑净长。有特殊要求时，设计应注明。

4. 其他规定

1）不伸入支座的梁下部纵筋长度：《混凝土结构施工图平面整体表示方法制图规则和构造详图（现浇混凝土框架、剪力墙、梁、板）》（22G101—1）统一取为本跨梁净跨值的 0.8 倍，并居中布置。

2）非框架梁、井字梁的上部纵筋在端支座的锚固长度。《混凝土结构施工图平面整体表示方法制图规则和构造详图（现浇混凝土框架、剪力墙、梁、板）》（22G101—1）统一规定：当梁代号为 L、JZL 时，端支座按铰接考虑，梁上部纵筋伸至主梁外侧角筋的内侧并

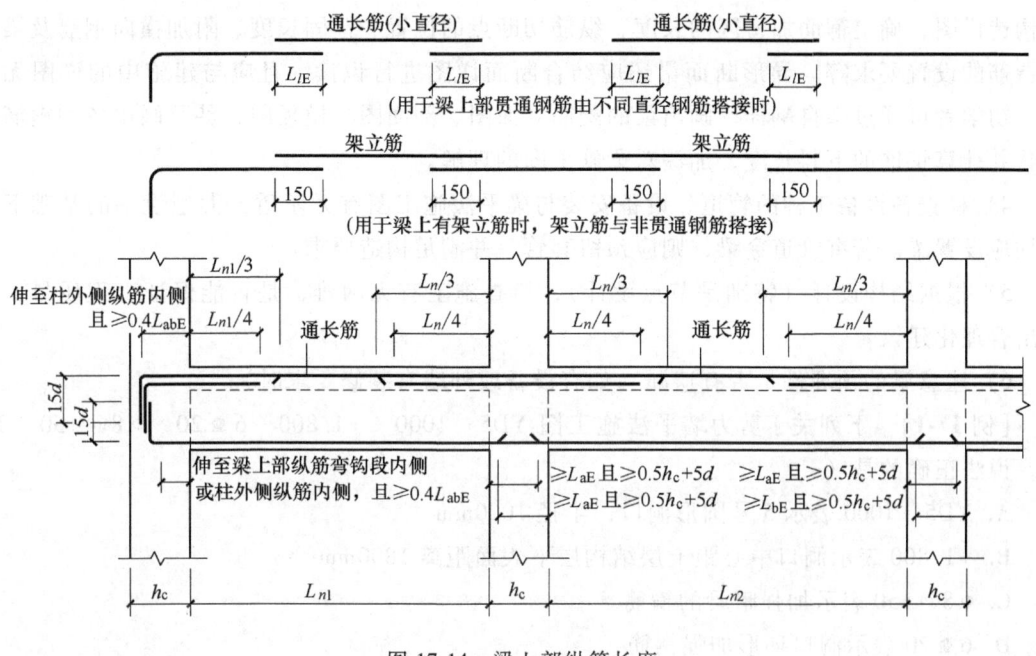

图 17-14 梁上部纵筋长度

下弯，平直段长度应大于或等于 $0.35l_{ab}$，弯折段投影长度为 $15d$。当梁代号为 Lg、JZLg 时，端支座按刚接考虑，梁上部纵筋伸至主梁外侧角筋的内侧并下弯，平直段长度应大于或等于 $0.6l_{ab}$，弯折段投影长度为 $15d$。

3）非框架梁下部纵筋在支座的锚固长度。《混凝土结构施工图平面整体表示方法制图规则和构造详图（现浇混凝土框架、剪力墙、梁、板）》（22G101—1）统一规定：带肋钢筋为 $12d$，光圆钢筋为 $15d$；端支座直锚长度不足时，可采取弯钩锚固形式。

4）非框架梁配有受扭纵筋时，纵筋锚入支座的长度为 l_a。在端支座直锚长度不足时，可伸至端支座对边后弯折，且平直段长度应大于或等于 $0.6l_{ab}$，弯折段投影长度为 $15d$。

17.5.2 梁平法施工图的识读要点

根据建施图门窗洞口尺寸、洞顶标高、节点详图等重点检查梁的截面尺寸及梁面相对标高等是否正确；逐一检查各梁跨数、配筋；对于平面复杂的结构，应特别注意正确区分主、次梁，并检查主梁的截面与标高是否满足次梁的支承要求。

具体识读步骤如下：

1）根据相应建施平面图，校对轴线网、轴线编号、轴线尺寸。

2）根据相应建施平面图的房间分隔、墙柱布置，检查梁的平面布置是否合理，梁轴线定位尺寸是否齐全、正确。

3）仔细检查每一根梁编号、跨数、截面尺寸、配筋、相对标高。首先，根据梁的支承情况、跨数分清主梁或次梁，检查跨数注写是否正确；若为主梁时应检查附加横向钢筋有无遗漏，截面尺寸、梁的标高是否满足次梁的支承要求；检查梁的截面尺寸及梁面相对标高与建施图洞口尺寸、洞顶标高、节点详图等有无矛盾。检查集中标注的梁面通长钢筋与原位标注的钢筋有无矛盾；梁的标注有无遗漏；检查楼梯间平台梁、平台板是否设有支座。结合平法构造详图，确定箍筋加密区的长度、纵筋切断点的位置、锚固长度、附加横向钢筋及梁侧构造筋的设置要求等。异形断面梁还应结合断面详图进行识读，且应与建施中的详图无矛盾。初学者可通过亲自翻样，画出梁的配筋立面图、剖面图、模板图，甚至画出各种钢筋的形状并计算钢筋的下料长度，加深对梁施工图的理解。

4) 检查各设备工种的管道、设备安装与梁平法施工图有无矛盾，大型设备的基础下一般均应设置梁。若有管道穿梁，则应预留套管，并满足构造要求。

5) 根据结构设计（特别是节点设计），检查施工有无困难，是否能保证工程质量，并提出合理化建议。

6) 注意梁的预埋件是否有遗漏（如有设备或外墙有装修要求时）。

[例 17-1] 下列关于剪力墙平法施工图 YD5　1000　+1.800　6⊕20　Φ8@150　2⊕16，说法正确的是（　　）。

A. YD5　1000 表示 5 号圆形洞口，半径 1000mm

B. +1.800 表示洞口中心距上层结构层下表面距离 1800mm

C. Φ8@150 表示加强暗梁的箍筋

D. 6⊕20 表示洞口环形加强钢筋

[例 17-2] 在《混凝土结构施工图平面整体表示方法制图规则和构造详图》（22G101）系列平法图中，楼层框架梁的标注代号为（　　）。

A. WKL　　　　B. KL　　　　C. KBL　　　　D. KZL

[例 17-3] 《混凝土结构施工图平面整体表示方法制图规则和构造详图》（22G101）平法施工图中，剪力墙上柱标注代号为（　　）。

A. JLQZ　　　　B. JLQSZ　　　　C. LZ　　　　D. QZ

[例 17-4] 在《混凝土结构施工图平面整体表示方法制图规则和构造详图》（22G101）梁平法施工图中，KL9（6A）表示的含义是（　　）。

A. 9 跨屋面框架梁，间距为 6m，等截面梁

B. 9 跨框支梁，间距为 6m，主梁

C. 9 号楼层框架梁，6 跨，一端悬挑

D. 9 号框架梁，6 跨，两端悬挑

[例 17-5] 根据《混凝土结构施工图平面整体表示方法制图规则和构造详图》（22G101）平法施工图注写方式，下列含义正确的有（　　）。

A. LZ 表示梁上柱

B. 梁 300×700Y400×300 表示梁规格为 300mm×700mm，水平加腋梁，腋长、腋宽分别为 400mm、300mm

C. XL300×600/400 表示根部和端部不同高的悬挑梁

D. Φ10@120(4)/150(2) 表示 Φ10mm 的钢筋加密区间距 120mm，4 肢箍，非加密区间距 150mm，2 肢箍

E. KL3（2A）400×600 表示 3 号楼层框架梁，2 跨，一端悬挑

习 题

选择题

1. 按《混凝土结构施工图平面整体表示方法制图规则和构造详图（现浇混凝土框架、剪力墙、梁、板）》（22G101—1），关于柱列表注写方式，下列说法正确的是（　　）。

   A. 剪力墙上柱代号为 JZ

   B. 梁上柱的根部标高是指该梁的底面标高

   C. 柱截面与轴线的定位尺寸不能为负值

   D. 梁上柱代号为 LZ

2. 按《混凝土结构施工图平面整体表示方法制图规则和构造详图（现浇混凝土框架、剪力墙、梁、板）》（22G101—1），关于柱列表注写方式，柱箍筋标注为Φ8@100/200，下列表述错误的是（　　）。

   A. 柱端加密区的箍筋为Φ8@100　　　　B. 柱非加密区的箍筋为Φ8@200

   C. 柱非加密区的箍筋为Φ8@100　　　　D. 节点核心区的箍筋为Φ8@100

3. 按《混凝土结构施工图平面整体表示方法制图规则和构造详图（现浇混凝土框架、剪力墙、梁、板）》（22G101—1），关于柱列表注写方式，柱箍筋为Φ8@100/200(Φ10@100)，下列表述错误的是（　　）。

   A. 柱端加密区的箍筋为Φ8@100

   B. 柱非加密区的箍筋为Φ8@200

   C. 柱纵筋采用绑扎搭接时，搭接范围内柱箍筋为Φ10@100

   D. 节点核心区的箍筋为Φ10@100

4. 按《混凝土结构施工图平面整体表示方法制图规则和构造详图（现浇混凝土框架、剪力墙、梁、板）》（22G101—1），下列剪力墙柱代号错误的是（　　）。

   A. 约束边缘构件-YBZ　　　　　　　　B. 构造边缘构件-GBZ

   C. 扶壁柱-FBZ　　　　　　　　　　　D. 边缘暗柱-AZ

5. 按《混凝土结构施工图平面整体表示方法制图规则和构造详图（现浇混凝土框架、剪力墙、梁、板）》（22G101—1），下列构件中不属于剪力墙梁的是（　　）。

   A. 连梁-LL　　　B. 暗梁-AL　　　C. 边框梁-BKL　　　D. 圈梁-QL

6. 按《混凝土结构施工图平面整体表示方法制图规则和构造详图（现浇混凝土框架、剪力墙、梁、板）》（22G101—1），当剪力墙墙身标注中未标注分布钢筋排数时，应为（　　）排。

   A. 1　　　　　B. 2　　　　　C. 3　　　　　D. 4

7. 按《混凝土结构施工图平面整体表示方法制图规则和构造详图（现浇混凝土框架、剪力墙、梁、板）》（22G101—1），如洞口标注为：JD3　400×300　+3.000，下列解读错误的是（　　）。

   A. 3号矩形洞口，洞宽400mm，洞高300mm　　B. 洞口中心高于本层结构层楼面3.0m

   C. 洞口每边补强钢筋按构造配置　　　　　　D. 洞口边补强钢筋漏注

8. 按《混凝土结构施工图平面整体表示方法制图规则和构造详图（现浇混凝土框架、

剪力墙、梁、板)》(22G101—1)，如墙身洞口标注为 JD2　400×300　0.700　3Φ14，下列解读错误的是（　　）。

A. 2号矩形洞口，洞宽400mm，洞高300mm

B. 洞口中心高于本层结构层楼面 0.7m

C. 洞口每边补强钢筋各为 3Φ14

D. 洞口上、下边补强钢筋各为 3Φ14

9. 按《混凝土结构施工图平面整体表示方法制图规则和构造详图（现浇混凝土框架、剪力墙、梁、板)》(22G101—1)，如墙身洞口标注为 JD5　1800×2100　+1.800　6Φ20　Φ8@150（2）　2Φ16，下列解读错误的是（　　）。

A. 5号矩形洞口，洞宽1800mm，洞高2100mm

B. 洞口中心高于本层结构层楼面 1.8m

C. 洞口上、下设补强暗梁，每边暗梁上、下纵筋各为 6Φ20，箍筋为Φ8@150 双肢箍

D. 洞口上、下设补强暗梁，每边暗梁上、下纵筋各为 3Φ20，箍筋为Φ8@150 双肢箍

10. 按《混凝土结构施工图平面整体表示方法制图规则和构造详图（现浇混凝土框架、剪力墙、梁、板)》(22G101—1)，如墙身洞口标注为 YD1　1000　+1.500　6Φ20　Φ8@150（2）　2Φ16，下列解读错误的是（　　）。

A. 1号圆形洞口，洞口直径 1000mm

B. 洞口中心高于本层结构层楼面 1.5m

C. 洞口上、下设补强暗梁，每边暗梁上、下纵筋各为 3Φ20，箍筋为Φ8@150 双肢箍，环向加强筋 2Φ16

D. 洞口上、下设补强暗梁，每边暗梁上、下纵筋各为 3Φ20，箍筋为Φ8@150 双肢箍，洞口两侧竖向加强筋为每边各为 2Φ16

11. 按《混凝土结构施工图平面整体表示方法制图规则和构造详图（现浇混凝土框架、剪力墙、梁、板)》(22G101—1)，KL3（2B）表示该框架梁为（　　）。

A. 2跨，一端有悬挑　　　　　　　B. 2跨，两端有悬挑

C. 3跨，一端有悬挑　　　　　　　D. 3跨，两端有悬挑

12. 按《混凝土结构施工图平面整体表示方法制图规则和构造详图（现浇混凝土框架、剪力墙、梁、板)》(22G101—1)，KL1（3A）表示该框架梁为（　　）。

A. 2跨，一端有悬挑　　　　　　　B. 1跨，两端有悬挑

C. 3跨，一端有悬挑　　　　　　　D. 3跨，两端有悬挑

13. 按《混凝土结构施工图平面整体表示方法制图规则和构造详图（现浇混凝土框架、剪力墙、梁、板)》(22G101—1)，梁截面尺寸 $b×h$，Y$c_1×c_2$ 表示（　　）。

A. 水平加腋梁，c_1 为腋长，c_2 为腋宽

B. 水平加腋梁，c_1 为腋宽，c_2 为腋长

C. 竖向加腋梁，c_1 为腋长，c_2 为腋高

D. 竖向加腋梁，c_1 为腋高，c_2 为腋长

14. 按《混凝土结构施工图平面整体表示方法制图规则和构造详图（现浇混凝土框架、剪力墙、梁、板)》(22G101—1)，梁截面原位标注 250×600/450，表示（　　）。

A. 加腋梁端部截面为 250mm×600mm，跨中截面为 250mm×450mm

B. 梁的宽度为 250mm，梁左端高度为 600mm，梁右端高度为 450mm

C. 梁的宽度为 250mm，根部高度为 450mm，端部高度为 600mm

D. 梁的宽度为 250mm，根部高度为 600mm，端部高度为 450mm

15. 按《混凝土结构施工图平面整体表示方法制图规则和构造详图（现浇混凝土框架、剪力墙、梁、板)》（22G101—1），梁的箍筋 100/200（2），表示梁（   ），钢筋牌号为 HPB300，直径 8mm。

A. 加密区箍筋间距 100mm，非加密区箍筋间距 200mm，均为双肢箍

B. 加密区箍筋间距 100mm，非加密区箍筋间距 200mm，非加密区采用双肢箍

C. 加密区箍筋间距 100mm，非加密区箍筋间距 200mm，括号中的"2"表示采用两种间距

D. 左端箍筋间距 100mm，右端箍筋间距 200mm，均为双肢箍

16. 按《混凝土结构施工图平面整体表示方法制图规则和构造详图（现浇混凝土框架、剪力墙、梁、板)》（22G101—1），10Φ8@100/200（4），表示梁（   ），钢筋牌号为 HPB300，直径 8mm。

A. 两端各设 10 个间距为 100mm 的箍筋，其余箍筋间距 200mm，均为四肢箍

B. 两端共设 10 个间距为 100mm 的箍筋，其余箍筋间距 200mm，均为四肢箍

C. 加密区箍筋间距 100mm，非加密区箍筋间距 200mm，均为四肢箍

D. 左端箍筋间距 100mm，右端箍筋间距 200mm，均为四肢箍

17. 按《混凝土结构施工图平面整体表示方法制图规则和构造详图（现浇混凝土框架、剪力墙、梁、板)》（22G101—1），梁平法施工图中（-0.100）表示（   ）。

A. 梁面绝对标高为 -0.100m

B. 梁顶面标高低于所在结构层基准标高 0.100m

C. 梁底面标高低于所在结构层基准标高 0.100m

D. 梁顶面标高低于所在层建筑标高 0.100m

18. 按《混凝土结构施工图平面整体表示方法制图规则和构造详图（现浇混凝土框架、剪力墙、梁、板)》（22G101—1），当梁下部纵筋多数跨相同时，可同时标注上部与下部通长筋的配筋值，用（   ）将上部与下部通长筋隔开；少数跨不同时，采用原位标注。

A. +   B. ,   C. ;   D. /

19. 按《混凝土结构施工图平面整体表示方法制图规则和构造详图（现浇混凝土框架、剪力墙、梁、板)》（22G101—1），梁平法施工图中 N4Φ12，表示梁腹部（   ）。

A. 每侧配有 2Φ12 的抗扭筋   B. 每侧配有 4Φ12 的抗扭筋

C. 每侧配有 2Φ12 的构造筋   D. 每侧配有 4Φ12 的构造筋

20. 按《混凝土结构施工图平面整体表示方法制图规则和构造详图（现浇混凝土框架、剪力墙、梁、板)》（22G101—1），梁平法施工图中，集中标注 2Φ20+(2Φ12) 表示梁上部（   ）。

A. 2Φ12 为通长角筋，2Φ20 为架立筋

B. 2Φ20 为通长角筋，2Φ12 为架立筋

C. 2Φ20 与 2Φ12 均为通长筋

D. 2Φ20 与 2Φ12 均为架立筋

21. 按《混凝土结构施工图平面整体表示方法制图规则和构造详图（现浇混凝土框架、剪力墙、梁、板）》（22G101—1），框架梁支座钢筋原位标注 6⊈22 4/2（通长角筋为 2⊈22），表示（　　）。

　　A. 支座钢筋总数量为 6⊈22，分两排布置，上排 2 根，下排 4 根
　　B. 支座钢筋总数量为 8⊈22，分两排布置，上排 4 根，下排 4 根
　　C. 支座钢筋总数量为 6⊈22，分两排布置，上排 4 根，下排 2 根
　　D. 支座钢筋总数量为 8⊈22，分两排布置，上排 6 根，下排 2 根

22. 按《混凝土结构施工图平面整体表示方法制图规则和构造详图（现浇混凝土框架、剪力墙、梁、板）》（22G101—1），梁跨中钢筋原位标注 6⊈22 2/4，表示（　　）。

　　A. 下部钢筋为 6⊈22，分两排布置，上排 4 根，下排 2 根
　　B. 下部钢筋为 6⊈22，分两排布置，上排 2 根，下排 4 根
　　C. 上部钢筋为 6⊈22，分两排布置，上排 4 根，下排 2 根
　　D. 上部钢筋为 6⊈22，分两排布置，上排 2 根，下排 4 根

23. 按《混凝土结构施工图平面整体表示方法制图规则和构造详图（现浇混凝土框架、剪力墙、梁、板）》（22G101—1），梁跨中钢筋原位标注 6⊈25 2(-2)/4，表示（　　）。

　　A. 上排钢筋为 2⊈25，且不伸入支座，下排钢筋为 4⊈25，均伸入支座
　　B. 上排钢筋为 4⊈25，其中 2⊈25 不伸入支座，下排钢筋为 2⊈25
　　C. 上排钢筋为 2⊈25，下排钢筋为 4⊈25，其中 2⊈25 不伸入支座
　　D. 上排钢筋为 4⊈25，下排钢筋为 2⊈25，不伸入支座

24. 按《混凝土结构施工图平面整体表示方法制图规则和构造详图（现浇混凝土框架、剪力墙、梁、板）》（22G101—1），下列表述正确的是（　　）。

　　A. 梁的集中标注表达梁的通用数值，原位标注表达梁的特殊数值，施工时集中标注优先
　　B. 梁的集中标注表达梁的通用数值，原位标注表达梁的特殊数值，施工时原位标注优先
　　C. 梁的集中标注表达梁的特殊数值，原位标注表达梁的通用数值，施工时集中标注优先
　　D. 梁的集中标注表达梁的特殊数值，原位标注表达梁的通用数值，施工时原位标注优先

25. 按《混凝土结构施工图平面整体表示方法制图规则和构造详图（现浇混凝土框架、剪力墙、梁、板）》（22G101—1），主次梁相交处应设置附加横向箍筋，当图中标注为 8⊈8（2）时，表示（　　）。

　　A. 在主梁内设置附加箍筋，次梁每侧附加 4 个⊈8 的双肢箍（不含基本箍筋）
　　B. 在主梁内设置附加箍筋，次梁每侧附加 8 个⊈8 的双肢箍（不含基本箍筋）
　　C. 在主梁内设置附加箍筋，次梁每侧附加 4 个⊈8 的双肢箍（含基本箍筋）
　　D. 在主梁内设置附加箍筋，次梁每侧附加 8 个⊈8 的双肢箍（含基本箍筋）

参 考 文 献

［1］ 刘鸿文. 材料力学［M］. 北京：高等教育出版社，2017.
［2］ 陈伟东. 建筑结构［M］. 北京：中国建筑工业出版社，2019.
［3］ 刘明晖. 建筑力学［M］. 北京：北京大学出版社，2017.
［4］ 吴承霞. 建筑力学与结构［M］. 北京：北京大学出版社，2021.
［5］ 董留群. 建筑力学与结构［M］. 北京：清华大学出版社，2020.
［6］ 娄冬. 钢筋混凝土结构［M］. 北京：清华大学出版社，2021.
［7］ 左红军. 建设工程技术与计量（土木建筑工程）［M］. 北京：机械工业出版社，2022.
［8］ 贾宏俊. 建设工程技术与计量［M］. 北京：中国计划出版社，2021.